수학이 쉬워지는 **완벽한 솔루션!**

완쏠 개념

중등수학

1-2

완쏠 개념 중등수학 1-2

발행일	2024년 2월 16일
펴낸곳	메가스터디(주)
펴낸이	손은진
개발 책임	배경윤
개발	김민, 신상희, 성기은, 오성한, 김현진
디자인	이정숙, 신은지, 이솔이
마케팅	엄재욱, 김세정
제작	이성재, 장병미
주소	서울시 서초구 효령로 304(서초동) 국제전자센터 24층
대표전화	1661-5431(내용 문의 02-6984-6901 / 구입 문의 02-6984-6868,9)
홈페이지	http://www.megastudybooks.com
출판사 신고 번호	제 2015-000159호
출간제안/원고투고	메가스터디북스 홈페이지 <투고 문의> 등록

메가스터디BOOKS

'메가스터디북스'는 메가스터디㈜의 출판 전문 브랜드입니다.

유아/초등 학습서, 중고등 수능/내신 참고서는 물론, 지식, 교양, 인문 분야에서 다양한 도서를 출간하고 있습니다.

·**제품명** 완쏠 개념 중등수학 1-2
·**제조자명** 메가스터디㈜ ·**제조년월** 판권에 별도 표기 ·**제조국명** 대한민국 ·**사용연령** 11세 이상
·**주소 및 전화번호** 서울시 서초구 효령로 304(서초동) 국제전자센터 24층 / 1661-5431

수학 기본기를 강화하는 완쏠 개념은 이렇게 만들었습니다!

새 교육과정에 충실한
중요 개념 선별 & 수록

교과서 수준에 철저히 맞춘
대표 예제와 유제 수록

내신 기출문제를 분석한
단원별 실전 문제 수록

단원의 개념을 최종 정리하는
마인드맵과 OX 문제 수록

정확한 답과 설명을
건너뛰지 않는 친절한 해설

이 책의 짜임새

STEP 1

필수 개념 + 개념 확인하기

단원별로 꼭 알아야 하는 필수 개념과 그 개념을 확인하는 문제로 개념을 쉽게 이해할 수 있습니다.

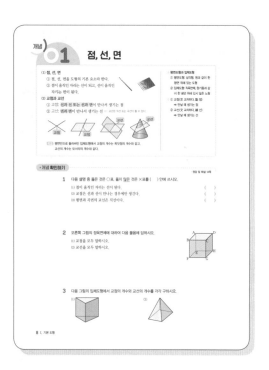

STEP 2

대표 예제로 개념 익히기

개념별로 자주 출제되는 유형으로 선정한 대표 예제, 이와 관련된 유제를 다시 풀어 보며 내신 기본기를 다질 수 있습니다.

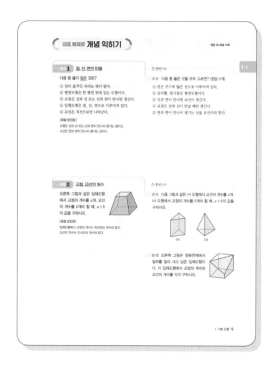

STEP 3

실전 문제로 단원 마무리하기

중단원 학습 내용을 점검하는 다양한 난이도의 실전 문제(서술형 포함)로 내신 대비를 탄탄하게 할 수 있습니다.

단원 정리하기

마인드맵 & OX 문제로 단원 정리하기

중단원에서 학습한 개념을 마인드맵으로 구조화하여 이해하고, OX 문제에 답하며 개념 이해도를 스스로 점검할 수 있습니다.

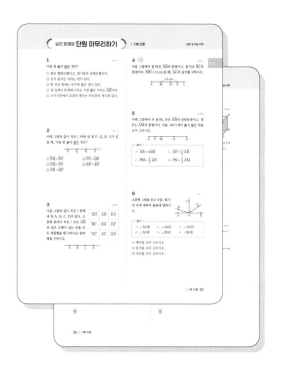

➕ 본책 학습 후 "워크북"

본책의 각 개념에 대한 확인 문제, 대표 예제를 반복하여 풀며 내신 기본기를 더욱 탄탄하게 다지고 싶은 학생은 "워크북"까지 풀어 보세요!

이 책의 차례

중등 1-1

Ⅰ 수와 연산   1 소인수분해

2 정수와 유리수

Ⅱ 문자와 식   3 문자의 사용과 식

4 일차방정식

Ⅲ 좌표평면과 그래프   5 좌표와 그래프

6 정비례와 반비례

*완쏠 개념 중등수학 1-1은 별도 판매합니다.

1

기본 도형

✅ 이번에 배워요

1. 기본 도형
- 점, 선, 면, 각
- 점, 직선, 평면의 위치 관계
- 동위각과 엇각

2. 작도와 합동
- 삼각형의 작도
- 삼각형의 합동

배웠어요

- 직선, 선분, 반직선 초3~4
- 각, 직각, 예각, 둔각 초3~4
- 직선의 수직 관계와 평행 관계 초3~4
- 합동과 대칭 초5~6
- 직육면체와 정육면체 초5~6

배울 거예요

- 삼각형과 사각형의 성질 중2
- 도형의 닮음 중2
- 피타고라스 정리 중2
- 삼각비 중3
- 선분의 내분 고등
- 두 직선의 평행 조건과 수직 조건 고등

고대 이집트 시대에는 홍수로 인해 나일강이 범람하여 토지의 경계선이 없어지는 일이 많았습니다.
경계선을 복원하기 위해 직선, 평행선, 수직선 등의 도형과 관련된 연구가 자연스럽게 발전했습니다.
이 단원에서는 도형의 기본 요소인 점, 선, 면, 각에 대해 학습합니다.

▶ **새로 배우는 용어·기호**
교점, 교선, 두 점 사이의 거리, 중점, 수직이등분선, 꼬인 위치, 교각, 맞꼭지각, 엇각, 동위각, 평각, 직교, 수선의 발,
$\overleftrightarrow{AB}$, $\overrightarrow{AB}$, $\overline{AB}$, //, ∠ABC, ⊥

1. 기본 도형을 시작하기 전에

선분, 직선, 반직선 [초등]
1 다음 도형의 이름을 말하시오.

(1) ●——————●   (2) ●——————●   (3) ●——————●   (4) ●——————●
   ㄱ   ㄴ   ㄱ   ㄴ   ㄱ   ㄴ   ㄱ   ㄴ

수직과 평행 [초등]
2 오른쪽 그림에 대하여 다음 물음에 답하시오.

(1) 서로 평행한 직선을 구하시오.
(2) 직선 가의 수선을 구하시오.

개념 01 점, 선, 면

(1) 점, 선, 면

① 점, 선, 면을 도형의 기본 요소라 한다.

② 점이 움직인 자리는 선이 되고, 선이 움직인
자리는 면이 된다.

(2) 교점과 교선

① 교점: 선과 선 또는 선과 면이 만나서 생기는 점

② 교선: 면과 면이 만나서 생기는 선 ← 교선은 직선 또는 곡선이 될 수 있다.

참고 평면만으로 둘러싸인 입체도형에서 교점의 개수는 꼭짓점의 개수와 같고,
교선의 개수는 모서리의 개수와 같다.

》》 평면도형과 입체도형

① 평면도형: 삼각형, 원과 같이 한
평면 위에 있는 도형

② 입체도형: 직육면체, 원기둥과 같
이 한 평면 위에 있지 않은 도형

》》 ① 교점(交 교차하다, 點 점)
➡ 만날 때 생기는 점

② 교선(交 교차하다, 線 선)
➡ 만날 때 생기는 선

• 개념 확인하기

• 정답 및 해설 14쪽

1 다음 설명 중 옳은 것은 ○표, 옳지 않은 것은 ×표를 ( ) 안에 쓰시오.

(1) 점이 움직인 자리는 선이 된다. ( )

(2) 교점은 선과 선이 만나는 경우에만 생긴다. ( )

(3) 평면과 곡면의 교선은 직선이다. ( )

2 오른쪽 그림의 정육면체에 대하여 다음 물음에 답하시오.

(1) 교점을 모두 말하시오.

(2) 교선을 모두 말하시오.

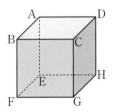

3 다음 그림의 입체도형에서 교점의 개수와 교선의 개수를 각각 구하시오.

(1)

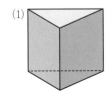

(2)

• 예제 1 점, 선, 면의 이해

다음 중 옳지 <u>않은</u> 것은?

① 선이 움직인 자리는 면이 된다.
② 평면도형은 한 평면 위에 있는 도형이다.
③ 교점은 선과 선 또는 선과 면이 만나면 생긴다.
④ 입체도형은 점, 선, 면으로 이루어져 있다.
⑤ 교선은 직선으로만 나타난다.

[해결 포인트]
교점은 선과 선 또는 선과 면이 만나서 생기는 점이고,
교선은 면과 면이 만나서 생기는 선이다.

👆한번 더!

1-1 다음 중 옳은 것을 모두 고르면? (정답 2개)

① 면은 무수히 많은 선으로 이루어져 있다.
② 삼각뿔, 원기둥은 평면도형이다.
③ 선과 면이 만나면 교선이 생긴다.
④ 교점은 선과 선이 만날 때만 생긴다.
⑤ 면과 면이 만나서 생기는 선을 교선이라 한다.

• 예제 2 교점, 교선의 개수

오른쪽 그림과 같은 입체도형에서 교점의 개수를 a개, 교선의 개수를 b개라 할 때, $a+b$의 값을 구하시오.

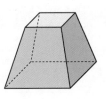

[해결 포인트]
입체도형에서 교점의 개수는 꼭짓점의 개수와 같고,
교선의 개수는 모서리의 개수와 같다.

👆한번 더!

2-1 다음 그림과 같은 (가) 도형에서 교선의 개수를 a개, (나) 도형에서 교점의 개수를 b개라 할 때, $a+b$의 값을 구하시오.

   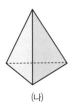

(가)   (나)

2-2 오른쪽 그림은 정육면체에서 일부를 잘라 내고 남은 입체도형이다. 이 입체도형에서 교점의 개수와 교선의 개수를 각각 구하시오.

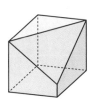

직선, 반직선, 선분

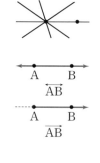

(1) **직선의 결정**

한 점을 지나는 직선은 무수히 많지만 서로 다른 두 점을 지나는 직선은
오직 하나뿐이다.

(2) **직선, 반직선, 선분**

① 직선 AB: 서로 다른 두 점 A, B를 지나는 직선

기호 $\overleftrightarrow{AB}$ → $\overleftrightarrow{AB}$와 $\overleftrightarrow{BA}$는 서로 같은 직선이다. 즉, $\overleftrightarrow{AB}=\overleftrightarrow{BA}$

② 반직선 AB: 직선 AB 위의 한 점 A에서 시작하여 점 B의 방향으로 한없이 뻗어
나가는 직선 AB의 부분

기호 $\overrightarrow{AB}$ → $\overrightarrow{AB}$는 ●────→ , $\overrightarrow{BA}$는 ←────● 이므로 $\overrightarrow{AB}$와 $\overrightarrow{BA}$는 서로 다른 반직선이다. 즉, $\overrightarrow{AB}\ne\overrightarrow{BA}$

③ 선분 AB: 직선 AB 위의 점 A에서 점 B까지의 부분

기호 $\overline{AB}$ → $\overline{AB}$와 $\overline{BA}$는 서로 같은 선분이다. 즉, $\overline{AB}=\overline{BA}$

• 개념 확인하기

•정답 및 해설 14쪽

1 다음 표의 도형을 그림과 기호로 각각 나타내시오.

도형	그림	기호
직선 AB	←●──●→ A B	
반직선 AB	●──● A B	
반직선 BA	●──● A B	
선분 AB	●──● A B	

2 오른쪽 그림과 같이 직선 l 위에 세 점 A, B, C가 있다. 다음 ◯ 안에
=, ≠ 중 알맞은 것을 쓰시오.

(1) $\overleftrightarrow{AC}$ ◯ $\overleftrightarrow{BC}$

(2) $\overrightarrow{BA}$ ◯ $\overrightarrow{BC}$

(3) $\overline{AB}$ ◯ $\overline{BA}$

(4) $\overrightarrow{CA}$ ◯ $\overrightarrow{CB}$

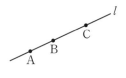

· 예제 **1**   직선, 반직선, 선분의 이해

아래 그림과 같이 직선 l 위에 세 점 A, B, C가 있다. 다음 기호와 같은 도형을 나타내는 것을 | 보기 |에서 고르시오.

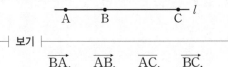

| 보기 |

$$\overrightarrow{BA}, \quad \overline{AB}, \quad \overrightarrow{AC}, \quad \overrightarrow{BC},$$
$$\overleftrightarrow{CB}, \quad \overline{BA}, \quad \overrightarrow{CA}, \quad \overleftarrow{AC}$$

(1) $\overrightarrow{AC}$ (2) $\overrightarrow{CB}$

(3) $\overleftrightarrow{CB}$ (4) $\overline{AB}$

(5) $\overleftarrow{AB}$

[해결 포인트]

반직선은 시작점과 뻗어 나가는 방향이 모두 같아야 같은 반직선이다.

🖑한번 더!

1-1 오른쪽 그림과 같이 직선 l 위에 네 점 A, B, C, D

가 있을 때, 다음 중 $\overrightarrow{AC}$와 같은 것은?

① $\overrightarrow{AB}$ ② $\overrightarrow{BC}$ ③ $\overrightarrow{CA}$

④ $\overleftarrow{AC}$ ⑤ $\overleftarrow{CA}$

1-2 다음 그림에서 세 점 A, B, C가 한 직선 위에 있을 때, | 보기 | 중 서로 같은 것끼리 짝 지으시오.

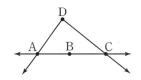

| 보기 |

$$\overrightarrow{BA}, \quad \overrightarrow{AD}, \quad \overrightarrow{AB}, \quad \overrightarrow{CD}, \quad \overrightarrow{DC}, \quad \overleftarrow{CB}, \quad \overrightarrow{DA}$$

· 예제 **2**   직선, 반직선, 선분의 개수

오른쪽 그림과 같이 한 직선 위에 있지 않은 세 점 A, B, C가 있다. 다음을 구하시오.

(1) 세 점 중 두 점을 지나는 서로 다른 직선의 개수

(2) 세 점 중 두 점을 지나는 서로 다른 반직선의 개수

(3) 세 점 중 두 점을 지나는 서로 다른 선분의 개수

[해결 포인트]

• (직선의 개수)=(선분의 개수)

• (반직선의 개수)=(직선의 개수)×2

🖑한번 더!

2-1 오른쪽 그림과 같이 어느 세 점도 한 직선 위에 있지 않은 네 점 A, B, C, D가 있다. 이 중에서 두 점을 지나는 서로 다른 직선, 반직선, 선분의 개수를 차례로 구하시오.

2-2 오른쪽 그림과 같이 한 원 위에 5개의 점 A, B, C, D, E가 있다. 이 중에서 두 점을 지나는 서로 다른 직선의 개수를 구하시오.

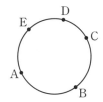

두 점 사이의 거리

(1) **두 점 A, B 사이의 거리**

서로 다른 두 점 A, B를 잇는 무수히 많은 선
중에서 길이가 가장 짧은 선인 <mark>선분 AB의 길이</mark>
를 두 점 A, B 사이의 거리라 한다.

두 점 A, B 사이의 거리

> [참고] 기호 $\overline{AB}$는 도형으로서 선분 AB를 나타내기도 하고, 그 선분의 길이를 나타내기도
> 한다.
> ➡ 선분 AB의 길이가 3 cm일 때, $\overline{AB}=3$ cm와 같이 나타내고,
>   선분 AB와 선분 CD의 길이가 같을 때, $\overline{AB}=\overline{CD}$와 같이 나타낸다.

(2) **선분 AB의 중점**

선분 AB 위의 한 점 M에 대하여
$\overline{AM}=\overline{MB}$일 때, 점 M을 선분 AB의 중점
이라 한다.

선분 AB의 중점

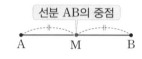

➡ $\overline{AM}=\overline{MB}=\dfrac{1}{2}\overline{AB}$ → $\overline{AB}=2\overline{AM}=2\overline{MB}$

>> 선분 AB를 삼등분하는 두 점을
   M, N이라 하면

➡ $\overline{AM}=\overline{MN}=\overline{NB}=\dfrac{1}{3}\overline{AB}$

➡ $\overline{AN}=\overline{MB}=2\overline{MN}=\dfrac{2}{3}\overline{AB}$

· 개념 확인하기

•정답 및 해설 15쪽

1 오른쪽 그림에서 다음을 구하시오.

(1) 두 점 A, B 사이의 거리
(2) 두 점 B, C 사이의 거리
(3) 두 점 A, C 사이의 거리

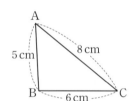

2 오른쪽 그림에서 점 M은 선분 AB의 중점이고, 점 N은 선분
AM의 중점일 때, 다음 □ 안에 알맞은 수를 쓰시오.

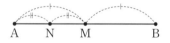

(1) $\overline{AM}=\overline{MB}=\boxed{}\overline{AB}$

(2) $\overline{AN}=\overline{NM}=\boxed{}\overline{AM}=\boxed{}\overline{AB}$

(3) $\overline{AB}=\boxed{}\overline{AM}=\boxed{}\overline{AN}$

(4) $\overline{AN}=3$ cm이면 $\overline{MB}=\boxed{}$ cm, $\overline{AB}=\boxed{}$ cm

---

• **예제 1** 선분의 중점, 삼등분점

오른쪽 그림에서 점 M은 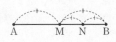 $\overline{AB}$의 중점이고, 점 N은 $\overline{MB}$의 중점이다. 다음 중 옳지 않은 것은?

① $\overline{AM}=\overline{MB}$ ② $\overline{AB}=2\overline{MB}$

③ $\overline{NB}=\dfrac{1}{3}\overline{AB}$ ④ $\overline{MN}=\dfrac{1}{2}\overline{MB}$

⑤ $\overline{MN}=\overline{NB}$

[해결 포인트]

오른쪽 그림에서 점 M이 $\overline{AB}$의 중점
이고, 점 N이 $\overline{MB}$의 중점이면

➡ $\overline{AM}=\overline{MB}=\dfrac{1}{2}\overline{AB}$

$\overline{MN}=\overline{NB}=\dfrac{1}{4}\overline{AB}$

👆 한번 더!

1-1 아래 그림에서 $\overline{AM}=\overline{MN}=\overline{NB}$일 때, 다음 중 옳지 않은 것은?

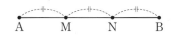

① $\overline{AN}=2\overline{BN}$ ② $\overline{AN}=\overline{BM}$

③ $\overline{MN}=\dfrac{1}{2}\overline{AN}$ ④ $\overline{AB}=3\overline{MN}$

⑤ $\overline{AM}=\dfrac{1}{3}\overline{BM}$

• **예제 2** 두 점 사이의 거리

다음 그림에서 점 M은 $\overline{AB}$의 중점이고, 점 N은 $\overline{BC}$의 중점이다. $\overline{AB}=10\,cm$, $\overline{BC}=8\,cm$일 때, $\overline{MN}$의 길이를 구하시오.

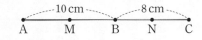

[해결 포인트]

어떤 선분의 중점은 그 선분을 이등분한다.

👆 한번 더!

2-1 아래 그림에서 점 C는 선분 AD의 중점이고, 점 B는 선분 AC의 중점이다. 이 그림에 대한 다음 설명에서 (가), (나)에 알맞은 수를 각각 구하시오.

$\overline{AD}=24\,cm$일 때, $\overline{AC}=$ ⟨가⟩ cm,

$\overline{AB}=$ ⟨나⟩ cm이다.

2-2 다음 그림에서 점 M은 선분 AB의 중점이고, 점 N은 선분 AM의 중점이다. $\overline{NM}=4\,cm$일 때, $\overline{AB}$의 길이를 구하시오.

(1) 각

① 각 AOB: 한 점 O에서 시작하는 두 반직선 OA, OB로 이루어진 도형

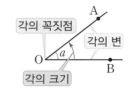

기호 ∠AOB, ∠BOA, ∠O, ∠a

각의 꼭짓점을 반드시 가운데 쓴다.

② 각 AOB의 크기: ∠AOB에서 꼭짓점 O를 중심으로 변 OB가 변 OA까지
회전한 양

참고 • ∠AOB는 도형으로서 각 AOB를 나타내기도 하고, 그 각의 크기를 나타내기도 한다.
➡ ∠AOB의 크기가 30°일 때, ∠AOB=30°와 같이 나타낸다.

• ∠AOB는 보통 크기가 작은 쪽의 각을 말한다.
즉, 오른쪽 그림에서 ∠AOB=120°이다.

(2) 각의 분류

① 평각: 각의 두 변이 꼭짓점을 중심으로 서로 반대쪽에 있고
한 직선을 이룰 때의 각, 즉 크기가 180°인 각

② 직각: 평각의 크기의 $\frac{1}{2}$인 각, 즉 크기가 90°인 각

③ 예각: 크기가 0°보다 크고 90°보다 작은 각

④ 둔각: 크기가 90°보다 크고 180°보다 작은 각

(평각)=180°   (직각)=90°

0°<(예각)<90°   90°<(둔각)<180°

• 개념 확인하기

•정답 및 해설 15쪽

1 오른쪽 그림에서 ∠a, ∠b, ∠c를 각각 점 A, B, C를 사용하여
나타내시오.

(1) ∠a

(2) ∠b

(3) ∠c

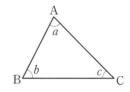

2 다음 각이 해당하는 칸에 ○표를 하시오.

각	60°	150°	30°	90°	180°	45°	120°
예각							
직각							
둔각							
평각							

대표 예제로 **개념 익히기**

· 예제 1 **각의 분류**

다음 중 예각을 모두 고르시오.

90°, 84°, 180°, 130°, 39°, 124°

[해결 포인트]

$0°<$(예각)$<90°$, $90°<$(둔각)$<180°$

👆 한번 더!

1-1 다음 중 예각의 개수를 x개, 둔각의 개수를 y개라 할 때, $x-y$의 값을 구하시오.

90°, 45°, 125°, 160°, 29°, 18°,
180°, 0°, 60°, 152°, 72°, 79°

· 예제 2 **평각, 직각을 이용하여 각의 크기 구하기**

다음 그림에서 x의 값을 구하시오.

(1)

(2)

(3)

[해결 포인트]

· 직각의 크기는 90°이므로
➡ $\angle a + \angle b = 90°$

· 평각의 크기는 180°이므로
➡ $\angle a + \angle b + \angle c = 180°$

👆 한번 더!

2-1 오른쪽 그림에서 x의 값은?

① 20 ② 25
③ 30 ④ 35
⑤ 40

2-2 다음 그림에서 $\angle$BOC의 크기를 구하시오.

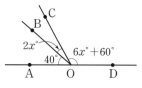

개념 05 맞꼭지각

(1) **교각**: 두 직선이 한 점에서 만날 때 생기는 네 개의 각

  ➡ $\angle a$, $\angle b$, $\angle c$, $\angle d$

(2) **맞꼭지각**: 교각 중에서 서로 마주 보는 각

  ➡ $\angle a$와 $\angle c$, $\angle b$와 $\angle d$

(3) **맞꼭지각의 성질**: 맞꼭지각의 크기는 서로 같다.

  ➡ $\angle a = \angle c$, $\angle b = \angle d$

  참고 오른쪽 그림에서 $\angle a + \angle b = 180°$, $\angle b + \angle c = 180°$이므로

  $\angle a + \angle b = \angle b + \angle c$

  ∴ $\angle a = \angle c$

  마찬가지 방법으로 하면 $\angle b = \angle d$이다.

• 개념 확인하기

• 정답 및 해설 16쪽

1 오른쪽 그림에서 다음 각의 맞꼭지각을 구하시오.

(1) $\angle AOC$ (2) $\angle BOE$

(3) $\angle DOF$ (4) $\angle COF$

(5) $\angle AOD$ (6) $\angle AOE$

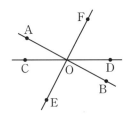

2 다음 그림에서 $\angle x$, $\angle y$의 크기를 각각 구하시오.

(1)

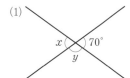

(2)

(3)

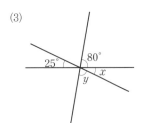

(4)

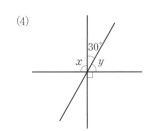

• 예제 **1**   맞꼭지각(1)

다음 그림에서 x의 값을 구하시오.

(1)

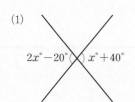

$2x° - 20°$ $x° + 40°$

(2)

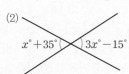

$x° + 35°$ $3x° - 15°$

[해결 포인트]

맞꼭지각의 크기는 서로 같으므로

➡ $\angle a = \angle c$, $\angle b = \angle d$

☞ 한번 더!

1-1 오른쪽 그림에서 x의 값을 구하시오.

$2x° + 30°$ $4x° + 10°$

1-2 오른쪽 그림에서 x의 값을 구하시오.

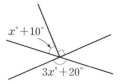

$x° + 10°$

$3x° + 20°$

• 예제 **2**   맞꼭지각(2)

다음 그림에서 $\angle x$의 크기를 구하시오.

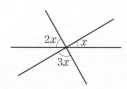

$2x$ x

$3x$

[해결 포인트]

맞꼭지각의 크기는 서로 같고,

평각의 크기는 180°이므로

➡ $\angle a + \angle b + \angle c = 180°$

☞ 한번 더!

2-1 오른쪽 그림에서 $\angle x$의 크기를 구하시오.

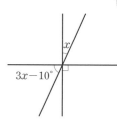

x

$3x - 10°$

2-2 오른쪽 그림에서 $\angle y$의 크기는?

① 55°   ② 60°

③ 65°   ④ 70°

⑤ 75°

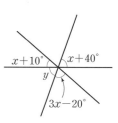

$x + 10°$ $x + 40°$

y

$3x - 20°$

수직과 수선

(1) **직교**: 두 직선 AB와 CD의 교각이 직각일 때, 이 두 직선은 서로 직교한다고 한다.

  기호 $\overleftrightarrow{AB} \perp \overleftrightarrow{CD}$

(2) **수직과 수선**: 두 직선이 직교할 때, 두 직선은 서로 수직이고, 한 직선을 다른 직선의 수선이라 한다.

(3) **수직이등분선**: 선분 AB의 중점 M을 지나고 선분 AB에 수직인 직선 l을 선분 AB의 수직이등분선이라 한다.
  ➡ 직선 l이 선분 AB의 수직이등분선이면
  $$l \perp \overline{AB}, \ \overline{AM} = \overline{MB}$$

(4) **수선의 발**: 직선 l 위에 있지 않은 한 점 P에서 직선 l에 수선을 그어 생기는 교점 H를 점 P에서 직선 l에 내린 수선의 발이라 한다.

(5) **점과 직선 사이의 거리**: 점 P와 직선 l 사이의 거리는 점 P에서 직선 l에 내린 수선의 발 H까지의 거리, 즉 $\overline{PH}$의 길이이다.

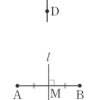

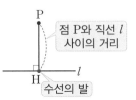

점 P와 직선 l 사이의 거리

수선의 발

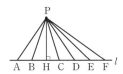

》 점 P와 직선 l 사이의 거리는 점 P와 직선 l 위에 있는 점을 잇는 선분 중에서 길이가 가장 짧은 선분인 $\overline{PH}$의 길이이다.

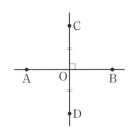

• 개념 확인하기

• 정답 및 해설 17쪽

1 오른쪽 그림에 대하여 다음 물음에 답하시오.

(1) 직선 AB와 수직인 직선을 구하시오.
(2) 점 A에서 직선 CD에 내린 수선의 발을 구하시오.
(3) 직선 AB와 직선 CD의 관계를 기호로 나타내시오.
(4) 점 C와 직선 AB 사이의 거리를 나타내는 선분을 구하시오.
(5) 선분 CD의 수직이등분선을 구하시오.

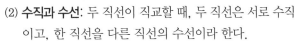

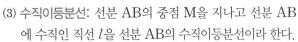

2 오른쪽 그림과 같은 사다리꼴 ABCD에서 다음을 구하시오.

(1) 점 D에서 $\overline{AB}$에 내린 수선의 발
(2) $\overline{AD}$와 수직인 선분
(3) 점 A와 $\overline{BC}$ 사이의 거리

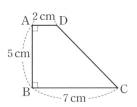

• 예제 **1** 수직과 수선

오른쪽 그림과 같이 두 직선 AB와 CD가 서로 수직이고 $\overline{AH}=\overline{BH}$일 때, 다음 중 옳지 않은 것을 모두 고르면?

(정답 2개)

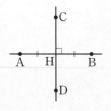

① $\overleftrightarrow{AB}\perp\overleftrightarrow{CD}$

② $\angle BHD=90°$

③ $\overleftrightarrow{AB}$는 $\overleftrightarrow{CD}$의 수선이다.

④ $\overleftrightarrow{AB}$는 $\overline{CD}$의 수직이등분선이다.

⑤ 점 A에서 $\overleftrightarrow{CD}$에 내린 수선의 발은 점 B이다.

[해결 포인트]

오른쪽 그림에서

• $\overleftrightarrow{AB}\perp\overleftrightarrow{PQ}$

• $\overline{AB}$의 수직이등분선 ➡ $\overleftrightarrow{PQ}$

• 점 P에서 $\overleftrightarrow{AB}$에 내린 수선의 발 ➡ 점 H

👆한번 더!

1-1 오른쪽 그림에 대한 설명으로 옳은 것을 다음 |보기|에서 모두 고르시오.

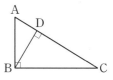

┤ 보기 ├

ㄱ. $\overline{AB}$와 $\overline{BC}$는 직교한다.

ㄴ. $\overline{AC}$는 $\overline{BC}$의 수선이다.

ㄷ. 점 B에서 $\overline{AC}$에 내린 수선의 발은 점 D이다.

ㄹ. 점 A에서 $\overline{BC}$에 내린 수선의 발은 점 C이다.

• 예제 **2** 점과 직선 사이의 거리

아래 그림에서 다음을 구하시오.

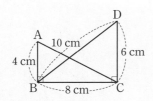

⑴ 점 A와 $\overline{BC}$ 사이의 거리

⑵ 점 D와 $\overline{AB}$ 사이의 거리

[해결 포인트]

점과 직선 사이의 거리는 점에서 직선에 내린 수선의 발까지의 거리이다.

👆한번 더!

2-1 오른쪽 그림과 같은 직각삼각형 ABC에서 점 A와 $\overline{BC}$ 사이의 거리를 a cm, 점 B와 $\overline{AC}$ 사이의 거리를 b cm, 점 C와 $\overline{AB}$ 사이의 거리를 c cm라 할 때, $a+b-c$의 값을 구하시오.

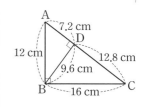

평면에서 두 직선의 위치 관계

(1) **점과 직선의 위치 관계**

① 점 A는 직선 l 위에 있다. → 직선 l이 점 A를 지난다.

② 점 B는 직선 l 위에 있지 않다. → 직선 l이 점 B를 지나지 않는다. 또는 점 B는 직선 l 밖에 있다.

B•

A —————— l

(2) **점과 평면의 위치 관계**

① 점 A는 평면 P 위에 있다. → 평면 P가 점 A를 포함한다.

② 점 B는 평면 P 위에 있지 않다. → 평면 P가 점 B를 포함하지 않는다. 또는 점 B는 평면 P 밖에 있다.

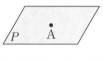

참고 일반적으로 직선은 소문자 l, m, n, …으로 나타내고, 평면은 대문자 P, Q, R, …로 나타낸다.

(3) **평면에서 두 직선의 위치 관계**

① 두 직선의 평행: 한 평면 위의 두 직선 l, m이 서로 만나지 않을 때, 두 직선 l, m은 평행하다고 한다. 기호 $l /\!/ m$

② 평면에서 두 직선의 위치 관계

(i) 한 점에서 만난다. (ii) 일치한다. ($l = m$) (iii) 평행하다. ($l /\!/ m$)
→ 만나지 않는다.

교점 1개 / 교점이 무수히 많다. / 교점이 없다.

>> • 점이 직선 위에 있다.
➡ 직선이 그 점을 지난다.
• 점이 직선 위에 있지 않다.
➡ 직선이 그 점을 지나지 않는다.

>> 다음과 같은 경우에 평면이 하나로 정해진다.

(i) 한 직선 위에 있지 않은 서로 다른 세 점

(ii) 한 직선과 그 직선 위에 있지 않은 한 점

(iii) 한 점에서 만나는 두 직선

(iv) 평행한 두 직선

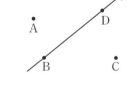

•개념 확인하기

•정답 및 해설 17쪽

1 오른쪽 그림의 네 점 A, B, C, D에 대하여 다음 설명 중 옳은 것은 ○표, 옳지 않은 것은 ×표를 ( ) 안에 쓰시오.

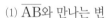

(1) 점 A는 직선 l 위에 있다. ( )

(2) 점 B는 직선 l 밖에 있다. ( )

(3) 점 C는 직선 l 위에 있지 않다. ( )

(4) 직선 l은 두 점 B, D를 지난다. ( )

2 오른쪽 그림의 평행사변형 ABCD에서 다음을 구하시오.

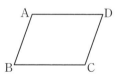

(1) $\overline{AB}$와 만나는 변

(2) $\overline{AD}$와 만나는 변

(3) $\overline{AB}$와 평행한 변

(4) $\overline{AD}$와 평행한 변

· 예제 1 점과 직선, 점과 평면의 위치 관계

오른쪽 그림에서 다음을 구하
시오.

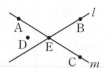

(1) 직선 l 위에 있는 점
(2) 직선 m 위에 있는 점
(3) 직선 l 위에 있지 않은 점
(4) 두 직선 l, m 중 어느 직선 위에도 있지 않은 점

[해결 포인트]

· 점 A가 직선 l 위에 있다.
  ➡ 직선 l은 점 A를 지난다.
· 점 A가 직선 l 위에 있지 않다.
  ➡ 직선 l은 점 A를 지나지 않는다.

🖐한번 더!

1-1 오른쪽 그림의 네 점 A, B, C, D에 대하여 잘못 설명한 학생을 찾고, 그 설명을 바르게 고치시오.

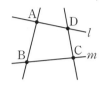

주영: 점 D는 직선 l 위에 있어.
은영: 점 A는 직선 m 위에 있어.
하영: 두 점 B, C는 직선 l 위에 있지 않아.

1-2 오른쪽 그림의 삼각뿔에서 다음을 구하시오.

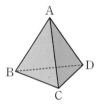

(1) 모서리 AB 위에 있는 점
(2) 모서리 BD 위에 있지 않은 점
(3) 면 ABC 위에 있는 점
(4) 면 BCD 위에 있지 않은 점

· 예제 2 평면에서 두 직선의 위치 관계

오른쪽 그림의 사다리꼴에 대
하여 다음 물음에 답하시오.

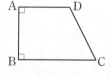

(1) 변 BC와 만나는 변을 구하
   시오.
(2) 변 AB와 수직으로 만나는 변을 구하시오.
(3) 평행한 두 변을 찾아 기호 //를 사용하여 나타내
   시오.

[해결 포인트]

평면에서

(ⅰ) 두 직선이 만난다. ➡ ┌ 한 점에서 만난다.
                        └ 일치한다.
(ⅱ) 두 직선이 만나지 않는다. ➡ 평행하다.

🖐한번 더!

2-1 오른쪽 그림에 대한 설명으로 다음 중 옳지 <u>않은</u> 것은?

① $\overleftrightarrow{AB}$와 $\overleftrightarrow{BC}$는 수직이다.
② $\overleftrightarrow{AD}$와 $\overleftrightarrow{BC}$는 평행하다.
③ $\overleftrightarrow{AB}$는 점 B를 지난다.
④ $\overleftrightarrow{AD}$와 $\overleftrightarrow{CD}$의 교점은 점 D이다.
⑤ $\overleftrightarrow{BC}$와 한 점에서 만나는 직선은 1개이다.

2-2 오른쪽 그림의 정팔각형에서 각 변을 연장한 직선에 대하여 다음을 구하시오.

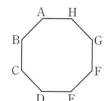

(1) $\overleftrightarrow{AH}$와 만나는 직선
(2) $\overleftrightarrow{AH}$와 만나지 않는 직선
(3) 교점이 C인 두 직선

공간에서 두 직선의 위치 관계

(1) 꼬인 위치

공간에서 두 직선이 서로 만나지도 않고 평행하지도 않을 때, 두 직선은 꼬인 위치에 있다고 한다.

(2) 공간에서 두 직선의 위치 관계

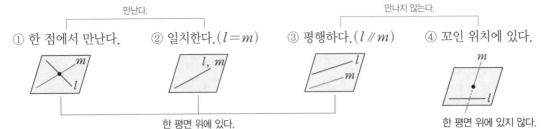

참고 공간에서 서로 다른 세 직선의 위치 관계

① 한 직선에 평행한 서로 다른 두 직선은 평행하다.

② 한 직선과 수직으로 만나는 서로 다른 두 직선은 만나거나 평행하거나 꼬인 위치에 있다.

③ 한 직선에 평행한 직선과 수직인 직선은 만나거나 꼬인 위치에 있다.

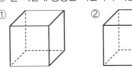 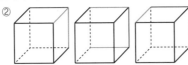 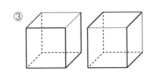

• 개념 확인하기

• 정답 및 해설 18쪽

1 오른쪽 그림의 직육면체에서 다음을 구하시오.

(1) 모서리 AE와 한 점에서 만나는 모서리

(2) 모서리 AE와 평행한 모서리

(3) 모서리 AE와 꼬인 위치에 있는 모서리

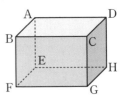

2 오른쪽 그림의 삼각기둥에 대하여 다음 두 모서리의 위치 관계를 말하시오.

(1) 모서리 AB와 모서리 BE

(2) 모서리 BC와 모서리 EF

(3) 모서리 AB와 모서리 EF

(4) 모서리 AC와 모서리 DF

(5) 모서리 BE와 모서리 DF

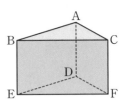

• **예제 1** 꼬인 위치

오른쪽 그림과 같은 삼각뿔에서 모서리 BC와 꼬인 위치에 있는 모서리는?

① $\overline{AB}$　② $\overline{AC}$
③ $\overline{AD}$　④ $\overline{BD}$
⑤ $\overline{CD}$

[해결 포인트]

꼬인 위치에 있는 직선을 찾을 때는
❶ 만나는 직선은 제외한다.
❷ 평행한 직선은 제외한다.

 한번 더!

1-1 오른쪽 그림과 같이 밑면이 정육각형인 육각기둥에서 모서리 AB와 꼬인 위치에 있는 모서리를 다음 |보기|에서 모두 고르시오.

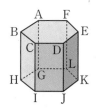

┤ 보기 ├

$\overline{AF}$,　$\overline{BH}$,　$\overline{IJ}$,　$\overline{EK}$,　$\overline{GL}$,
$\overline{AG}$,　$\overline{DE}$,　$\overline{FL}$,　$\overline{FE}$,　$\overline{JK}$

1-2 오른쪽 그림과 같은 직육면체에서 다음을 구하시오.

⑴ $\overline{BH}$와 만나는 모서리의 개수
⑵ $\overline{BH}$와 꼬인 위치에 있는 모서리의 개수

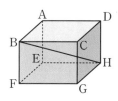

• **예제 2** 공간에서 두 직선의 위치 관계

오른쪽 그림과 같은 정육면체에 대한 설명으로 다음 중 옳지 않은 것은?

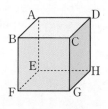

① 모서리 AE와 모서리 DH는 만나지 않는다.
② 모서리 CD와 모서리 AD는 수직으로 만난다.
③ 모서리 AB와 평행한 모서리는 2개이다.
④ 모서리 AD와 꼬인 위치에 있는 모서리는 4개이다.
⑤ 모서리 DH와 한 점에서 만나는 모서리는 4개이다.

[해결 포인트]

공간에서

(ⅰ) 두 직선이 만난다. ➡ ┌ 한 점에서 만난다.
　　　　　　　　　　　 └ 일치한다.

(ⅱ) 두 직선이 만나지 않는다. ➡ ┌ 평행하다.
　　　　　　　　　　　　　　　└ 꼬인 위치에 있다.

 한번 더!

2-1 오른쪽 그림과 같은 삼각기둥에 대한 설명으로 다음 중 옳은 것을 모두 고르면?

(정답 2개)

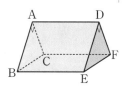

① 모서리 AB와 모서리 AD는 두 점에서 만난다.
② 모서리 AB와 모서리 AC는 수직으로 만난다.
③ 모서리 AB와 모서리 DE는 꼬인 위치에 있다.
④ 모서리 AD와 모서리 CF는 일치한다.
⑤ 모서리 BE와 평행한 모서리는 2개이다.

공간에서 직선과 평면의 위치 관계

(1) 공간에서 직선과 평면의 위치 관계

① 한 점에서 만난다.

② 직선이 평면에 포함된다. ┌ 직선이 평면 위에 있다.

③ 평행하다.

참고 공간에서 직선 l과 평면 P가 만나지 않을 때, 직선 l과 평면 P는 평행하다고 한다.

기호 $l \, / \! / \, P$

(2) 직선과 평면의 수직 → 직선과 평면이 한 점에서 만나는 특수한 경우

① 직선과 평면의 수직

직선 l이 평면 P와 한 점 H에서 만나고 점 H를 지나는 평면 P 위의 모든 직선과 수직일 때, 직선 l과 평면 P는 서로 수직이다 또는 서로 직교한다고 한다.

기호 $l \perp P$

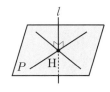

② 점 A와 평면 P 사이의 거리

평면 P 위에 있지 않은 점 A에서 평면 P에 내린 수선의 발 H까지의 거리 즉, $\overline{\text{AH}}$의 길이를 점 A와 평면 P 사이의 거리라 한다.

점 A와 평면 P 사이의 거리

(3) 공간에서 두 평면의 위치 관계

① 한 직선에서 만난다.

② 일치한다. $(P=Q)$

③ 평행하다. → 만나지 않는다.

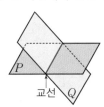 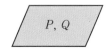 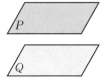

참고 • 공간에서 두 평면 P, Q가 서로 만나지 않을 때, 두 평면 P, Q는 평행하다고 한다.

기호 $P \, / \! / \, Q$

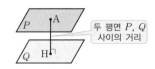

두 평면 P, Q 사이의 거리

• 두 평면 P, Q 사이의 거리: 평행한 두 평면 P, Q에 대하여 평면 P 위의 점 A에서 평면 Q에 내린 수선의 발 H까지의 거리

즉, $\overline{\text{AH}}$의 길이를 두 평면 P, Q 사이의 거리라 한다.

(4) 두 평면의 수직 → 두 평면이 한 직선에서 만나는 특수한 경우

평면 P가 평면 Q에 수직인 직선 l을 포함할 때, 평면 P와 평면 Q는 서로 수직이다 또는 서로 직교한다고 한다.

기호 $P \perp Q$

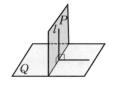

1 오른쪽 그림과 같은 직육면체에서 다음을 구하시오.

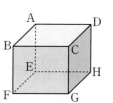

(1) 면 BFGC와 만나는 모서리

(2) 면 BFGC와 수직인 모서리

(3) 면 BFGC와 평행한 모서리

(4) 면 BFGC에 포함되는 모서리

(5) $\overline{BC}$와 수직인 면

(6) $\overline{AD}$와 평행한 면

(7) $\overline{EH}$를 포함하는 면

2 오른쪽 그림과 같은 직육면체에서 다음을 구하시오.

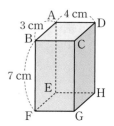

(1) 점 A와 면 EFGH 사이의 거리

(2) 점 B와 면 CGHD 사이의 거리

(3) 점 C와 면 AEHD 사이의 거리

3 오른쪽 그림과 같은 정육면체에서 다음을 구하시오.

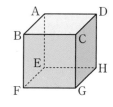

(1) 면 AEHD와 만나는 면

(2) 면 AEHD와 수직인 면

(3) 면 AEHD와 평행한 면

4 오른쪽 그림과 같은 삼각기둥에서 다음을 구하시오.

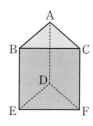

(1) 면 ABC와 한 모서리에서 만나는 면의 개수

(2) 면 ABED와 수직인 면의 개수

(3) 면 DEF와 평행한 면의 개수

• 예제 **1**   공간에서 직선과 평면의 위치 관계

오른쪽 그림과 같이 밑면이 사다리꼴인 사각기둥에 대한 설명으로 다음 중 옳지 <u>않은</u> 것은?

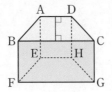

① $\overline{AD} /\!/ \overline{BC}$

② $\overline{AE} \perp \overline{EH}$

③ 면 ABCD와 모서리 EH는 평행하다.

④ 면 EFGH와 모서리 BF는 수직이다.

⑤ 면 AEHD와 모서리 CD는 수직이다.

[해결 포인트]

모서리와 면이 서로 평행하다는 것은 모서리를 연장한 직선과 면을 연장한 평면이 서로 만나지 않는다는 것을 의미한다.

🖐 한번 더!

1-1 오른쪽 그림과 같은 직육면체에 대한 설명으로 옳은 것을 다음 |보기|에서 모두 고르시오.

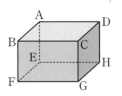

┤ 보기 ├

ㄱ. 면 ABCD와 수직인 모서리는 4개이다.

ㄴ. 면 ABCD에 포함된 모서리는 2개이다.

ㄷ. 모서리 BC와 평행한 면은 4개이다.

ㄹ. 모서리 EH와 수직인 면은 2개이다.

1-2 오른쪽 그림과 같은 삼각기둥에서 모서리 DF와 평행한 면의 개수를 a개, 모서리 CF와 수직인 면의 개수를 b개, 모서리 DE를 포함하는 면의 개수를 c개라 할 때, $a+b+c$의 값을 구하시오.

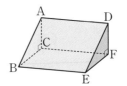

• 예제 **2**   점과 평면 사이의 거리

오른쪽 그림과 같은 삼각기둥에서 점 A와 면 BCFE 사이의 거리를 x cm, 점 B와 면 DEF 사이의 거리를 y cm라 할 때, $x+y$의 값을 구하시오.

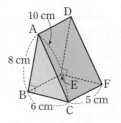

[해결 포인트]

점과 평면 사이의 거리는 점에서 평면에 내린 수선의 발까지의 거리이다.

🖐 한번 더!

2-1 오른쪽 그림과 같이 밑면이 사다리꼴인 사각기둥에서 점 A와 면 EFGH 사이의 거리를 a cm, 점 E와 면 CGHD 사이의 거리를 b cm라 할 때, $a+b$의 값을 구하시오.

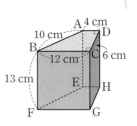

• 정답 및 해설 19쪽

• 예제 3 공간에서 두 평면의 위치 관계

오른쪽 그림과 같이 밑면이 정육
각형인 육각기둥에서
면 ABCDEF와 수직인 면의 개
수를 x개, 면 BHIC와 평행한 면
의 개수를 y개라 할 때, $x+y$의
값을 구하시오.

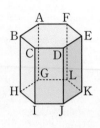

[해결 포인트]

두 평면이 만나지 않는 경우 두 평면은 평행하고,
두 평면이 만나는 경우 중 그 교각의 크기가 90°이면
두 평면은 수직이다.

🖑 한번 더!

3-1 오른쪽 그림과 같은 직육면
체에서 면 AEGC와 수직인 면
을 모두 고르면? (정답 2개)

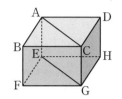

① 면 ABCD
② 면 ABFE
③ 면 AEHD
④ 면 CGHD
⑤ 면 EFGH

• 예제 4 일부가 잘린 입체도형에서의 위치 관계

오른쪽 그림은 직육면체를 잘
라 만든 삼각기둥이다. 다음을
구하시오.

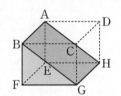

(1) 면 ABGH와 만나는 면
(2) 면 ABGH와 수직인 면
(3) 모서리 BG를 교선으로 하는 두 면
(4) 면 ABGH와 평행한 모서리

[해결 포인트]

잘라 내기 전의 입체도형에서의 직선과 평면의 위치 관계, 두 평
면의 위치 관계를 이용하여 일부를 잘라 낸 입체도형에서의 여러
가지 위치 관계를 파악한다.

🖑 한번 더!

4-1 오른쪽 그림은
$\overline{AD}=\overline{BC}$가 되도록 직육면체
를 잘라 만든 입체도형이다. 면
ABCD와 평행한 면이 a개,
면 BFGC와 수직인 면이 b개,
면 CGHD와 평행한 모서리의 개수가 c개일 때,
$a+b+c$의 값을 구하시오.

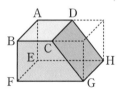

동위각과 엇각

한 평면 위에 있는 서로 다른 두 직선 l, m이 다른 한 직선 n과 만날 때 생기는
8개의 각 중에서

(1) **동위각**: 서로 같은 위치에 있는 두 각

   ➡ $\angle a$와 $\angle e$, $\angle b$와 $\angle f$, $\angle c$와 $\angle g$, $\angle d$와 $\angle h$

(2) **엇각**: 서로 엇갈린 위치에 있는 두 각

   ➡ $\angle b$와 $\angle h$, $\angle c$와 $\angle e$

   주의 엇각은 두 직선 l, m 사이에 있는 각이므로 $\angle a$와 $\angle g$, $\angle d$와 $\angle f$는 엇각이 아니다.

   참고 서로 다른 두 직선과 다른 한 직선이 만나면 4쌍의 동위각과 2쌍의 엇각이 생긴다.

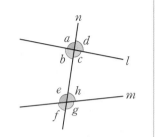

· 개념 확인하기

·정답 및 해설 20쪽

1 오른쪽 그림과 같이 세 직선이 만날 때, 다음을 구하시오.

   (1) $\angle a$의 동위각

   (2) $\angle d$의 동위각

   (3) $\angle g$의 동위각

   (4) $\angle f$의 동위각

   (5) $\angle c$의 엇각

   (6) $\angle f$의 엇각

2 오른쪽 그림과 같이 세 직선이 만날 때, 다음 ☐ 안에 알맞은 것을 쓰시오.

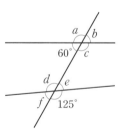

   (1) $\angle a$의 동위각의 크기: $\angle d =$ ☐°

   (2) $\angle b$의 동위각의 크기: ☐ = ☐°

   (3) $\angle d$의 엇각의 크기: ☐ = ☐°

   (4) $\angle e$의 엇각의 크기: ☐°

• 정답 및 해설 20쪽

I·1

• 예제 **1** 동위각과 엇각

오른쪽 그림에서 엇각끼리 짝
지은 것을 모두 고르면?

(정답 2개)

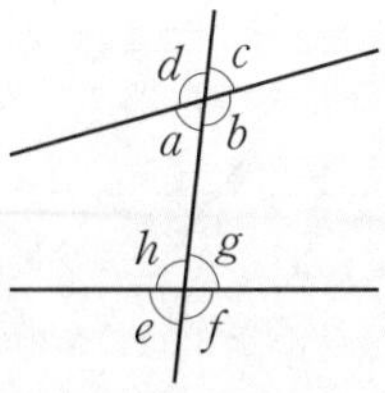

① ∠a와 ∠g ② ∠c와 ∠g
③ ∠b와 ∠g ④ ∠h와 ∠f
⑤ ∠b와 ∠h

[해결 포인트]
• 동위각 ➡ 서로 같은 위치에 있는 각
• 엇각 ➡ 서로 엇갈린 위치에 있는 각

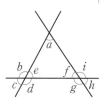

👆 한번 더!

1-1 오른쪽 그림과 같이 세 직선
이 만날 때, 다음 중 옳은 것을 모
두 고르면? (정답 2개)

① ∠a의 동위각은 ∠d, ∠h이다.
② ∠a의 엇각은 ∠b, ∠i이다.
③ ∠d의 동위각은 ∠a, ∠i이다.
④ ∠b의 크기와 ∠d의 크기는 같다.
⑤ ∠e의 크기와 ∠f의 크기는 같다.

• 예제 **2** 동위각과 엇각의 크기 구하기

오른쪽 그림과 같이 두 직선
l, m이 다른 한 직선 n과
만날 때, 다음 중 옳지 <u>않은</u>
것은?

① ∠a의 동위각의 크기는
  115°이다.
② ∠b의 동위각의 크기는 65°이다.
③ ∠c의 엇각의 크기는 115°이다.
④ ∠d의 엇각의 크기는 85°이다.
⑤ ∠e의 동위각의 크기는 85°이다.

[해결 포인트]
동위각, 엇각의 뜻, 맞꼭지각의 성질, 평각의 크기 등을 이용하여
각의 크기를 구한다.

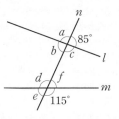

👆 한번 더!

2-1 오른쪽 그림에서 ∠a의 동
위각의 크기와 ∠d의 엇각의 크
기의 합은?

① 105° ② 175°
③ 205° ④ 255°
⑤ 280°

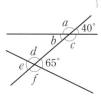

평행선의 성질

(1) **평행선과 동위각**

　서로 다른 두 직선이 한 직선과 만날 때

　① 두 직선이 평행하면 동위각의 크기는 같다.

　　➡ $l \,/\!/\, m$이면 $\angle a = \angle b$

　② 동위각의 크기가 같으면 두 직선은 평행하다.

　　➡ $\angle a = \angle b$이면 $l \,/\!/\, m$

(2) **평행선과 엇각**

　서로 다른 두 직선이 한 직선과 만날 때

　① 두 직선이 평행하면 엇각의 크기는 같다.

　　➡ $l \,/\!/\, m$이면 $\angle c = \angle d$

　② 엇각의 크기가 같으면 두 직선은 평행하다.

　　➡ $\angle c = \angle d$이면 $l \,/\!/\, m$

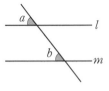

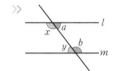

위의 그림에서 $l \,/\!/\, m$ 이면
$\angle x + \angle y = 180°$,
$\angle a + \angle b = 180°$

주의 맞꼭지각의 크기는 항상 같지만 동위각과 엇각의 크기는 두 직선이 평행할 때만 같다.

• 개념 확인하기

• 정답 및 해설 20쪽

1 다음 그림에서 $l \,/\!/\, m$일 때, $\angle x$, $\angle y$의 크기를 각각 구하시오.

2 다음 그림에서 두 직선 l, m이 평행하면 ○표, 평행하지 않으면 ×표를 (　) 안에 쓰시오.

(1)

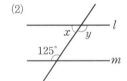

(　　)

(2)

(　　)

(3)

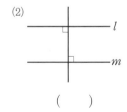

(　　)

3 다음 그림에서 $l \,/\!/\, n \,/\!/\, m$일 때, $\angle x$, $\angle y$의 크기를 각각 구하시오.

(1)

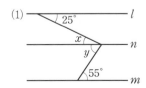

(2)

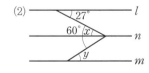

• 예제 1 평행선의 성질을 이용하여 각의 크기 구하기

다음 그림에서 $l /\!/ m$일 때, $\angle a$, $\angle b$, $\angle c$, $\angle d$의 크기를 각각 구하시오.

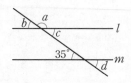

[해결 포인트]

서로 다른 두 직선이 다른 한 직선과 만날 때
① 두 직선이 평행하면 동위각의 크기는 같다.
② 두 직선이 평행하면 엇각의 크기는 같다.

👆 한번 더!

1-1 다음 그림에서 $l /\!/ m$일 때, x의 값을 구하시오.

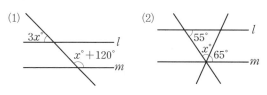

1-2 오른쪽 그림에서 $l /\!/ m$, $p /\!/ q$일 때, $\angle x + \angle y$의 값을 구하시오.

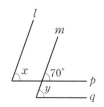

• 예제 2 평행선과 삼각형

오른쪽 그림에서 $l /\!/ m$일 때, $\angle x$의 크기를 구하시오.

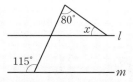

[해결 포인트]

평행선과 두 직선이 만나서 삼각형이 생기면
➡ 평행선의 성질과 삼각형의 세 각의 크기의 합이 180°임을 이용한다.

👆 한번 더!

2-1 다음 그림에서 $l /\!/ m$일 때, $\angle x$, $\angle y$의 크기를 각각 구하시오.

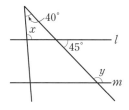

• 예제 **3**   평행선에서 보조선을 긋는 경우

다음 그림에서 $l /\!/ m$일 때, $\angle x$의 크기를 구하시오.

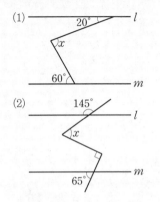

(1)
(2)

👆 한번 더!

3-1 오른쪽 그림에서 $l /\!/ m$일 때, $\angle x$의 크기를 구하시오.

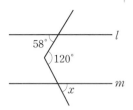

3-2 오른쪽 그림에서 $l /\!/ m$일 때, $\angle x$의 크기를 구하시오.

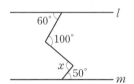

[해결 포인트]
두 직선과 평행한 보조선을 적당히 그은 후 평행선의 성질을
이용하여 각의 크기를 구한다.

• 예제 **4**   두 직선이 평행하기 위한 조건

다음 중 두 직선 l, m이 평행한 것은?

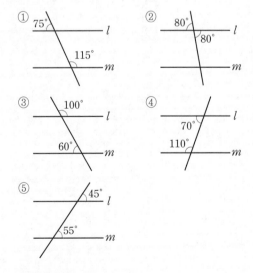

① ②
③ ④
⑤

👆 한번 더!

4-1 다음 중 두 직선 l, m이 평행하지 <u>않은</u> 것을 모두
고르면? (정답 2개)

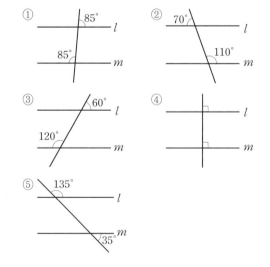

① ②
③ ④
⑤

[해결 포인트]
서로 다른 두 직선이 다른 한 직선과 만날 때
① 동위각의 크기가 같으면 두 직선은 평행하다.
② 엇각의 크기가 같으면 두 직선은 평행하다.

1

다음 중 옳지 <u>않은</u> 것은?

① 원은 평면도형이고, 원기둥은 입체도형이다.

② 선이 움직인 자리는 면이 된다.

③ 한 직선 위에는 무수히 많은 점이 있다.

④ 점 A에서 점 B에 이르는 가장 짧은 거리는 $\overleftrightarrow{AB}$이다.

⑤ 사각기둥에서 교점의 개수는 꼭짓점의 개수와 같다.

2

아래 그림과 같이 직선 l 위에 네 점 P, Q, R, S가 있을 때, 다음 중 옳지 <u>않은</u> 것은?

① $\overleftrightarrow{PQ}=\overleftrightarrow{RS}$ ② $\overline{PS}=\overline{QR}$

③ $\overrightarrow{PQ}=\overrightarrow{PS}$ ④ $\overrightarrow{RP}=\overrightarrow{RS}$

⑤ $\overrightarrow{PR}=\overrightarrow{RP}$

3

다음 그림과 같이 직선 l 위에 네 점 A, B, C, D가 있다. 오른쪽 표에서 직선 l 또는 $\overrightarrow{AB}$와 같은 도형이 있는 칸을 모두 색칠했을 때 나타나는 알파벳을 구하시오.

$\overrightarrow{AD}$	$\overleftrightarrow{AB}$	$\overrightarrow{DA}$
$\overleftrightarrow{BC}$	$\overrightarrow{BA}$	$\overrightarrow{DC}$
$\overleftrightarrow{DC}$	$\overrightarrow{AC}$	$\overrightarrow{AD}$

4 중요

다음 그림에서 점 M은 $\overline{AB}$의 중점이고, 점 N은 $\overline{BC}$의 중점이다. $\overline{MN}=12\,cm$일 때, $\overline{AC}$의 길이를 구하시오.

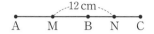

5

아래 그림에서 두 점 M, N은 $\overline{AB}$의 삼등분점이고, 점 P는 $\overline{AM}$의 중점이다. 다음 |보기|에서 옳지 <u>않은</u> 것을 모두 고르시오.

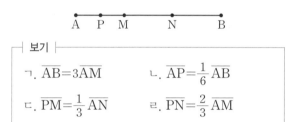

| 보기 |

ㄱ. $\overline{AB}=3\overline{AM}$ ㄴ. $\overline{AP}=\dfrac{1}{6}\overline{AB}$

ㄷ. $\overline{PM}=\dfrac{1}{3}\overline{AN}$ ㄹ. $\overline{PN}=\dfrac{2}{3}\overline{AM}$

6

오른쪽 그림을 보고 다음 |보기|의 각에 대하여 물음에 답하시오.

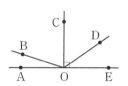

| 보기 |

ㄱ. ∠AOB   ㄴ. ∠AOC   ㄷ. ∠AOD

ㄹ. ∠AOE   ㅁ. ∠BOC   ㅂ. ∠BOE

(1) 예각을 모두 고르시오.

(2) 둔각을 모두 고르시오.

(3) 직각을 모두 고르시오.

7 ●○○

오른쪽 그림에서 ∠x의 크기를
구하시오.

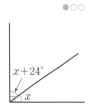

8 ●●○

오른쪽 그림에서 ∠x의 크기를
구하시오.

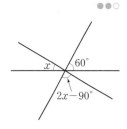

9 ●○○

오른쪽 그림과 같은 삼각형
ABC에 대하여 다음 중 옳지
않은 것은?

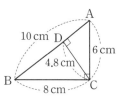

① $\overline{AC}$는 $\overline{BC}$의 수선이다.
② $\overline{CD}$와 $\overline{AB}$는 서로 직교한다.
③ 점 C에서 $\overline{AB}$에 내린 수선의 발은 점 D이다.
④ 점 A와 $\overline{BC}$ 사이의 거리는 6 cm이다.
⑤ 점 C와 $\overline{AB}$ 사이의 거리는 8 cm이다.

10 ●●○

오른쪽 좌표평면 위의 네 점
A, B, C, D 중 x축과의 거리
가 가장 가까운 점과 y축과의
거리가 가장 먼 점을 차례로
말하시오.

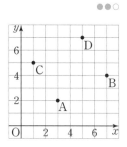

11 ●○○

아래 악보는 동요 '모차르트의 자장가'의 일부이다. 음
표 머리를 점으로 보았을 때, 다음 중 직선 l 위에 있는
점에 해당되는 것을 모두 고르면? (정답 2개)

12 ●○○

다음 중 한 평면 위에 있는 두 직선의 위치 관계가 될 수
없는 것은?

① 만난다.   ② 일치한다.
③ 수직으로 만난다.   ④ 평행하다.
⑤ 평행하지도 않고 만나지도 않는다.

13 ●●○

다음 중 한 평면 위에 있는 서로 다른 세 직선 l, m, n에
대한 설명으로 옳지 않은 것을 모두 고르면? (정답 2개)

① $l \perp m$, $l \perp n$이면 $m \perp n$이다.
② $l \perp m$, $m \perp n$이면 $l /\!/ n$이다.
③ $l \perp m$, $m /\!/ n$이면 $l /\!/ n$이다.
④ $l /\!/ m$, $m \perp n$이면 $l \perp n$이다.
⑤ $l /\!/ m$, $m /\!/ n$이면 $l /\!/ n$이다.

14

다음 중 오른쪽 그림과 같이 밑면이 정오각형인 오각기둥에서 모서리 BC와의 위치 관계가 나머지 넷과 <u>다른</u> 하나는?

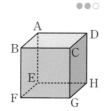

① $\overline{AB}$ ② $\overline{BG}$
③ $\overline{CD}$ ④ $\overline{CH}$
⑤ $\overline{FG}$

15 중요

오른쪽 그림의 직육면체에 대한 설명으로 다음 중 옳은 것을 모두 고르면? (정답 2개)

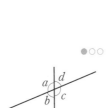

① 점 A는 면 EFGH 위에 있다.
② $\overleftrightarrow{AB}$와 $\overleftrightarrow{CG}$는 꼬인 위치에 있다.
③ 면 AEHD와 모서리 CD는 만나지 않는다.
④ 면 BFGC와 면 EFGH는 수직이다.
⑤ 점 C와 모서리 GH를 지나는 면은 면 ABCD이다.

16

오른쪽 그림에서 $\angle d = 70°$, $\angle g = 95°$일 때, 다음 중 옳지 <u>않은</u> 것을 모두 고르면?

(정답 2개)

① $\angle a$의 동위각은 $\angle e$이다.
② $\angle b$의 엇각은 $\angle g$이다.
③ $\angle a$의 맞꼭지각은 $\angle c$이다.
④ $\angle c = 110°$이다.
⑤ $\angle h = 70°$이다.

17 중요

오른쪽 그림에서 $l /\!/ m$일 때, $\angle x$, $\angle y$의 크기를 각각 구하시오.

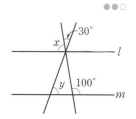

18 창의력UP

무지개는 햇빛이 공기 중의 물방울에서 반사되는 각도에 따라 다른 색으로 보이는 현상이다. 이때 공기 중의 물방울이 햇빛을 42°로 반사하면 빨간색, 40°로 반사하면 보라색으로 보인다고 한다. 다음 그림에서 햇빛이 평행하게 들어올 때, $\angle x$의 크기를 구하시오.

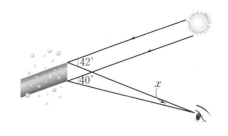

19

다음 중 두 직선 l, m이 평행하지 <u>않은</u> 것은?

①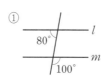
②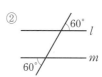
③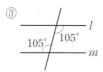
④
⑤

서술형

20

●●○

다음 그림에서 $\overline{AD}=2\overline{AB}$, $\overline{BC}=\dfrac{1}{3}\overline{BD}$이고

$\overline{AD}=24$ cm일 때, $\overline{BC}$의 길이를 구하시오.

(단, 풀이 과정을 자세히 쓰시오.)

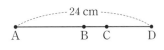

[풀이]

[답]

21

●●○

오른쪽 그림에서 $\angle x : \angle y = 7 : 2$

일 때, $\angle z$의 크기를 구하시오.

(단, 풀이 과정을 자세히 쓰시오.)

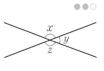

[풀이]

[답]

22

●●●

오른쪽 그림은 직육면체를 세 꼭짓점 A, C, F를 지나는 평면으로 자르고 남은 입체도형이다. 모서리 AF와 꼬인 위치에 있는 모서리의 개수를 a개, 면 CFG와 평행한 모서리의 개수를 b개라 할 때, $a+b$의 값을 구하시오. (단, 풀이 과정을 자세히 쓰시오.)

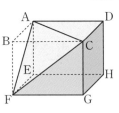

[풀이]

[답]

23

●●○

오른쪽 그림에서 $l \, /\!/ \, m$일 때, $\angle x$의 크기를 구하시오. (단, 풀이 과정을 자세히 쓰시오.)

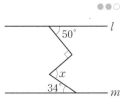

[풀이]

[답]

1·기본 도형 단원 정리하기

1 마인드맵으로 개념 구조화!

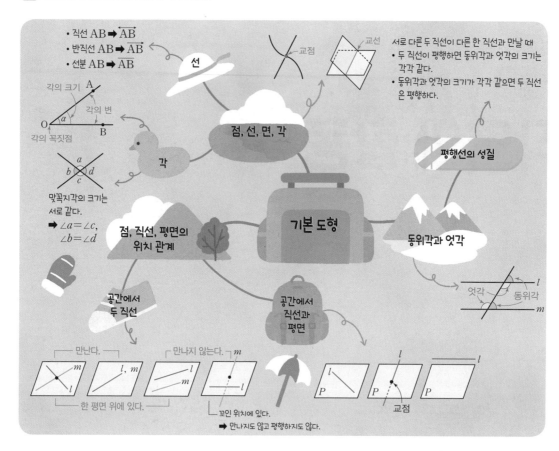

2 OX 문제로 개념 점검!

옳은 것은 ◯, 옳지 않은 것은 ✕를 택하시오.

·정답 및 해설 24쪽

❶ 직육면체에서 교점의 개수는 8개, 교선의 개수는 10개이다. ◯ | ✕

❷ $\overleftrightarrow{AB}$와 $\overleftrightarrow{BA}$는 같은 직선이다. ◯ | ✕

❸ $\overrightarrow{AB}$와 $\overrightarrow{BA}$는 같은 반직선이다. ◯ | ✕

❹ 직각의 크기는 평각의 크기의 $\frac{1}{3}$이다. ◯ | ✕

❺ 맞꼭지각의 크기는 서로 같다. ◯ | ✕

❻ 점 M이 $\overline{AB}$의 중점이면 $\overline{AM}=\overline{MB}$이다. ◯ | ✕

❼ 평면에서 만나지 않는 두 직선은 평행하다. ◯ | ✕

❽ 공간에서 평행한 두 평면에 각각 포함된 두 직선은 평행하다. ◯ | ✕

❾ 서로 다른 두 직선이 한 직선과 만날 때 동위각의 크기는 항상 같다. ◯ | ✕

❿ 엇각의 크기가 서로 같은 두 직선은 평행하다. ◯ | ✕

2

작도와 합동

건물을 설계할 때 사용하는 평면도 등의 도면에서 자와 컴퍼스를 이용하여 그린 다양한 모양을 볼 수 있습니다.

이 단원에서는 삼각형을 작도하는 방법과 삼각형의 합동 조건을 학습합니다.

▶ **새로 배우는 용어·기호**
작도, 대변, 대각, 삼각형의 합동 조건, △ABC, ≡

2. 작도와 합동을 시작하기 전에

합동 [초등]
1 다음 그림을 보고 나머지 셋과 합동이 아닌 도형을 말하시오.

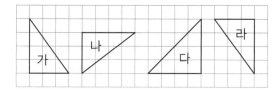

합동 [초등]
2 오른쪽 그림의 두 사각형 ㄱㄴㄷㄹ과 ㅁㅂㅅㅇ은 서로 합동이다.
다음을 구하시오.

(1) 꼭짓점 ㄱ의 대응점
(2) 변 ㄴㄷ의 대응변
(3) 각 ㄷㄹㄱ의 대응각

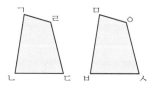

[정답] 1. 다   2. (1) 점 ㅁ (2) 변 ㅂㅅ (3) 각 ㅅㅇㅁ

간단한 도형의 작도

(1) **작도**: 눈금 없는 자와 컴퍼스만을 사용하여 도형을 그리는 것

   ① **눈금 없는 자**: 두 점을 지나는 선분이나 선분의 연장선을 그릴 때 사용

   ② **컴퍼스**: 주어진 선분의 길이를 재어 다른 직선 위로 옮기거나 원을 그릴 때 사용

   [참고] 작도에서는 눈금 없는 자를 사용하므로 선분의 길이를 잴 때는 컴퍼스를 사용한다.

(2) **길이가 같은 선분의 작도**

   선분 AB와 길이가 같은 선분 CD의 작도 순서는 다음과 같다.

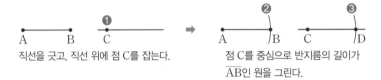

직선을 긋고, 직선 위에 점 C를 잡는다.   점 C를 중심으로 반지름의 길이가 $\overline{AB}$인 원을 그린다.

(3) **크기가 같은 각의 작도**

   ∠XOY와 크기가 같은 ∠DPC의 작도 순서는 다음과 같다.

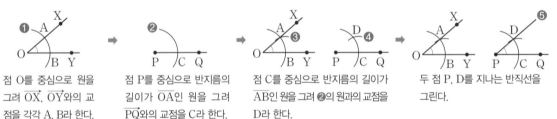

점 O를 중심으로 원을 그려 $\overrightarrow{OX}$, $\overrightarrow{OY}$와의 교점을 각각 A, B라 한다.   점 P를 중심으로 반지름의 길이가 $\overline{OA}$인 원을 그려 $\overrightarrow{PQ}$와의 교점을 C라 한다.   점 C를 중심으로 반지름의 길이가 $\overline{AB}$인 원을 그려 ❷의 원과의 교점을 D라 한다.   두 점 P, D를 지나는 반직선을 그린다.

(4) **평행선의 작도**

   직선 l 밖의 한 점 P를 지나면서 직선 l과 평행한 직선 m의 작도 순서는 다음과 같다.

   [방법❶] 동위각 이용   [방법❷] 엇각 이용

  ➡ ∠CQD=∠APB이므로   ➡ ∠CQD=∠BPA이므로

     $l /\!/ m$ $l /\!/ m$

· 정답 및 해설 25쪽

1 다음 |보기|에서 작도할 때 사용하는 도구를 모두 고르시오.

> | 보기 |
> ㄱ. 컴퍼스   ㄴ. 각도기
> ㄷ. 삼각자   ㄹ. 눈금 없는 자

2 작도에 대한 다음 설명 중 옳은 것은 ○표, 옳지 <u>않은</u> 것은 ×표를 ( ) 안에 쓰시오.

⑴ 선분을 연장할 때는 눈금 없는 자를 사용한다.
                                     (   )

⑵ 두 점을 연결하는 선분을 그릴 때는 컴퍼스를 사용한다.   (   )

⑶ 두 선분의 길이를 비교할 때는 눈금 없는 자를 사용한다.   (   )

⑷ 선분의 길이를 재어서 다른 직선 위로 옮길 때는 컴퍼스를 사용한다.   (   )

3 다음은 선분 AB와 길이가 같은 선분 PQ를 작도하는 과정이다. ☐ 안에 알맞은 것을 쓰시오.

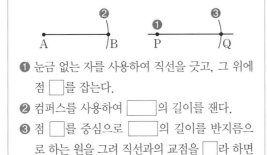

❶ 눈금 없는 자를 사용하여 직선을 긋고, 그 위에 점 ☐를 잡는다.
❷ 컴퍼스를 사용하여 ☐의 길이를 잰다.
❸ 점 ☐를 중심으로 ☐의 길이를 반지름으로 하는 원을 그려 직선과의 교점을 ☐라 하면 $\overline{PQ}$가 작도된다.

4 다음은 ∠XOY와 크기가 같고 $\overrightarrow{PQ}$를 한 변으로 하는 각을 작도하는 과정이다. ☐ 안에 알맞은 것을 쓰시오.

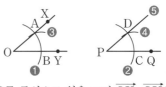

❶ 점 O를 중심으로 원을 그려 $\overrightarrow{OX}$, $\overrightarrow{OY}$와의 교점을 각각 ☐, ☐라 한다.
❷ 점 P를 중심으로 $\overline{OA}$의 길이를 반지름으로 하는 원을 그려 $\overrightarrow{PQ}$와의 교점을 ☐라 한다.
❸ 컴퍼스를 사용하여 $\overline{AB}$의 길이를 잰다.
❹ 점 C를 중심으로 ☐의 길이를 반지름으로 하는 원을 그려 ❷의 원과의 교점을 D라 한다.
❺ $\overrightarrow{PD}$를 그으면 ∠DPC가 작도된다.

5 다음은 크기가 같은 각의 작도를 이용하여 직선 *l* 밖의 한 점 P를 지나고 직선 *l*과 평행한 직선을 작도하는 과정이다. ☐ 안에 알맞은 것을 쓰시오.

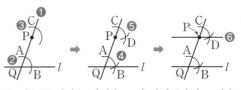

❶ 점 P를 지나는 직선을 그어 직선 *l*과의 교점을 ☐라 한다.
❷ 점 Q를 중심으로 원을 그려 $\overrightarrow{PQ}$, 직선 *l*과의 교점을 각각 A, B라 한다.
❸ 점 P를 중심으로 $\overline{QA}$의 길이를 반지름으로 하는 원을 그려 $\overrightarrow{PQ}$와의 교점을 ☐라 한다.
❹ 컴퍼스를 사용하여 ☐의 길이를 잰다.
❺ 점 C를 중심으로 ☐의 길이를 반지름으로 하는 원을 그려 ❸의 원과의 교점을 ☐라 한다.
❻ $\overrightarrow{PD}$를 그으면 직선 *l*과 평행한 직선 PD가 작도된다.

• 예제 1 작도

다음 중 작도에 대한 설명으로 옳지 <u>않은</u> 것은?

① 눈금 없는 자와 컴퍼스만을 사용하여 도형을 그리는 것을 작도라 한다.
② 선분을 연장할 때는 눈금 없는 자를 사용한다.
③ 주어진 선분의 길이를 재어 다른 직선 위로 옮길 때는 컴퍼스를 사용한다.
④ 컴퍼스를 사용하여 원을 그리거나 주어진 각의 크기를 측정할 수 있다.
⑤ 두 점을 잇는 선분을 그릴 때는 눈금 없는 자를 사용한다.

[해결 포인트]

눈금 없는 자는 두 점을 지나는 선분이나 연장선을 그릴 때 사용하고, 컴퍼스는 주어진 선분의 길이를 재어 다른 직선 위로 옮기거나 원을 그릴 때 사용한다.

👆**한번 더!**

1-1 다음 |보기| 중 작도할 때 눈금 없는 자의 용도를 모두 고르시오.

┤ 보기 ├
ㄱ. 각의 크기를 잰다.
ㄴ. 선분의 길이를 옮긴다.
ㄷ. 선분의 길이를 연장한다.
ㄹ. 두 점을 지나는 선분을 그린다.

• 예제 2 길이가 같은 선분의 작도

다음은 선분 XY와 길이가 같은 선분 PQ를 작도하는 과정이다. 작도 순서를 바르게 나열하시오.

┌─────────────────────────────┐
ㄱ 컴퍼스를 사용하여 선분 XY의 길이를 잰다.
ㄴ 점 P를 중심으로 선분 XY의 길이를 반지름으로 하는 원을 그려 직선과의 교점을 Q라 한다.
ㄷ 눈금 없는 자를 사용하여 직선을 긋고, 그 위에 점 P를 잡는다.
└─────────────────────────────┘

[해결 포인트]

직선을 긋고, 반지름의 길이가 $\overline{XY}$인 원을 이용하여 이 직선 위에 선분 PQ를 작도한다.

👆**한번 더!**

2-1 다음은 선분 AB를 점 B쪽으로 연장하여 $\overline{AC}=2\overline{AB}$가 되는 선분 AC를 작도하는 과정이다. 작도 순서를 바르게 나열하시오.

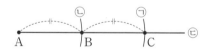

┌─────────────────────────────┐
ㄱ 점 B를 중심으로 $\overline{AB}$의 길이를 반지름으로 하는 원을 그려 $\overline{AB}$의 연장선과의 교점을 C라 한다.
ㄴ 컴퍼스를 사용하여 $\overline{AB}$의 길이를 잰다.
ㄷ 눈금 없는 자를 사용하여 $\overline{AB}$를 점 B쪽으로 연장한다.
└─────────────────────────────┘

• 정답 및 해설 25쪽

• 예제 **3** 크기가 같은 각의 작도

아래 그림은 ∠AOB와 크기가 같은 각을 $\overrightarrow{PQ}$를 한 변으로 하여 작도하는 과정이다. 다음 ☐ 안에 알맞은 것을 쓰시오.

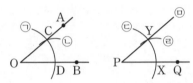

(1) 작도 순서는 ☐ → ☐ → ☐ → ☐ → ☐이다.
(2) $\overline{OC}=$ ☐ $=\overline{PX}=$ ☐
(3) $\overline{CD}=$ ☐
(4) ∠AOB= ☐

[해결 포인트]
반지름의 길이가 $\overline{OC}$, $\overline{CD}$인 원을 이용하여 크기가 같은 각을 작도한다.

👆한번 더!

3-1 아래 그림은 ∠XOY와 크기가 같은 각을 $\overrightarrow{PQ}$를 한 변으로 하여 작도한 것이다. 다음 |보기| 중 옳은 것을 모두 고르시오.

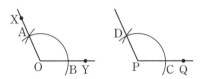

┌ 보기 ┐
ㄱ. $\overline{OA}=\overline{PC}$ ㄴ. $\overline{AB}=\overline{CP}$
ㄷ. $\overline{OX}=\overline{OY}$ ㄹ. ∠XOY=∠DPC

• 예제 **4** 평행선의 작도

오른쪽 그림을 보고 다음 ☐ 안에 알맞은 것을 쓰시오.

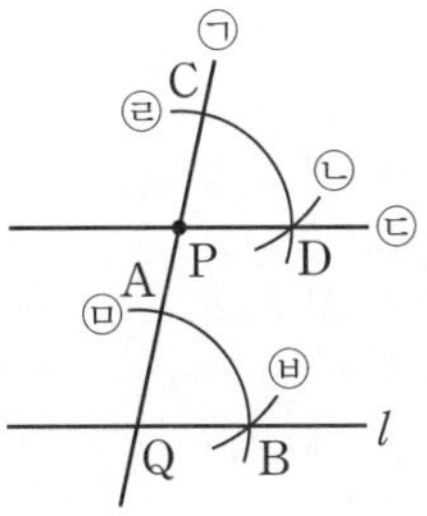

(1) 점 P를 지나고 직선 l에 ☐한 직선을 작도한 것이다.

(2) 작도 순서는 ㉠ → ☐ → ☐ → ☐ → ☐ → ㉢이다.

(3) 이 작도에 이용한 평행선의 성질은 '두 직선이 한 직선과 만날 때, ☐의 크기가 같으면 두 직선은 ☐하다.'이다.

[해결 포인트]
평행선의 성질과 크기가 같은 각의 작도를 이용하여 평행선을 작도한다.

👆한번 더!

4-1 오른쪽 그림은 직선 l 밖의 한 점 P를 지나고 직선 l과 평행한 직선 m을 작도한 것이다. 다음 |보기| 중 옳은 것을 모두 고르시오.

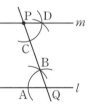

┌ 보기 ┐
ㄱ. $\overline{QB}=\overline{CD}$ ㄴ. $\overline{AB}=\overline{CD}$
ㄷ. ∠CPD=∠PCD ㄹ. ∠BQA=∠CPD

삼각형

(1) 삼각형

① 삼각형 ABC: 세 선분 AB, BC, CA로 이루어진 도형

[기호] $\triangle ABC$

② 대변: 한 각과 마주 보는 변

[예] ∠A의 대변: $\overline{BC}$, ∠B의 대변: $\overline{AC}$, ∠C의 대변: $\overline{AB}$

③ 대각: 한 변과 마주 보는 각

[예] $\overline{BC}$의 대각: ∠A, $\overline{AC}$의 대각: ∠B, $\overline{AB}$의 대각: ∠C

(2) 삼각형의 세 변의 길이 사이의 관계

삼각형에서 한 변의 길이는 나머지 두 변의 길이의 합보다 작다.

➡ $a < b+c$, $b < a+c$, $c < a+b$

[참고] 세 변의 길이가 주어졌을 때, 삼각형이 될 수 있는 조건

➡ (가장 긴 변의 길이) < (나머지 두 변의 길이의 합)

일반적으로 $\triangle ABC$에서 ∠A, ∠B, ∠C의 대변의 길이를 각각 a, b, c로 나타낸다.

• 개념 확인하기

• 정답 및 해설 25쪽

1 오른쪽 그림의 $\triangle ABC$에서 다음을 구하시오.

(1) ∠A의 대변

(2) ∠C의 대변

(3) 변 AB의 대각

(4) 변 AC의 대각

2 오른쪽 그림의 $\triangle PQR$에서 다음을 구하시오.

(1) ∠P의 대변의 길이

(2) ∠R의 대변의 길이

(3) $\overline{QR}$의 대각의 크기

(4) $\overline{PQ}$의 대각의 크기

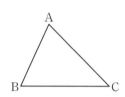

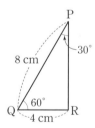

3 다음 표를 완성하고, 주어진 세 변으로 삼각형을 만들 수 있는지 판단하시오.

세 변의 길이	(가장 긴 변의 길이)와 (나머지 두 변의 길이의 합) 사이의 관계	삼각형 만들기(○/×)
3, 4, 5	5 < 3+4	○
(1) 4, 5, 10		
(2) 6, 7, 12		
(3) 2, 3, 5		

• 예제 **1** 삼각형의 세 변의 길이 사이의 관계 (1)

다음 중 삼각형의 세 변의 길이가 될 수 <u>없는</u> 것을 모두 고르면? (정답 2개)

① 2 cm, 4 cm, 6 cm   ② 4 cm, 5 cm, 6 cm

③ 5 cm, 8 cm, 10 cm   ④ 9 cm, 9 cm, 9 cm

⑤ 9 cm, 10 cm, 20 cm

[해결 포인트]

세 변의 길이가 주어질 때 삼각형이 될 수 있는 조건
➡ (가장 긴 변의 길이)<(나머지 두 변의 길이의 합)

🖑 한번 더!

1-1 다음 중 삼각형의 세 변의 길이가 될 수 있는 것을 모두 고르면? (정답 2개)

① 2 cm, 3 cm, 4 cm

② 4 cm, 5 cm, 11 cm

③ 6 cm, 6 cm, 13 cm

④ 7 cm, 3 cm, 7 cm

⑤ 7 cm, 8 cm, 15 cm

I·2

• 예제 **2** 삼각형의 세 변의 길이 사이의 관계 (2)

다음은 삼각형의 세 변의 길이가 7, 8, x일 때, x의 값의 범위를 구하는 과정이다. □ 안에 알맞은 것을 쓰시오.

> (i) 가장 긴 변의 길이가 x일 때
> $x<7+$ □ 이므로 $x<$ □
> (ii) 가장 긴 변의 길이가 8일 때
> $8<7+$ □ 이므로 $x>$ □
> 따라서 (i), (ii)에서 구하는 x의 값의 범위는
> □ $<x<$ □

[해결 포인트]

세 변의 길이 중 미지수 x가 있을 때
(i) 가장 긴 변의 길이가 x인 경우
(ii) 가장 긴 변의 길이가 x가 아닌 경우
로 나누어 x의 값의 범위를 구한 후, 공통인 x의 값의 범위를 구한다.

🖑 한번 더!

2-1 삼각형의 세 변의 길이가 3 cm, x cm, 6 cm일 때, x의 값의 범위를 구하시오.

2-2 삼각형의 세 변의 길이가 2 cm, 5 cm, x cm일 때, 다음 중 x의 값으로 알맞은 것은?

① 2   ② 3   ③ 6

④ 7   ⑤ 10

삼각형의 작도

(1) 삼각형의 작도

다음의 세 가지 경우에 삼각형을 하나로 작도할 수 있다.

① 세 변의 길이가 주어질 때

 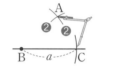

길이가 a인 $\overline{BC}$를 그린다.

점 B, C를 중심으로 반지름의 길이가 각각 c, b인 원을 그려 그 교점을 A라 한다.

점 A와 B, 점 A와 C를 각각 잇는다.

② 두 변의 길이와 그 끼인각의 크기가 주어질 때

   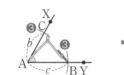

∠A와 크기가 같은 ∠XAY를 그린다.

$\overrightarrow{AX}$ 위에 길이가 b인 $\overline{AC}$를, $\overrightarrow{AY}$ 위에 길이가 c인 $\overline{AB}$를 그린다.

두 점 B, C를 잇는다.

③ 한 변의 길이와 그 양 끝 각의 크기가 주어질 때

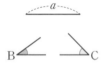 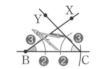

길이가 a인 $\overline{BC}$를 그린다.

∠B, ∠C와 크기가 각각 같은 ∠XBC, ∠YCB를 그린다.

$\overrightarrow{BX}$, $\overrightarrow{CY}$의 교점을 A라 한다.

> 참고 $\overline{AB}$의 길이와 ∠B, ∠C의 크기가 주어지면 ∠A=$180°-(∠B+∠C)$이므로 한 변의 길이와 그 양 끝 각의 크기가 주어진 경우가 되어 삼각형을 하나로 작도할 수 있다.

(2) 삼각형이 하나로 정해지는 조건

① 세 변의 길이가 주어질 때
② 두 변의 길이와 그 끼인각의 크기가 주어질 때
③ 한 변의 길이와 그 양 끝 각의 크기가 주어질 때

(3) 삼각형이 하나로 정해지지 않는 경우

① (가장 긴 변의 길이)≥(나머지 두 변의 길이의 합)
   ➡ 삼각형이 그려지지 않는다.
② 두 변의 길이와 그 끼인각이 아닌 다른 한 각의 크기가 주어질 때
   ➡ 삼각형이 그려지지 않거나 1개 또는 2개 그려진다.
③ 세 각의 크기가 주어질 때 ➡ 무수히 많은 삼각형이 그려진다.
   예 ∠A=35°, ∠B=60°, ∠C=85°인 △ABC는 무수히 많다.

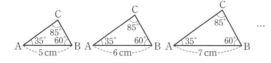

삼각형을 작도할 수 없는 경우

(1) 두 변의 길이의 합이 나머지 한 변의 길이보다 작은 경우
   예 세 변의 길이가 2 cm, 3 cm, 6 cm로 주어지면 $6>2+3$이므로 삼각형을 작도할 수 없다.

(2) 끼인각의 크기가 180°인 경우
   예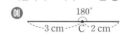

(3) 두 각의 크기의 합이 180°보다 크거나 같은 경우
   예 $\overline{BC}=4$ cm, ∠B=100°, ∠C=130°일 때
   ➡

•정답 및 해설 26쪽

1 다음 그림과 같이 변의 길이와 각의 크기가 각각 주어졌을 때, △ABC를 하나로 작도할 수 있는 것은 ○표, 하나로 작도할 수 <u>없는</u> 것은 ×표를 ( ) 안에 쓰시오.

(1)　　　　　　　　　　　　　　　　　　　　　　　　　　(　)

(2)　　　　　　　　　　　　　　　　　　　　　　　　　　(　)

(3)　　　　　　　　　　　　　　　　　　　　　　　　　　(　)

2 다음은 한 변의 길이가 a이고 그 양 끝 각의 크기가 ∠B, ∠C인 삼각형을 작도하는 과정이다. □ 안에 알맞은 것을 쓰시오.

❶ 길이가 □인 $\overline{BC}$를 작도한다.
❷ ∠B와 크기가 같은 ∠XBC, ∠C와 크기가 같은 □를 작도한다.
❸ $\overrightarrow{BX}$와 $\overrightarrow{CY}$의 교점을 □라 하면 △ABC가 작도된다.

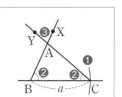

3 다음과 같은 조건이 주어졌을 때 그려지는 △ABC의 개수를 구하시오.

(1) ∠A＝30°, $\overline{AB}$＝9 cm, $\overline{BC}$＝6 cm

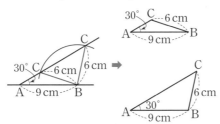

(2) ∠A＝40°, ∠B＝50°, ∠C＝90°

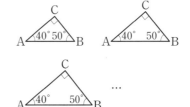

4 다음 중 △ABC가 하나로 정해지는 것은 ○표, 하나로 정해지지 <u>않는</u> 것은 ×표를 ( ) 안에 쓰시오.

(1) ∠A＝30°, ∠B＝65°, ∠C＝85°　　　　　　　　　　　　(　)
(2) $\overline{AB}$＝5 cm, $\overline{BC}$＝3 cm, $\overline{CA}$＝7 cm　　　　　　　　(　)
(3) $\overline{BC}$＝8 cm, $\overline{CA}$＝6 cm, ∠B＝30°　　　　　　　　(　)
(4) $\overline{BC}$＝3 cm, $\overline{CA}$＝9 cm, ∠C＝110°　　　　　　　　(　)
(5) $\overline{BC}$＝4 cm, ∠B＝60°, ∠C＝80°　　　　　　　　　(　)

・예제 **1** 삼각형의 작도

다음 그림과 같이 두 변의 길이와 그 끼인각의 크기
가 주어졌을 때, △ABC를 작도하는 과정에서 가장
마지막에 하는 것은?

A●────●B

A●────●C   A╱───

① ∠A를 작도한다.   ② ∠B를 작도한다.
③ $\overline{AB}$를 작도한다.   ④ $\overline{AC}$를 작도한다.
⑤ $\overline{BC}$를 작도한다.

[해결 포인트]
두 변의 길이와 그 끼인각의 크기가 주어질 때 삼각형의 작도
방법① 각을 작도 ➡ 두 선분을 작도
방법② 한 선분을 먼저 작도 ➡ 각을 작도 ➡ 다른 선분을 작도

👆 한번 더!

1-1 오른쪽 그림과 같이 $\overline{AB}$의
길이와 ∠A, ∠B의 크기가 주어
졌을 때, 다음 | 보기 | 중 △ABC
의 작도 순서로 옳은 것을 모두
고르시오.

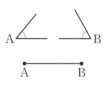

┌ 보기 ┐
ㄱ. ∠A → ∠B → $\overline{AB}$
ㄴ. ∠A → $\overline{AB}$ → ∠B
ㄷ. ∠B → ∠A → $\overline{AB}$
ㄹ. $\overline{AB}$ → ∠A → ∠B
└────────────────┘

・예제 **2** 삼각형이 하나로 정해질 조건

다음 중 △ABC가 하나로 정해지는 것은?

① $\overline{AB}$=5 cm, $\overline{BC}$=6 cm, $\overline{CA}$=12 cm
② $\overline{AB}$=4 cm, $\overline{BC}$=3 cm, ∠A=50°
③ $\overline{BC}$=8 cm, $\overline{CA}$=7 cm, ∠B=60°
④ $\overline{CA}$=6 cm, ∠A=40°, ∠C=65°
⑤ ∠A=50°, ∠B=45°, ∠C=85°

[해결 포인트]
다음 각 경우에 삼각형은 하나로 정해진다.
(1) 세 변의 길이가 주어질 때
(2) 두 변의 길이와 그 끼인각의 크기가 주어질 때
(3) 한 변의 길이와 그 양 끝 각의 크기가 주어질 때

👆 한번 더!

2-1 다음 | 보기 |에서 △ABC가 하나로 정해지는 것
을 모두 고르시오.

┌ 보기 ┐
ㄱ. $\overline{AB}$=6 cm, $\overline{BC}$=9 cm, $\overline{AC}$=12 cm
ㄴ. ∠A=90°, ∠B=60°, ∠C=30°
ㄷ. $\overline{AB}$=4 cm, $\overline{BC}$=5 cm, ∠C=40°
ㄹ. $\overline{BC}$=7 cm, ∠A=60°, ∠B=50°
└────────────────┘

2-2 오른쪽 그림과 같은 △ABC
에서 $\overline{AB}$와 $\overline{BC}$의 길이가 주어졌
을 때, 다음 | 보기 | 중 △ABC가
하나로 정해지기 위해 필요한 나
머지 한 조건으로 알맞은 것을 모두
고르시오.

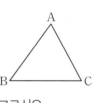

┌ 보기 ┐
ㄱ. $\overline{AC}$ ㄴ. ∠A   ㄷ. ∠B   ㄹ. ∠C
└────────────────┘

15 도형의 합동

(1) **합동**

한 도형 P를 모양과 크기를 바꾸지 않고 다른 도형 Q에 완전히 포갤 수 있을 때, 이 두 도형을 서로 합동이라 한다.

[기호] $P \equiv Q$

① 서로 포개어지는 꼭짓점과 꼭짓점, 변과 변, 각과 각은 서로 대응한다고 한다.

② 서로 대응하는 꼭짓점을 대응점, 대응하는 변을 대응변, 대응하는 각을 대응각이라 한다.

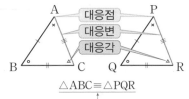

$\triangle ABC \equiv \triangle PQR$

합동을 기호를 써서 나타낼 때는 두 도형의 대응점의 순서를 맞추어 쓴다.

≫ =와 ≡의 비교
- $\triangle ABC = \triangle PQR$
  ➡ $\triangle ABC$와 $\triangle PQR$의 넓이가 서로 같다.
- $\triangle ABC \equiv \triangle PQR$
  ➡ $\triangle ABC$와 $\triangle PQR$는 합동이다.

(2) **합동인 도형의 성질**

두 도형이 서로 합동이면

① 대응변의 길이가 같다. ② 대응각의 크기가 같다.

•개념 확인하기

•정답 및 해설 27쪽

1 다음은 오른쪽 그림에서 $\triangle ABC \equiv \triangle PQR$일 때, 대응변과 대응각을 각각 나타낸 표이다. 이 표를 완성하시오.

대응변	대응각
(1) $\overline{AB}$의 대응변:	(2) $\angle A$의 대응각:
(3) $\overline{BC}$의 대응변:	(4) $\angle B$의 대응각:
(5) $\overline{CA}$의 대응변:	(6) $\angle C$의 대응각:

2 다음 물음에 답하시오.

(1) 오른쪽 그림에서 $\triangle ABC \equiv \triangle PQR$일 때, x, y, a, b의 값을 각각 구하시오.

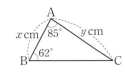 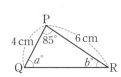

(2) 오른쪽 그림에서 사각형 ABCD와 사각형 EFGH가 합동일 때, x, a, b, c의 값을 각각 구하시오.

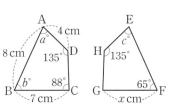

• 예제 **1** 합동인 도형의 성질

아래 그림에서 사각형 ABCD와 사각형 EFGH가 합동일 때, 다음 중 옳지 <u>않은</u> 것은?

① $\overline{FG}=8\,cm$ ② $\overline{AD}=9\,cm$

③ $\angle F=120°$ ④ $\angle C=70°$

⑤ $\angle A=95°$

[해결 포인트]

두 도형이 합동이면
① 대응변의 길이가 같다.
② 대응각의 크기가 같다.

👆 한번 더!

1-1 다음 그림에서 $\triangle ABC \equiv \triangle FED$일 때, $x+y$의 값을 구하시오.

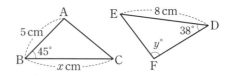

1-2 $\triangle ABC \equiv \triangle DEF$일 때, 다음 |보기| 중 옳은 것을 모두 고르시오.

┤ 보기 ├

ㄱ. $\overline{AB}=\overline{EF}$ ㄴ. $\angle B=\angle E$

ㄷ. 점 C의 대응점은 점 D이다.

ㄹ. $\triangle ABC$와 $\triangle DEF$는 완전히 포개어진다.

• 예제 **2** 항상 합동인 도형

다음 |보기| 중 두 도형이 항상 합동인 것을 모두 고르시오.

┤ 보기 ├

ㄱ. 반지름의 길이가 같은 두 원

ㄴ. 네 변의 길이가 같은 두 사각형

ㄷ. 둘레의 길이가 같은 정삼각형

ㄹ. 넓이가 같은 두 사각형

[해결 포인트]

다음의 두 도형은 각각 항상 서로 합동이다.
① 한 변의 길이(또는 둘레의 길이 또는 넓이)가 같은 두 정다각형
② 반지름의 길이(또는 둘레의 길이 또는 넓이)가 같은 두 원

👆 한번 더!

2-1 다음 중 두 도형이 항상 합동이라고 할 수 <u>없는</u> 것을 모두 고르면? (정답 2개)

① 한 변의 길이가 같은 두 정삼각형

② 한 변의 길이가 같은 두 마름모

③ 세 변의 길이가 각각 같은 두 삼각형

④ 반지름의 길이가 같은 두 부채꼴

⑤ 둘레의 길이가 같은 두 원

삼각형의 합동 조건

다음의 각 경우에 두 삼각형은 서로 합동이다.

(1) 대응하는 세 변의 길이가 각각 같을 때(SSS 합동)

➡ $\overline{AB}=\overline{DE}$, $\overline{BC}=\overline{EF}$, $\overline{CA}=\overline{FD}$

(예) △ABC와 △DEF에서
$\overline{AB}=\overline{DE}=4\,\text{cm}$, $\overline{BC}=\overline{EF}=5\,\text{cm}$,
$\overline{CA}=\overline{FD}=3\,\text{cm}$

∴ △ABC≡△DEF (SSS 합동)

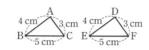
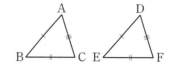

(2) 대응하는 두 변의 길이가 각각 같고, 그 끼인각의 크기가 같을 때 (SAS 합동)

➡ $\overline{AB}=\overline{DE}$, $\overline{BC}=\overline{EF}$, $\angle B=\angle E$

(예) △ABC와 △DEF에서
$\overline{AB}=\overline{DE}=5\,\text{cm}$, $\overline{BC}=\overline{EF}=6\,\text{cm}$,
$\angle B=\angle E=45°$

∴ △ABC≡△DEF (SAS 합동)

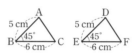
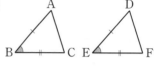

(3) 대응하는 한 변의 길이가 같고, 그 양 끝 각의 크기가 각각 같을 때 (ASA 합동)

➡ $\overline{BC}=\overline{EF}$, $\angle B=\angle E$, $\angle C=\angle F$

(예) △ABC와 △DEF에서
$\overline{BC}=\overline{EF}=5\,\text{cm}$, $\angle B=\angle E=45°$,
$\angle C=\angle F=50°$

∴ △ABC≡△DEF (ASA 합동)

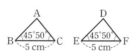
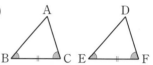

•개념 확인하기

•정답 및 해설 28쪽

1 다음은 △ABC와 △DFE가 서로 합동이 되는 세 가지 경우이다. □ 안에 알맞은 것을 쓰시오.

(1) $\overline{AB}=\overline{DF}$, $\overline{BC}=\boxed{}$, $\boxed{}=\boxed{}$ ⇨ SSS 합동

(2) $\overline{BC}=\boxed{}$, $\overline{AC}=\overline{DE}$, $\boxed{}=\boxed{}$ ⇨ SAS 합동

(3) $\overline{AB}=\boxed{}$, $\angle A=\angle D$, $\angle B=\boxed{}$ ⇨ ASA 합동

2 오른쪽 그림의 △ABC와 △DEF가 주어진 조건을 만족시킬 때, 합동이면 ○표, 합동이 아니면 ×표를 ( ) 안에 쓰시오.

(1) $\overline{AB}=\overline{DE}$, $\overline{BC}=\overline{EF}$, $\overline{CA}=\overline{FD}$ ( )

(2) $\overline{AB}=\overline{DE}$, $\overline{AC}=\overline{DF}$, $\angle A=\angle D$ ( )

(3) $\angle A=\angle D$, $\angle B=\angle E$, $\angle C=\angle F$ ( )

(4) $\overline{BC}=\overline{EF}$, $\angle B=\angle E$, $\angle A=\angle D$ ( )

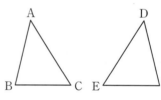

• 예제 1 합동인 삼각형 찾기

다음 |보기|에서 서로 합동인 삼각형을 찾아 짝 짓고, 이때 사용된 합동 조건을 말하시오.

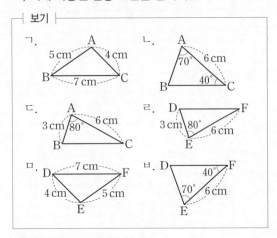

[해결 포인트]
다음 각 경우에 두 삼각형은 서로 합동이다.
(1) 대응하는 세 변의 길이가 각각 같을 때
(2) 대응하는 두 변의 길이가 각각 같고, 그 끼인각의 크기가 같을 때
(3) 대응하는 한 변의 길이가 같고, 그 양 끝 각의 크기가 각각 같을 때

👆 **한번 더!**

1-1 다음 중 오른쪽 |보기|의 삼각형과 합동인 것은?

| 보기 |
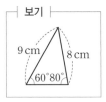

①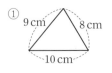

② 　③

④ 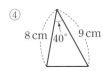　⑤

• 예제 2 삼각형의 합동 조건 – SSS 합동

다음은 오른쪽 그림과 같은 사각형 ABCD에서 $\overline{AB}=\overline{AD}$, $\overline{BC}=\overline{DC}$일 때, $\triangle ABC \equiv \triangle ADC$임을 설명하는 과정이다. ㈎~㈐에 알맞은 것을 각각 구하시오.

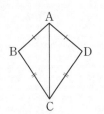

△ABC와 △ADC에서
$\overline{AB}=\overline{AD}$, $\overline{BC}=\overline{DC}$, ㈎ 는 공통
따라서 대응하는 세 변의 길이가 각각 같으므로
$\triangle ABC \equiv$ ㈏ (㈐ 합동)

[해결 포인트]
대응하는 세 변의 길이가 각각 같음을 이용하여 두 삼각형이 합동임을 보인다.

👆 **한번 더!**

2-1 오른쪽 그림의 사각형 ABCD가 마름모일 때, 다음 물음에 답하시오.

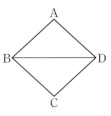

(1) △ABD와 △CBD가 합동인지 판단하시오.
(2) (1)에서 합동인 경우 합동 조건을 말하고, 합동이 아닌 경우 그 이유를 말하시오.

2-2 오른쪽 그림과 같은 사각형 ABCD에서 $\overline{AB}=\overline{DC}$, $\overline{AC}=\overline{DB}$일 때, $\triangle ABD \equiv \triangle DCA$임을 설명하시오.

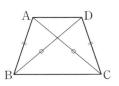

정답 및 해설 28쪽

I·2

• 예제 3 삼각형의 합동 조건 – SAS 합동

다음은 오른쪽 그림과 같이 점 O가 $\overline{AB}$와 $\overline{CD}$의 교점이고 $\overline{OA}=\overline{OB}$, $\overline{OC}=\overline{OD}$ 일 때, $\triangle OAC \equiv \triangle OBD$임을 설명하는 과정이다. ㈎, ㈏에 알맞은 것을 각각 구하시오.

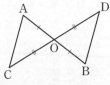

> $\triangle OAC$와 $\triangle OBD$에서
> $\overline{OA}=\overline{OB}$, $\overline{OC}=\overline{OD}$,
> $\angle AOC = \boxed{\text{㈎}}$ (맞꼭지각)
> 따라서 대응하는 두 변의 길이가 각각 같고,
> 그 끼인각의 크기가 같으므로
> $\triangle OAC \equiv \triangle OBD$ ($\boxed{\text{㈏}}$ 합동)

[해결 포인트]
대응하는 두 변의 길이가 각각 같음과 맞꼭지각의 크기가 같음을 이용하여 두 삼각형이 합동임을 보인다.

👆 한번 더!

3-1 오른쪽 그림에서 $\overline{OA}=\overline{OC}$, $\overline{AB}=\overline{CD}$이고 $\angle O=50°$, $\angle D=35°$일 때, 다음 물음에 답하시오.

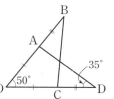

(1) $\triangle AOD$와 합동인 삼각형을 찾고, 합동 조건을 말하시오.

(2) $\angle OCB$의 크기를 구하시오.

• 예제 4 삼각형의 합동 조건 – ASA 합동

다음은 오른쪽 그림과 같이 점 O가 $\overline{AD}$와 $\overline{BC}$의 교점이고 $\overline{AB} /\!/ \overline{CD}$, $\overline{OA}=\overline{OD}$일 때, $\triangle ABO \equiv \triangle DCO$임을 설명하는 과정이다. ㈎~㈐에 알맞은 것을 각각 구하시오.

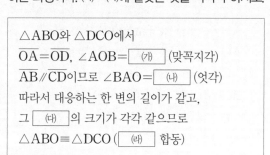

> $\triangle ABO$와 $\triangle DCO$에서
> $\overline{OA}=\overline{OD}$, $\angle AOB = \boxed{\text{㈎}}$ (맞꼭지각)
> $\overline{AB} /\!/ \overline{CD}$이므로 $\angle BAO = \boxed{\text{㈏}}$ (엇각)
> 따라서 대응하는 한 변의 길이가 같고,
> 그 $\boxed{\text{㈐}}$ 의 크기가 각각 같으므로
> $\triangle ABO \equiv \triangle DCO$ ($\boxed{\text{㈑}}$ 합동)

[해결 포인트]
대응하는 한 변의 길이가 같음과 평행선의 성질을 이용하여 두 삼각형이 합동임을 보인다.

👆 한번 더!

4-1 다음은 오른쪽 그림에서 $\angle XOY$의 이등분선 위의 한 점 P에서 $\overrightarrow{OX}$, $\overrightarrow{OY}$에 내린 수선의 발을 각각 A, B라 할 때, $\triangle AOP \equiv \triangle BOP$임을 설명하는 과정이다. ☐ 안에 알맞은 것을 쓰시오.

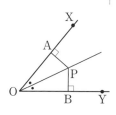

> $\triangle AOP$와 $\triangle BOP$에서
> $\angle AOP = \boxed{}$, $\boxed{}$는 공통,
> $\angle APO = \boxed{} - \angle AOP$
> $\qquad = \boxed{} - \angle BOP = \angle BPO$
> $\therefore \triangle AOP \equiv \triangle BOP$ ($\boxed{}$ 합동)

1

다음 중 옳지 <u>않은</u> 것은?

① 원을 그릴 때 컴퍼스를 사용한다.
② 선분의 길이를 잴 때 눈금 없는 자를 사용한다.
③ 선분을 연장할 때 눈금 없는 자를 사용한다.
④ 선분을 다른 직선 위에 옮길 때 컴퍼스를 사용한다.
⑤ 눈금 없는 자와 컴퍼스만을 사용하여 도형을 그리는 것을 작도라 한다.

2

아래 그림은 ∠XOY와 크기가 같고 $\overrightarrow{PQ}$를 한 변으로 하는 각을 작도한 것이다. 다음 중 옳지 <u>않은</u> 것을 모두 고르면? (정답 2개)

① $\overline{OB}=\overline{PC}$ ② $\overline{AB}=\overline{CD}$
③ $\overline{OY}=\overline{PQ}$ ④ ∠AOB=∠CPD
⑤ 작도 순서는 ㉡ → ㉤ → ㉣ → ㉠ → ㉢이다.

3 창의력UP

오른쪽 그림과 같이 컴퍼스를 이용하여 평면 위의 한 점 A를 중심으로 원을 그린 후, 그 원 위의 한 점 B를 중심으로 반지름의 길이가 $\overline{AB}$인 원을 그렸

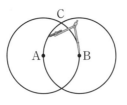

더니 두 원이 두 점에서 만났다. 그중 한 점을 C라 할 때, 삼각형 ABC는 어떤 삼각형인지 말하시오.

4 중요

다음과 같이 길이가 4 cm, 5 cm, 9 cm, 11 cm인 막대가 각각 하나씩 있다. 이 중 3개의 막대로 만들 수 있는 서로 다른 삼각형의 개수를 구하시오. (단, 막대의 두께 및 막대가 겹치는 부분은 생각하지 않는다.)

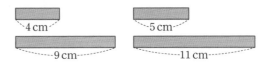

5

△ABC에서 $\overline{BC}$의 길이와 ∠B의 크기가 주어졌을 때, △ABC가 하나로 정해지기 위하여 필요한 나머지 한 조건이 아닌 것을 다음 |보기|에서 고르시오.

보기
ㄱ. ∠C   ㄴ. $\overline{AB}$
ㄷ. ∠A   ㄹ. $\overline{AC}$

6 중요

다음 중 △ABC가 하나로 정해지는 것을 모두 고르면?
(정답 2개)

① $\overline{AB}=5\,cm$, $\overline{BC}=9\,cm$, $\overline{CA}=3\,cm$
② $\overline{AC}=6\,cm$, $\overline{BC}=4\,cm$, ∠C=40°
③ $\overline{AC}=6\,cm$, ∠A=85°, ∠B=95°
④ $\overline{BC}=8\,cm$, ∠A=60°, ∠B=55°
⑤ ∠A=65°, ∠B=70°, ∠C=45°

• 정답 및 해설 28쪽

7 ●○○

다음 중 서로 합동인 두 도형에 대하여 옳지 <u>않은</u> 것을 모두 고르면? (정답 2개)

① 대응변의 길이가 같다.
② 대응각의 크기가 같다.
③ 모양이 같은 두 도형은 합동이다.
④ 한 도형을 다른 도형에 완전히 포갤 수 있다.
⑤ 두 도형의 넓이가 같으면 항상 합동이다.

8 중요 ●●○

아래 그림에서 사각형 ABCD와 사각형 EFGH가 합동일 때, 다음 중 옳지 <u>않은</u> 것은?

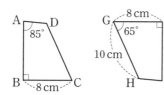

① ∠E=85°
② ∠H=120°
③ $\overline{AB}$=10 cm
④ 두 사각형의 넓이는 같다.
⑤ ∠B의 대응각은 ∠F이고, $\overline{DC}$의 대응변은 $\overline{HG}$이다.

9 ●●○

다음 |보기|의 삼각형 모양의 색종이 중 오른쪽 그림과 같은 삼각형 모양의 색종이를 모양과 크기를 바꾸지 않고 완전히 포갤 수 있는 것의 개수를 구하시오.

┤ 보기 ├
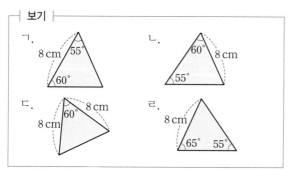

10 중요 ●●○

오른쪽 그림에서 $\overline{AB}=\overline{DF}$, $\overline{BC}=\overline{FE}$일 때, 다음 중 △ABC≡△DFE이기 위해 필요한 나머지 한 조건으로 알맞은 것을 모두 고르면? (정답 2개)

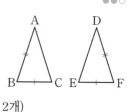

① $\overline{AB}=\overline{DE}$
② $\overline{AC}=\overline{DE}$
③ ∠A=∠D
④ ∠B=∠F
⑤ ∠C=∠E

11 ●●○

오른쪽 그림과 같은 사각형 ABCD에 대하여 다음 중 옳지 <u>않은</u> 것은?

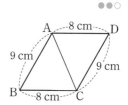

① ∠B=∠D
② $\overline{AC}=\overline{BC}$
③ ∠BAC=∠DCA
④ ∠ACB=∠CAD
⑤ △ABC≡△CDA

12 중요 ●●○

다음은 오른쪽 그림과 같은 직사각형 ABCD에서 점 M이 $\overline{BC}$의 중점일 때, △ABM≡△DCM임을 설명하는 과정이다. (가)~(마)에 들어갈 것으로 옳지 <u>않은</u> 것은?

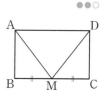

△ABM과 △DCM에서
$\overline{AB}=$ (가) , (나) $=\overline{CM}$,
∠ABM= (다) = (라) °
∴ △ABM≡△DCM ((마) 합동)

① (가) $\overline{DC}$
② (나) $\overline{BM}$
③ (다) ∠DCM
④ (라) 90
⑤ (마) ASA

13 창의력UP ●●○

다음 그림은 바다에 떠 있는 배의 위치를 A라 할 때, 두 지점 A, B 사이의 거리를 알아보기 위해 측정한 값을 나타낸 것이다. 두 지점 A, B 사이의 거리를 구하시오.
(단, 점 E는 $\overline{AB}$와 $\overline{CD}$의 교점이다.)

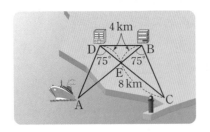

14 ●●●

오른쪽 그림에서 △ABC는 정삼각형이고 $\overline{AD}=\overline{BE}=\overline{CF}$일 때, 다음 중 옳지 <u>않은</u> 것은?

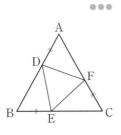

① $\overline{BD}=\overline{CE}$

② $\overline{DF}=\overline{FE}$

③ ∠FDE=60°

④ ∠AFE=∠DEC

⑤ ∠ADE=∠FDB

15 ●●○

삼각형의 세 변의 길이가 x, $x-2$, $x+5$일 때, x의 값이 될 수 있는 한 자리의 자연수를 모두 구하시오.
(단, 풀이 과정을 자세히 쓰시오.)

[풀이]

[답]

16 ●●●

오른쪽 그림에서 사각형 ABCD는 정사각형이고, $\overline{AE}=\overline{DF}$이다. 다음 물음에 답하시오.
(단, 풀이 과정을 자세히 쓰시오.)

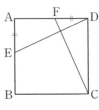

(1) △AED와 합동인 삼각형을 찾아 기호 ≡를 사용하여 나타내시오.

(2) (1)에서 이용한 합동 조건을 말하시오.

[풀이]

[답]

1 마인드맵으로 개념 구조화!

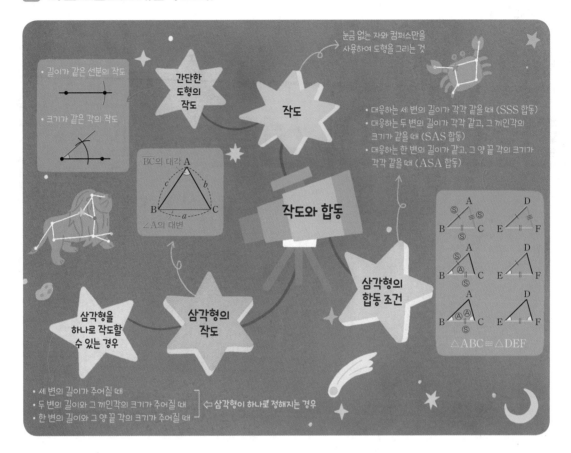

2 OX 문제로 개념 점검!

옳은 것은 ○, 옳지 않은 것은 ×를 택하시오.   • 정답 및 해설 30쪽

❶ 작도는 눈금 없는 자와 각도기만을 사용하여 도형을 그리는 것이다.   ○ | ×

❷ 합동인 두 도형에서 서로 포개어지는 꼭짓점과 꼭짓점, 변과 변, 각과 각은 서로 대응한다.   ○ | ×

❸ △ABC와 △DEF가 서로 합동일 때, 이것을 기호로 △ABC≡△DEF와 같이 나타낸다.   ○ | ×

❹ 삼각형의 한 변의 길이는 다른 두 변의 길이의 합보다 작다.   ○ | ×

❺ 세 각의 크기가 주어지면 삼각형은 하나로 정해진다.   ○ | ×

❻ 두 삼각형에서 대응하는 세 변의 길이가 각각 같으면 이 두 삼각형은 서로 합동이다.   ○ | ×

❼ 두 삼각형에서 대응하는 두 변의 길이가 각각 같고 한 각의 크기가 같으면 이 두 삼각형은 서로 합동이다.   ○ | ×

❽ 두 삼각형에서 대응하는 한 변의 길이가 같고 대응하는 두 각의 크기가 각각 같으면 이 두 삼각형은 서로 합동이다.   ○ | ×

3

평면도형의 성질

우리 생활 주변에서 다양한 평면도형을 찾아볼 수 있습니다.

야구장에 가면 홈 플레이트는 오각형 모양이고, 홈 플레이트와 1루, 2루, 3루 베이스를 모두 연결하면

정사각형 모양인 것을 확인할 수 있습니다.

또 투수가 서 있는 곳은 원 모양이고, 포수와 타자, 심판 세 명이 함께 서 있는 곳도 원 모양입니다.

이 단원에서는 다각형 및 원과 부채꼴의 여러 가지 성질에 대해 학습합니다.

▶ **새로 배우는 용어·기호**

내각, 외각, 부채꼴, 중심각, 호, 현, 활꼴, 할선, $\overparen{AB}$, π

3. 평면도형의 성질을 시작하기 전에

삼각형과 사각형의 각의 크기 [초등]

1 다음 그림에서 □ 안에 알맞은 각도를 쓰시오.

(1)
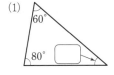

(2)
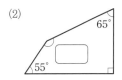

원의 둘레의 길이와 넓이 [초등]

2 오른쪽 그림과 같이 반지름의 길이가 5 cm인 원의 둘레의 길이와 넓이를
각각 구하시오. (단, 원주율은 3.14로 계산한다.)

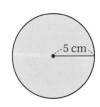

[정답] 1. (1) 40° (2) 150° 2. 둘레의 길이: 31.4 cm, 넓이: 78.5 cm²

다각형 / 정다각형

(1) 다각형

세 개 이상의 선분으로 둘러싸인 평면도형을 다각형이라 하고, 선분의 개수가
3개, 4개, ⋯, n개인 다각형을 각각 삼각형, 사각형, ⋯, n각형이라 한다.

① **내각**: 다각형의 이웃하는 두 변으로 이루어진 각 중에서 안쪽에 있는 각

② **외각**: 다각형의 각 꼭짓점에 이웃하는 두 변 중에서 한 변과 다른 한 변의
연장선이 이루는 각

> 참고 · 다각형에서 한 내각에 대한 외각은 두 개이지만 서로 맞꼭지각으로 그 크기가 같아
> 두 개 중에서 하나만 생각한다.
> · 다각형의 한 꼭짓점에서 (내각의 크기)+(외각의 크기)=180°이다.

(2) 정다각형

모든 변의 길이가 같고, 모든 내각의 크기가 같은 다각형을 정다각형
이라 하고, 변의 개수가 3개, 4개, ⋯, n개인 정다각형을 각각 정삼
각형, 정사각형, ⋯, 정n각형이라 한다.

정삼각형   정사각형   정오각형

·개념 확인하기

·정답 및 해설 31쪽

1 다음 |보기| 중 다각형이 <u>아닌</u> 것을 모두 고르시오.

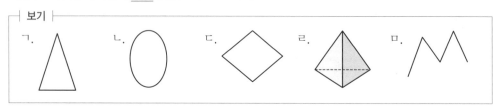

2 다음 다각형에서 ∠A의 외각의 크기를 구하시오.

(1)

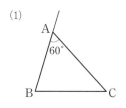

⇨ 60°+(∠A의 외각의 크기)= ☐
∴ (∠A의 외각의 크기)= ☐

(2)

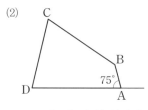

⇨ 75°+(∠A의 외각의 크기)= ☐
∴ (∠A의 외각의 크기)= ☐

3 다음 ☐ 안에 알맞은 것을 쓰시오.

(1) 정다각형은 모든 ☐의 길이가 같고 모든 ☐의 크기가 같다.

(2) 변의 개수가 5개인 정다각형을 ☐이라 한다.

예제 1 다각형

다음 중 다각형인 것을 모두 고르면? (정답 2개)

① 원   ② 사각형   ③ 구

④ 직육면체   ⑤ 마름모

[해결 포인트]

다각형은 3개 이상의 선분으로 둘러싸인 평면도형이다.

한번 더!

1-1 다음 중 옳지 <u>않은</u> 것은?

① 다각형은 3개 이상의 선분으로 둘러싸인 평면도형이다.

② 변의 개수가 7개인 다각형은 칠각형이다.

③ 십각형의 꼭짓점의 개수는 10개이다.

④ 선분이 끊어져 있는 도형은 다각형이 아니다.

⑤ 모든 평면도형은 다각형이다.

예제 2 다각형의 내각과 외각

다음 그림에서 $\angle x - \angle y$의 값을 구하시오.

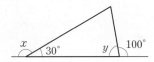

[해결 포인트]

다각형의 한 꼭짓점에서 내각과 외각의 크기의 합은 180°이다.

➡ (외각의 크기)=180°-(내각의 크기)

한번 더!

2-1 오른쪽 그림의 사각형 ABCD에서 $\angle A$의 외각의 크기와 $\angle C$의 외각의 크기의 합을 구하시오.

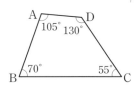

예제 3 정다각형

다음 |조건|을 모두 만족시키는 다각형의 이름을 말하시오.

┤ 조건 ├

㈎ 9개의 선분으로 둘러싸여 있다.

㈏ 모든 변의 길이가 같고, 모든 내각의 크기가 같다.

[해결 포인트]

• 정다각형은 모든 변의 길이가 같고, 모든 내각의 크기가 같은 다각형이다.

• 정다각형은 변의 개수에 따라 그 이름을 정할 수 있다.

한번 더!

3-1 다음 |조건|을 모두 만족시키는 다각형의 이름을 말하시오.

┤ 조건 ├

㈎ 변의 길이가 모두 같다.

㈏ 내각의 크기가 모두 같다.

㈐ 내각의 개수는 12개이다.

다각형의 대각선

(1) **대각선**: 다각형에서 서로 이웃하지 않는 두 꼭짓점을 이은 선분

(2) **대각선의 개수**

① n각형의 한 꼭짓점에서 그을 수 있는 대각선의 개수 ➡ $(n-3)$개

└ 꼭짓점 자신과 그 꼭짓점에서 이웃하는 두 꼭짓점을 제외하므로 3을 뺀다.

꼭짓점의 개수 ┐ ┌ 한 꼭짓점에서 그을 수 있는 대각선의 개수

② n각형의 대각선의 개수 ➡ $\dfrac{n(n-3)}{2}$개

└ 한 대각선을 2번씩 중복하여 세었으므로 2로 나눈다.

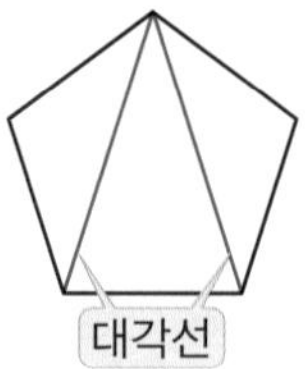

예 오각형의 한 꼭짓점에서 그을 수 있는 대각선의 개수는 $5-3=2$(개)이고,

오각형의 대각선의 개수는 $\dfrac{5\times(5-3)}{2}=5$(개)이다. ←

참고 n각형의 한 꼭짓점에서 대각선을 모두 그었을 때 만들어지는 삼각형의 개수 ➡ $(n-2)$개

• **개념 확인하기**

• 정답 및 해설 31쪽

1 다음 다각형의 주어진 한 꼭짓점에서 대각선을 모두 긋고, 표를 완성하시오.

다각형	 삼각형	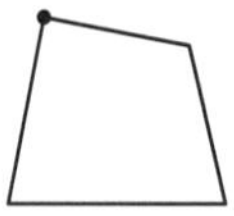 사각형	 오각형	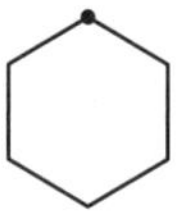 육각형	 칠각형	...	n각형
꼭짓점의 개수						...	
한 꼭짓점에서 그을 수 있는 대각선의 개수						...	
대각선의 개수						...	

2 다음은 대각선의 개수가 35개인 다각형을 구하는 과정이다. □ 안에 알맞은 것을 쓰시오.

대각선의 개수가 35개인 다각형을 n각형이라 하면

$\dfrac{n(n-3)}{2}=\boxed{}$ 에서

$n(n-3)=\boxed{}$, $n(n-3)=10\times\boxed{}$

$\therefore n=\boxed{}$

따라서 구하는 다각형은 $\boxed{}$이다.

예제 **1** 다각형의 대각선

육각형의 한 꼭짓점에서 그을 수 있는 대각선의 개수를 a개, 십각형의 한 꼭짓점에서 그을 수 있는 대각선의 개수를 b개라 할 때, $a+b$의 값을 구하시오.

[해결 포인트]

• n각형의 한 꼭짓점에서 그을 수 있는 대각선의 개수
  ➡ $(n-3)$개
• n각형의 한 꼭짓점에서 대각선을 모두 그었을 때 생기는 삼각형의 개수 ➡ $(n-2)$개

한번 더!

1-1 한 꼭짓점에서 그을 수 있는 대각선의 개수가 11개인 다각형의 변의 개수를 구하시오.

1-2 십오각형의 한 꼭짓점에서 그을 수 있는 대각선의 개수를 a개, 이때 생기는 삼각형의 개수를 b개라 할 때, $a+b$의 값을 구하시오.

예제 **2** 다각형의 대각선의 개수

다음 중 대각선의 개수가 54개인 다각형은?

① 육각형   ② 십각형   ③ 십일각형
④ 십이각형   ⑤ 십사각형

[해결 포인트]

• n각형의 대각선의 개수 ➡ $\dfrac{n(n-3)}{2}$개
• 대각선의 개수가 k개인 다각형 구하기
  ➡ 구하는 다각형을 n각형이라 하고,
    $\dfrac{n(n-3)}{2}=k$를 만족시키는 n의 값을 구한다.

한번 더!

2-1 다음 다각형의 대각선의 개수를 구하시오.

(1) 팔각형   (2) 구각형
(3) 십일각형   (4) 십삼각형

2-2 한 꼭짓점에서 그을 수 있는 대각선의 개수가 13개인 다각형의 대각선의 개수를 구하시오.

삼각형의 내각과 외각

(1) **삼각형의 세 내각의 크기의 합**

삼각형의 세 내각의 크기의 합은 180°이다.

➡ △ABC에서 ∠A+∠B+∠C=180°

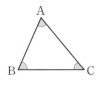

(2) **삼각형의 내각과 외각의 관계**

삼각형의 한 외각의 크기는 그와 이웃하지 않는 두 내각의 크기의 합과 같다.

➡ △ABC에서 ∠ACD=∠A+∠B

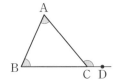

참고 △ABC에서 변 BC의 연장선 위에 점 D를 잡으면

∠A+∠B+∠ACB=180°   … ㉠

이때 평각의 크기는 180°이므로 ∠ACB+∠ACD=180°   … ㉡

따라서 ㉠, ㉡에서 ∠ACD=∠A+∠B

• **개념 확인하기**

• 정답 및 해설 32쪽

1 다음 그림에서 ∠x의 크기를 구하시오.

(1)

⇨ 80°+35°+∠x= ☐

∴ ∠x= ☐

(2)

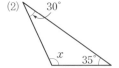

⇨ 30°+∠x+35°= ☐

∴ ∠x= ☐

(3)

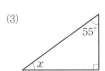

(4)

2 다음 그림에서 ∠x의 크기를 구하시오.

(1)

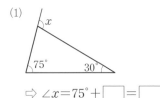

⇨ ∠x=75°+ ☐ = ☐

(2)

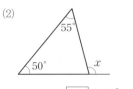

⇨ ∠x= ☐ +50°= ☐

(3)

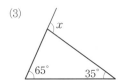

(4)

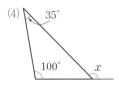

예제 1　삼각형의 세 내각의 크기의 합

다음 그림과 같은 삼각형에서 x의 값을 구하시오.

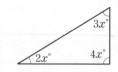

[해결 포인트]

삼각형의 세 내각의 크기의 합은 $180°$이다.

1-1 오른쪽 그림과 같이 $\overline{AE}$와 $\overline{BD}$의 교점을 C라 할 때, $\angle x$의 크기를 구하시오.

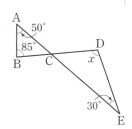

1-2 오른쪽 그림의 $\triangle ABC$에서 $\angle BAD = \angle DAC$일 때, 다음을 구하시오.

(1) $\angle BAD$의 크기

(2) $\angle x$의 크기

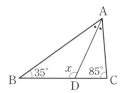

예제 2　삼각형의 세 내각의 크기의 합의 응용

오른쪽 그림의 $\triangle ABC$에서 다음을 구하시오.

(1) $\angle DAC + \angle DCA$의 값

(2) $\angle x$의 크기

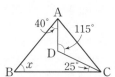

[해결 포인트]

$\triangle ABC$에서

$\angle a + \angle b + \angle c + (\bullet + \circ) = 180°$ ⋯ ㉠

$\triangle DBC$에서

$\angle x + (\bullet + \circ) = 180°$ ⋯ ㉡

따라서 ㉠, ㉡에서 $\angle x = \angle a + \angle b + \angle c$

2-1 오른쪽 그림의 $\triangle ABC$에서 $\angle x$의 크기를 구하시오.

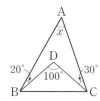

2-2 오른쪽 그림의 $\triangle ABC$에서 점 D는 $\angle B$와 $\angle C$의 이등분선의 교점일 때, $\angle x$의 크기를 구하시오.

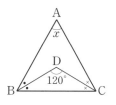

• 예제 **3**   삼각형의 내각과 외각의 관계

오른쪽 그림에서 $\angle x$, $\angle y$
의 크기를 각각 구하시오.

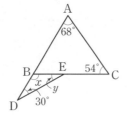

[해결 포인트]

삼각형의 한 외각의 크기는 그와 이웃하지 않는 두 내각의 크기의
합과 같다.

👆 한번 더!

3-1 오른쪽 그림에서 $\angle x$의
크기를 구하시오.

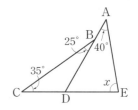

3-2 오른쪽 그림과 같이
$\overline{AB}=\overline{AC}$인 이등변삼각형
ABC에서 $\angle C$의 외각의 크기가
110°일 때, $\angle x$의 크기를 구하시
오.

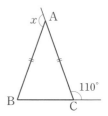

• 예제 **4**   삼각형의 내각과 외각의 관계의 응용

오른쪽 그림의 △ABC에
서 $\overline{BD}=\overline{CD}=\overline{CA}$이고
$\angle B=40°$일 때, $\angle x$의 크
기를 구하시오.

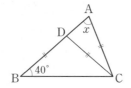

[해결 포인트]

삼각형의 내각과 외각의 관계와 이등변삼각형의 성질을 이용한다.

👆 한번 더!

4-1 다음 그림에서 $\overline{AB}=\overline{AC}=\overline{CD}$이고 $\angle B=35°$
일 때, $\angle x$, $\angle y$의 크기를 각각 구하시오.

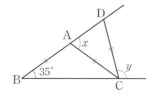

다각형의 내각

(1) **다각형의 내각의 크기의 합**

① n각형의 한 꼭짓점에서 대각선을 모두 그었을 때
만들어지는 삼각형의 개수 ➡ $(n-2)$개

② n각형의 내각의 크기의 합 ➡ $\underbrace{180°}_{\text{삼각형의 세 내각의 크기의 합}} \times \underbrace{(n-2)}_{\text{만들어지는 삼각형의 개수}}$

➡ (사각형의 내각의 크기의 합)
$=180°\times(4-2)=360°$

➡ (오각형의 내각의 크기의 합)
$=180°\times(5-2)=540°$

(2) **정다각형의 한 내각의 크기**

정n각형은 n개의 내각이 있고 그 내각의 크기가 모두 같으므로

정n각형의 한 내각의 크기는 내각의 크기의 합을 n으로 나눈 것과 같다. 즉

정n각형의 한 내각의 크기 ➡ $\dfrac{180°\times(n-2)}{n}$ $\begin{matrix} \leftarrow \text{내각의 크기의 합} \\ \leftarrow \text{꼭짓점의 개수} \end{matrix}$

예 정오각형의 한 내각의 크기는 $\dfrac{180°\times(5-2)}{5}=108°$이다.

• **개념 확인하기**

• 정답 및 해설 33쪽

1 다음은 다각형에서 내각의 크기의 합을 구하는 과정이다. 표를 완성하시오.

다각형	한 꼭짓점에서 대각선을 모두 그었을 때 만들어지는 삼각형의 개수	내각의 크기의 합
칠각형	$7-2=5$(개)	$180°\times5=900°$
팔각형		
구각형		
⋮	⋮	⋮
n각형		

2 다음 ☐ 안에 알맞은 것을 쓰고, 표를 완성하시오.

정다각형	한 내각의 크기
(1) 정육각형	$\dfrac{180°\times(6-2)}{\boxed{}}=\boxed{}$
(2) 정구각형	
(3) 정십각형	
(4) 정십팔각형	
(5) 정이십각형	

• 예제 1　**다각형의 내각의 크기의 합**

내각의 크기의 합이 $1260°$인 다각형의 변의 개수는?

① 8개　　　② 9개　　　③ 10개

④ 11개　　　⑤ 12개

[해결 포인트]

· n각형의 한 꼭짓점에서 대각선을 모두 그었을 때 만들어지는
　삼각형의 개수 ➡ $(n-2)$개
· n각형의 내각의 크기의 합 ➡ $180° \times (n-2)$

🖑 한번 더!

1-1　내각의 크기의 합이 $1080°$인 다각형의 꼭짓점의 개수는?

① 5개　　　② 6개　　　③ 7개

④ 8개　　　⑤ 9개

1-2　한 꼭짓점에서 그을 수 있는 대각선의 개수가 8개인 다각형의 내각의 크기의 합을 구하시오.

• 예제 2　**정다각형의 한 내각의 크기**

한 내각의 크기가 $135°$인 정다각형의 꼭짓점의 개수는?

① 8개　　　② 9개　　　③ 10개

④ 11개　　　⑤ 12개

[해결 포인트]

$$(정n각형의 한 내각의 크기) = \frac{180° \times (n-2)}{n}$$

🖑 한번 더!

2-1　한 내각의 크기가 $144°$인 정다각형은?

① 정육각형　　② 정팔각형　　③ 정십각형

④ 정십이각형　⑤ 정이십각형

2-2　대각선의 개수가 27개인 정다각형의 한 내각의 크기를 구하시오.

다각형의 외각

(1) **다각형의 외각의 크기의 합**

다각형의 외각의 크기의 합은 항상 $360°$이다.

> 참고 n각형의 한 내각과 그와 이웃하는 외각의 크기의 합이 $180°$이므로
> (내각의 크기의 합)+(외각의 크기의 합)=$180°\times n$
> $\therefore$ (외각의 크기의 합)=$180°\times n-$(내각의 크기의 합)
> $\qquad\qquad\qquad\qquad =180°\times n-180°\times(n-2)=360°$

(2) **정다각형의 한 외각의 크기**

정n각형은 n개의 외각이 있고 그 외각의 크기가 모두 같으므로 정n각형의 한 외각의 크기는 외각의 크기의 합을 n으로 나눈 것과 같다. 즉

정n각형의 한 외각의 크기 $\Rightarrow$ $\dfrac{360°}{n}$ ← 외각의 크기의 합
← 꼭짓점의 개수

> 예 정삼각형의 한 외각의 크기는 $\dfrac{360°}{3}=120°$이다.

> 참고 (정n각형의 한 내각의 크기)=$180°-$(정n각형의 한 외각의 크기)=$180°-\dfrac{360°}{n}$

> 예 정삼각형의 한 내각의 크기는 $180°-\dfrac{360°}{3}=180°-120°=60°$

• 개념 확인하기

•정답 및 해설 34쪽

1 다음 다각형의 외각의 크기의 합을 구하시오.

(1) 오각형   (2) 십각형

(3) 십삼각형   (4) 십육각형

2 다음 □ 안에 알맞은 것을 쓰고, 표를 완성하시오.

정다각형	한 외각의 크기
(1) 정육각형	$\dfrac{360°}{\square}=\boxed{}$
(2) 정구각형	
(3) 정십각형	
(4) 정십팔각형	
(5) 정이십각형	

•예제 1 다각형의 외각의 크기의 합

오른쪽 그림에서 $\angle x$의 크기를
구하시오.

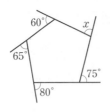

[해결 포인트]
다각형의 외각의 크기의 합은 항상 360°이다.

한번 더!

1-1 오른쪽 그림에서 $\angle x$의
크기를 구하시오.

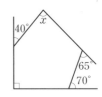

1-2 오른쪽 그림에서
$\angle x + \angle y$의 값을 구하시오.

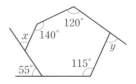

•예제 2 정다각형의 한 외각의 크기

한 외각의 크기가 40°인 정다각형의 한 꼭짓점에서
그을 수 있는 대각선의 개수를 구하시오.

[해결 포인트]
(정n각형의 한 외각의 크기)$= \dfrac{360°}{n}$

한번 더!

2-1 한 외각의 크기가 20°인 정다각형은?

① 정오각형　　② 정팔각형　　③ 정구각형
④ 정십오각형　　⑤ 정십팔각형

2-2 내각의 크기의 합이 3960°인 정다각형의 한 외각
의 크기를 구하시오.

22 원과 부채꼴

(1) **원**: 평면 위의 한 점 O로부터 일정한 거리에 있는 모든 점으로 이루어진 도형

(2) **호**: 원 위의 두 점 A, B를 양 끝 점으로 하는 원의 일부분을 호 AB라 한다.
    [기호] $\overset{\frown}{AB}$

(3) **현**: 원 위의 두 점 C, D를 이은 선분을 현 CD라 한다.

(4) **할선**: 원 위의 두 점을 지나는 직선

(5) 원 O에서 두 반지름 OA, OB와 호 AB로 이루어진 도형을 **부채꼴 AOB**라 한다.
    이때 ∠AOB를 부채꼴 AOB의 **중심각** 또는 호 AB에 대한 중심각이라 하고, 호 AB를 ∠AOB에 대한 호라 한다.

(6) **활꼴**: 원에서 현 CD와 호 CD로 이루어진 도형

[참고] • 현은 원의 중심을 지날 때 길이가 가장 길고, 원의 중심을 지나는 현은 그 원의 지름이다.
    • 반원은 활꼴인 동시에 부채꼴이다.

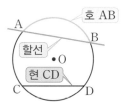

≫ **부채꼴, 활꼴과 반원의 관계**

(1) 부채꼴과 반원

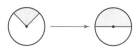

➡ 중심각의 크기가 180°인 부채꼴은 반원이다.

(2) 활꼴과 반원

➡ 현의 길이가 지름의 길이와 같은 활꼴은 반원이다.

• **개념 확인하기**

•정답 및 해설 35쪽

1 다음을 원 O 위에 나타내시오.

호 AB

현 AB

호 AB에 대한 중심각 또는 부채꼴 AOB의 중심각

부채꼴 AOB

호 AB와 현 AB로 이루어진 활꼴

2 오른쪽 그림의 원 O에 대하여 다음을 기호로 나타내시오.

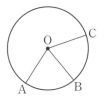

⑴ $\overset{\frown}{AB}$에 대한 중심각
⑵ $\overset{\frown}{AC}$에 대한 중심각
⑶ ∠BOC에 대한 호
⑷ 부채꼴 BOC에 대한 중심각

3 원과 부채꼴에 대한 다음 설명 중 옳은 것은 ○표, 옳지 <u>않은</u> 것은 ×표를 ( ) 안에 쓰시오.

⑴ 원 위의 두 점을 연결한 원의 일부분을 현이라 한다. ( )

⑵ 원의 중심을 지나는 현은 지름이다. ( )

⑶ 원 위의 두 점을 이은 선분은 할선이다. ( )

⑷ 호와 현으로 이루어진 도형은 부채꼴이다. ( )

⑸ 중심각의 크기가 180°인 부채꼴은 반원이다. ( )

⑹ 한 원에서 부채꼴과 활꼴이 같아질 때, 이 부채꼴의 중심각의 크기는 90°이다. ( )

⑺ 두 반지름과 호로 이루어진 도형은 활꼴이다. ( )

• 예제 **1**　**부채꼴에 대한 이해(1)**

다음 중 옳은 것을 모두 고르면? (정답 2개)

① 길이가 가장 긴 현은 지름이다.
② 반원은 부채꼴이지만 활꼴은 아니다.
③ 부채꼴은 호와 현으로 이루어져 있다.
④ 중심각의 크기가 180°인 부채꼴은 반원이다.
⑤ 활꼴은 두 반지름과 호로 이루어져 있다.

[해결 포인트]
• 원의 중심을 지나는 현은 그 원의 지름이고,
　원에서 지름은 길이가 가장 긴 현이다.
• 반원은 활꼴인 동시에 부채꼴이다.

🖐 **한번 더!**

1-1 다음 □ 안에 알맞은 것을 쓰시오.

(1) 반원은 중심각의 크기가 [＿＿]인 부채꼴이다.
(2) 반원은 호와 길이가 가장 긴 [＿]으로 이루어진 활꼴이다.
(3) 부채꼴과 활꼴이 같아지는 경우의 도형은 [＿＿]이다.

1-2 오른쪽 그림과 같은 원 O에 대하여 다음 중 옳지 <u>않은</u> 것은?

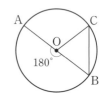

① $\overline{BC}$는 현이다.
② $\overline{AB}$는 원 O의 지름이다.
③ $\overline{AB}$는 길이가 가장 긴 현이다.
④ 현 AB와 호 AB로 이루어진 도형은 활꼴이다.
⑤ $\overarc{BC}$와 $\overline{OB}$, $\overline{OC}$로 이루어진 도형은 활꼴이다.

• 예제 **2**　**부채꼴에 대한 이해(2)**

오른쪽 그림의 원 O에서 현 AB의 길이가 반지름의 길이와 같을 때, △OAB는 어떤 삼각형인지 말하시오.

[해결 포인트]
△OAB의 세 변 OA, OB, AB의 길이 사이의 관계를 파악한다.

🖐 **한번 더!**

2-1 반지름의 길이가 6 cm인 원 O에 대하여 다음 물음에 답하시오.

(1) 원 O에서 가장 긴 현의 길이를 구하시오.
(2) 원 O 위의 두 점 A, B에 대하여 $\overline{AB}=6$ cm일 때, 부채꼴 AOB의 중심각의 크기를 구하시오.

부채꼴의 성질

(1) 중심각의 크기와 호의 길이, 부채꼴의 넓이 사이의 관계

한 원 또는 합동인 두 원에서

① 중심각의 크기가 같은 두 부채꼴의 호의 길이와 넓이는 각각 같다.

> 참고 두 부채꼴의 호의 길이 또는 넓이가 같으면 각각 두 부채꼴의 중심각의 크기는 같다.

② 부채꼴의 호의 길이와 넓이는 각각 중심각의 크기에 정비례한다.

한 원에서 부채꼴의 중심각의 크기가 2배, 3배, …가 되면 호의 길이와 부채꼴의 넓이도 각각 2배, 3배, …가 된다.

(2) 중심각의 크기와 현의 길이 사이의 관계

한 원 또는 합동인 두 원에서

① 중심각의 크기가 같은 두 현의 길이는 같다.

> 참고 두 현의 길이가 같으면 두 현에 대한 중심각의 크기는 같다.

② 현의 길이는 중심각의 크기에 정비례하지 않는다.

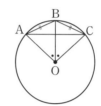

> 참고 ① 오른쪽 그림의 △AOB와 △BOC에서
> $\angle AOB = \angle BOC$, $\overline{OA} = \overline{OB}$, $\overline{OB} = \overline{OC}$
> ∴ △AOB≡△BOC (SAS 합동)   ∴ $\overline{AB} = \overline{BC}$
> ② 오른쪽 그림에서 $\angle AOC = 2\angle AOB$이지만 △BAC에서
> $\overline{AC} < \overline{AB} + \overline{BC} = 2\overline{AB}$

·개념 확인하기

·정답 및 해설 35쪽

1 다음 그림에서 x의 값을 구하시오.

(1)
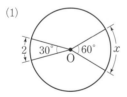

(2)
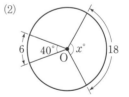

(3) 넓이: x
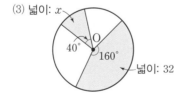

(4)
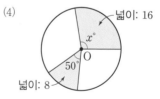

2 오른쪽 그림의 원 O에서 $\angle AOB = \angle BOC$일 때, 다음 ◯ 안에 >, =, < 중 알맞은 것을 쓰시오.

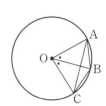

(1) $\overparen{AB}$ ◯ $\overparen{BC}$

(2) $\overparen{AC}$ ◯ $2\overparen{AB}$

(3) $\overline{AB}$ ◯ $\overline{BC}$

(4) $\overline{AC}$ ◯ $2\overline{AB}$

(5) (부채꼴 AOC의 넓이) ◯ 2×(부채꼴 AOB의 넓이)

(6) (△AOC의 넓이) ◯ 2×(△AOB의 넓이)

예제 1 중심각의 크기와 호의 길이

오른쪽 그림의 원 O에서 x, y의 값을 각각 구하시오.

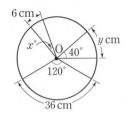

[해결 포인트]
한 원에서 부채꼴의 호의 길이는 중심각의 크기에 정비례함을 이용하여 비례식을 세운다.

🖑 **한번 더!**

1-1 오른쪽 그림의 원 O에서 x, y의 값을 각각 구하시오.

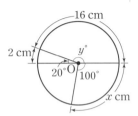

1-2 오른쪽 그림의 반원 O에서 $\overline{AB} /\!/ \overline{CD}$이고 $\overparen{AB}=21\,cm$, $\angle AOB=140°$일 때, $\angle AOC$의 크기와 $\overparen{AC}$의 길이를 각각 구하시오.

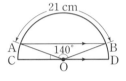

⭐ **TIP**
지름 또는 반지름과 평행한 선이 주어지면 평행선의 성질과 이등변삼각형의 성질을 이용한다.

예제 2 중심각의 크기와 부채꼴의 넓이

오른쪽 그림과 같이 $\overline{AC}$를 지름으로 하는 원 O에서 $\angle AOB=90°$, $\angle COD=30°$이고 부채꼴 AOB의 넓이가 $36\,cm^2$일 때, 부채꼴 COD의 넓이를 구하시오.

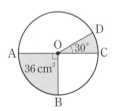

[해결 포인트]
한 원에서 부채꼴의 넓이는 중심각의 크기에 정비례함을 이용하여 비례식을 세운다.

🖑 **한번 더!**

2-1 오른쪽 그림과 같은 원 O에서 $\angle AOB=\dfrac{1}{3}\angle COD$이고 부채꼴 AOB의 넓이가 $12\,cm^2$일 때, 부채꼴 COD의 넓이를 구하시오.

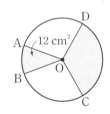

2-2 오른쪽 그림의 원 O에서 $\overparen{AB}=15\,cm$, $\overparen{CD}=9\,cm$이고, 부채꼴 AOB의 넓이가 $85\,cm^2$이다. 이때 부채꼴 COD의 넓이를 구하시오.

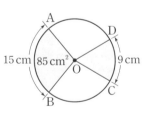

• 정답 및 해설 35쪽

• 예제 3 **중심각의 크기와 현의 길이**

오른쪽 그림의 원 O에서
$\overline{AB}=\overline{CD}=\overline{DE}=\overline{EF}$이고
$\angle AOB=40°$일 때, $\angle COF$
의 크기를 구하시오.

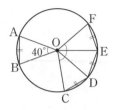

[해결 포인트]
한 원에서 길이가 같은 현에 대한 중심각의 크기는 같다.

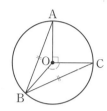

🖐한번 더!

3-1 오른쪽 그림의 원 O에서
$\overline{AB}=\overline{BC}$이고 $\angle AOC=90°$일
때, $\angle BOC$의 크기를 구하시오.

Ⅱ·3

• 예제 4 **중심각의 크기에 정비례하는 것**

오른쪽 그림과 같은 원 O에서
$2\angle AOB=\angle COD$일 때, 다음
|보기| 중 옳은 것을 모두 고르
시오.

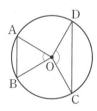

┌ 보기 ┐
ㄱ. $2\overline{AB}=\overline{CD}$
ㄴ. $2\stackrel{\frown}{AB}=\stackrel{\frown}{CD}$
ㄷ. $\angle OAB=2\angle OCD$
ㄹ. $2×$(삼각형 AOB의 넓이)=(삼각형 COD의 넓이)
ㅁ. $2×$(부채꼴 AOB의 넓이)=(부채꼴 COD의 넓이)

[해결 포인트]
한 원에서
• 중심각의 크기에 정비례하는 것
  ➡ 호의 길이, 부채꼴의 넓이
• 중심각의 크기에 정비례하지 않는 것
  ➡ 현의 길이, 삼각형의 넓이, 활꼴의 넓이

🖐한번 더!

4-1 다음 중 옳지 않은 것은?

① 크기가 같은 중심각에 대한 호의 길이는 같다.
② 크기가 같은 중심각에 대한 현의 길이는 같다.
③ 부채꼴의 넓이는 중심각의 크기에 정비례한다.
④ 호의 길이는 중심각의 크기에 정비례한다.
⑤ 현의 길이는 중심각의 크기에 정비례한다.

4-2 오른쪽 그림과 같은 원
O에서 $\angle AOB=150°$,
$\angle BOC=30°$일 때, 다음 중
옳은 것은?

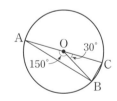

① $\overline{AB}=5\overline{BC}$
② $\stackrel{\frown}{ABC} : \stackrel{\frown}{BC}=5 : 1$
③ $\angle OCB=90°$
④ $\angle ABC=90°$
⑤ $\triangle AOB=5\triangle BOC$

24 원의 둘레의 길이와 넓이

(1) 원주율

원에서 지름의 길이에 대한 원의 둘레의 길이의 비율을 원주율이라 한다. 원주율은 기호로 π와 같이 나타내고, '파이'라 읽는다.

➡ (원주율) $=\dfrac{(원의\ 둘레의\ 길이)}{(원의\ 지름의\ 길이)}=\pi$

참고 • 원주율(π)은 원의 크기에 관계없이 항상 일정하고, 그 값은 실제로 3.141592…와 같이 불규칙하게 한없이 계속되는 소수이다.
• 원주율은 특정한 값으로 주어지지 않는 한 π를 사용하여 나타낸다.

(2) 원의 둘레의 길이와 넓이

반지름의 길이가 r인 원의 둘레의 길이를 l, 넓이를 S라 하면

① $l=2\pi r$ ② $S=\pi r^2$

예 반지름의 길이가 4 cm인 원의 둘레의 길이를 l, 넓이를 S라 하면
① $l=2\pi\times4=8\pi$(cm) ② $S=\pi\times4^2=16\pi$(cm^2)

>> 원의 넓이

중심각의 크기가 같은 부채꼴로 나누어 붙이면 원의 넓이는 직사각형의 넓이와 같아진다.

(원의 넓이)
=(직사각형의 넓이)
=$\dfrac{1}{2}\times$(원주)$\times$(반지름의 길이)
=$\dfrac{1}{2}\times2\pi r\times r=\pi r^2$

• 개념 확인하기

• 정답 및 해설 37쪽

1 다음 그림과 같은 원 O의 둘레의 길이 l과 넓이 S를 각각 구하시오.

(1)
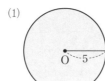

$l=$ _____
$S=$ _____

(2)
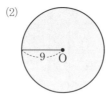

$l=$ _____
$S=$ _____

(3)
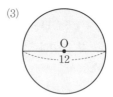

$l=$ _____
$S=$ _____

2 다음은 원의 둘레의 길이 l이 주어질 때, 반지름의 길이를 구하는 과정이다. □ 안에 알맞은 것을 쓰시오.

(1) $l=16\pi$

⇨ 원의 반지름의 길이를 r이라 하면
$l=2\pi r$이므로 $16\pi=$ ▢

∴ $r=$ ▢

따라서 원의 반지름의 길이는 ▢이다.

(2) $l=30\pi$

⇨ 원의 반지름의 길이를 r이라 하면
$l=2\pi r$이므로 $30\pi=$ ▢

∴ $r=$ ▢

따라서 원의 반지름의 길이는 ▢이다.

•예제 1 원의 둘레의 길이와 넓이

다음을 구하시오.

(1) 둘레의 길이가 24π cm인 원의 반지름의 길이

(2) 둘레의 길이가 6π cm인 원의 넓이

[해결 포인트]

반지름의 길이가 r인 원의

• (둘레의 길이)$=2\pi r$

• (넓이)$=\pi r^2$

☞ 한번 더!

1-1 둘레의 길이가 12π cm인 원의 반지름의 길이와 넓이를 차례로 구하시오.

1-2 지름의 길이가 14 cm인 원의 둘레의 길이와 넓이를 차례로 구하시오.

Ⅱ•3

•예제 2 색칠한 부분의 둘레의 길이와 넓이

다음 그림에서 색칠한 부분의 둘레의 길이와 넓이를 각각 구하시오.

(1)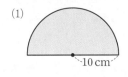

(2)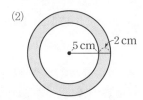

[해결 포인트]

• 색칠한 부분의 둘레의 길이를 구할 때는 주어진 도형의 길이를 구할 수 있는 꼴로 적당히 나눈다.

• 색칠한 부분의 넓이를 구할 때는 전체 도형의 넓이에서 색칠하지 않은 부분의 넓이를 뺀다.

☞ 한번 더!

2-1 오른쪽 그림에서 색칠한 부분의 둘레의 길이와 넓이를 각각 구하시오.

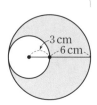

2-2 오른쪽 그림에서 색칠한 부분의 넓이는?

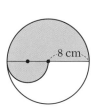

① 40π cm^2 ② 42π cm^2

③ 48π cm^2 ④ 52π cm^2

⑤ 58π cm^2

부채꼴의 호의 길이와 넓이

(1) 부채꼴의 호의 길이와 넓이

반지름의 길이가 r, 중심각의 크기가 $x°$인 부채꼴의 호의 길이를 l, 넓이를 S라 하면

① $l = 2\pi r \times \dfrac{x}{360}$　　　② $S = \pi r^2 \times \dfrac{x}{360}$

   　↳ 원의 둘레의 길이　　　　　　　↳ 원의 넓이

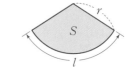

예 반지름의 길이가 6 cm, 중심각의 크기가 60°인 부채꼴의 호의 길이를 l, 넓이를 S라 하면

① $l = 2\pi \times 6 \times \dfrac{60}{360} = 2\pi \,(\text{cm})$　　② $S = \pi \times 6^2 \times \dfrac{60}{360} = 6\pi\,(\text{cm}^2)$

(2) 부채꼴의 호의 길이와 넓이 사이의 관계

반지름의 길이가 r, 호의 길이가 l인 부채꼴의 넓이를 S라 하면

$$S = \frac{1}{2} r l$$

예 반지름의 길이가 6 cm, 호의 길이가 2π cm인 부채꼴의 넓이를 S라 하면

$$S = \frac{1}{2} \times 6 \times 2\pi = 6\pi\,(\text{cm}^2)$$

참고 반지름의 길이가 r, 중심각의 크기가 $x°$인 부채꼴의 호의 길이를 l, 넓이를 S라 하면

$$S = \pi r^2 \times \frac{x}{360} = \frac{1}{2} \times r \times \left(2\pi r \times \frac{x}{360} \right) = \frac{1}{2} r l$$

• 개념 확인하기

• 정답 및 해설 37쪽

1 다음 그림과 같은 부채꼴의 호의 길이 l과 넓이 S를 각각 구하시오.

(1)

$l = $＿＿＿＿＿

$S = $＿＿＿＿＿

(2)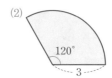

$l = $＿＿＿＿＿

$S = $＿＿＿＿＿

(3)

$l = $＿＿＿＿＿

$S = $＿＿＿＿＿

(4)

$l = $＿＿＿＿＿

$S = $＿＿＿＿＿

2 다음 그림과 같이 반지름의 길이와 호의 길이가 주어진 부채꼴의 넓이를 구하시오.

(1)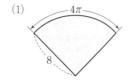

(2)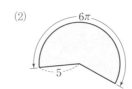

예제 **1** 부채꼴의 호의 길이와 넓이

다음을 구하시오.

(1) 반지름의 길이가 6 cm, 중심각의 크기가 210°인 부채꼴의 호의 길이

(2) 반지름의 길이가 6 cm, 넓이가 6π cm²인 부채꼴의 중심각의 크기

[해결 포인트]

반지름의 길이가 r, 중심각의 크기가 x°인 부채꼴의

· (호의 길이)$=2\pi r \times \dfrac{x}{360}$

· (넓이)$=\pi r^2 \times \dfrac{x}{360}$

👆한번 더!

1-1 반지름의 길이가 8 cm, 호의 길이가 2π cm인 부채꼴의 중심각의 크기는?

① 30°　　　② 45°　　　③ 60°
④ 75°　　　⑤ 90°

1-2 오른쪽 그림과 같이 반지름의 길이가 18 cm, 넓이가 36π cm²인 부채꼴의 중심각의 크기를 구하시오.

36π cm²
18 cm

예제 **2** 부채꼴의 호의 길이와 넓이 사이의 관계

반지름의 길이가 16 cm, 넓이가 64π cm²인 부채꼴의 호의 길이를 구하시오.

[해결 포인트]

부채꼴의 중심각의 크기가 주어지지 않아도 부채꼴의 넓이를 구할 수 있다. 즉
반지름의 길이가 r, 호의 길이가 l인 부채꼴의 넓이

➡ $\dfrac{1}{2}rl$

👆한번 더!

2-1 반지름의 길이가 7 cm, 넓이가 63π cm²인 부채꼴의 호의 길이는?

① 12π cm　　② 14π cm　　③ 16π cm
④ 18π cm　　⑤ 20π cm

2-2 호의 길이가 4π cm, 넓이가 10π cm²인 부채꼴에 대하여 다음을 구하시오.

(1) 반지름의 길이　　　(2) 중심각의 크기

Ⅱ·3

• 예제 **3**   색칠한 부분의 둘레의 길이와 넓이 (1)

오른쪽 그림에서 다음을 구하
시오.

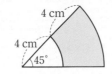

(1) 색칠한 부분의 둘레의 길이
(2) 색칠한 부분의 넓이

[해결 포인트]

• 도형을 길이를 구할 수 있는 꼴로 적당히 나
  누어 각각의 길이를 구한 후 모두 더한다.
  ➡ (색칠한 부분의 둘레의 길이)
     =①+②+③×2

• 색칠한 부분의 넓이를 구할 때는 전체 도형의 넓이에서 색칠하
  지 않은 부분의 넓이를 뺀다.

👆 한번 더!

3-1 오른쪽 그림에서 색칠한 부
분의 둘레의 길이를 구하시오.

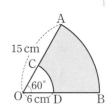

3-2 오른쪽 그림에서 색칠한 부분의
넓이는?

① $6\pi \text{ cm}^2$ ② $8\pi \text{ cm}^2$

③ $10\pi \text{ cm}^2$ ④ $12\pi \text{ cm}^2$

⑤ $14\pi \text{ cm}^2$

• 예제 **4**   색칠한 부분의 둘레의 길이와 넓이 (2)

오른쪽 그림과 같이 한 변의 길
이가 12 cm인 정사각형에서 색
칠한 부분의 둘레의 길이와 넓
이를 각각 구하시오.

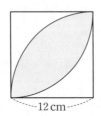

[해결 포인트]

주어진 도형에서 같은 부분이 있으면 한 부분의 길이나 넓이를 구
한 후, 같은 부분의 개수를 곱한다.

👆 한번 더!

4-1 오른쪽 그림과 같이 한 변의
길이가 6 cm인 정사각형에서 색칠
한 부분의 넓이를 구하시오.

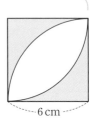

4-2 오른쪽 그림과 같이 한
변의 길이가 10 cm인 정사
각형에서 색칠한 부분의 둘
레의 길이와 넓이를 각각 구
하시오.

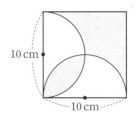

1   ● ○ ○

다음 중 옳지 <u>않은</u> 것을 모두 고르면? (정답 2개)

① 변의 개수가 가장 적은 다각형은 삼각형이다.
② 정다각형은 모든 변의 길이가 같다.
③ 팔각형은 8개의 변과 7개의 꼭짓점을 가진다.
④ 마름모는 정다각형이다.
⑤ 정오각형은 모든 외각의 크기가 같다.

2   ● ● ○

오른쪽 그림과 같이 한 대각선의 길이가 5 cm인 정오각형의 모든 대각선의 길이의 합을 구하시오. (단, 정오각형의 모든 대각선의 길이는 같다.)

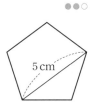

3   ● ● ○

다음 |조건|을 모두 만족시키는 다각형의 이름을 말하시오.

┌─ 조건 ┤
㈎ 모든 변의 길이가 같고, 모든 내각의 크기가 같다.
㈏ 대각선의 개수는 77개이다.

4   ● ○ ○

오른쪽 그림에서 ∠x의 크기를 구하시오.

5 중요   ● ● ○

오른쪽 그림에서 ∠x의 크기는?

① 26°   ② 27°
③ 28°   ④ 29°
⑤ 30°

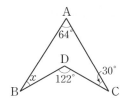

6   ● ● ●

오른쪽 그림에 대하여 다음 물음에 답하시오.

⑴ ∠BFG, ∠BGF의 크기를 각각 구하시오.
⑵ ∠x의 크기를 구하시오.

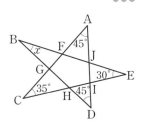

7   ● ● ○

오른쪽 그림에서 ∠x의 크기를 구하시오.

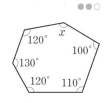

8 ●●○

내각의 크기의 합이 2340°인 다각형의 대각선의 개수를 구하시오.

9 창의력UP ●●○

오른쪽 그림과 같이 로봇청소기가 점 A에서 출발하여 육각형 모양의 벽을 따라 한 바퀴 돌아 점 A로 되돌아왔다. 이때 로봇청소기가 회전한 각의 크기의 합을 구하시오.

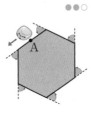

10 ●●○

한 내각과 그와 이웃한 한 외각의 크기의 비가 5 : 1인 정다각형은?

① 정오각형　　② 정팔각형　　③ 정구각형
④ 정십일각형　　⑤ 정십이각형

11 ●●●

오른쪽 그림과 같이 한 변의 길이가 같은 정오각형과 정육각형의 한 변이 맞닿아 있을 때, $\angle x$의 크기는?

① 126°　　② 128°　　③ 130°
④ 132°　　⑤ 134°

12 ●○○

오른쪽 그림의 원 O에 대한 설명으로 다음 중 옳지 <u>않은</u> 것을 모두 고르면? (정답 2개)

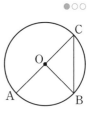

① $\overarc{AB}$에 대한 중심각은 ∠ACB이다.

② ∠BOC에 대한 호는 $\overarc{BC}$이다.

③ $\overarc{BC}$와 $\overline{OB}$, $\overline{OC}$로 둘러싸인 도형은 현이다.

④ $\overline{BC}$와 $\overarc{BC}$로 둘러싸인 도형은 활꼴이다.

⑤ ∠AOC=180°일 때, $\overline{AC}$는 원 O의 지름이다.

13 ●○○

한 원에서 부채꼴과 활꼴이 같을 때의 부채꼴의 중심각의 크기를 구하시오.

14 ●○○

오른쪽 그림의 원 O에서 ∠AOB=24°, ∠COD=96°이고, 부채꼴 AOB의 넓이는 9 cm²이다. 이때 부채꼴 COD의 넓이를 구하시오.

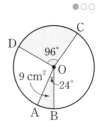

15 ●●○

오른쪽 그림의 원 O에서
$\overset{\frown}{AB} : \overset{\frown}{BC} : \overset{\frown}{CA} = 3 : 4 : 5$일 때,
∠BOC의 크기를 구하시오.

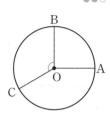

16 중요 ●●●

다음 그림의 원 O의 지름 AB의 연장선과 현 CD의 연장선의 교점을 P라 하자. $\overline{CP} = \overline{CO}$, ∠CPO=15°,
$\overset{\frown}{BD}$=9 cm일 때, $\overset{\frown}{AC}$의 길이를 구하시오.

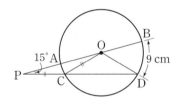

17 ●○○

오른쪽 그림의 원 O에서
∠AOB=3∠COD일 때, 다음
|보기| 중 옳은 것을 모두 고르시오.

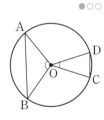

| 보기 |

ㄱ. $\overset{\frown}{AB} = 3\overset{\frown}{CD}$

ㄴ. $\overline{CD} = \dfrac{1}{3}\overline{AB}$

ㄷ. △AOB의 넓이는 △COD의 넓이의 3배이다.

ㄹ. 부채꼴 AOB의 넓이는 부채꼴 COD의 넓이의
　3배이다.

18 ●●●

오른쪽 그림과 같이 반지름의
길이가 14 cm인 원 O에서 색
칠한 부분의 넓이를 구하시오.

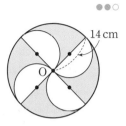

19 창의력UP ●●○

진호와 건우는 각각 반지름의 길이가 8 cm, 9 cm인 원
모양의 피자를 만든 후 다음 그림과 같이 부채꼴 모양으
로 조각내었다. 누구의 조각 피자 1개의 양이 더 많은지
말하시오. (단, 피자의 두께는 일정하다.)

진호의 조각 피자　　　건우의 조각 피자

20 중요 ●●○

오른쪽 그림과 같이 한 변의 길이가
8 cm인 정사각형에서 색칠한 부분
의 둘레의 길이와 넓이를 차례로 구
하시오.

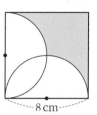

21
●●○

대각선의 개수가 65개인 다각형의 한 꼭짓점에서 그을 수 있는 대각선의 개수를 a개, 이때 생기는 삼각형의 개수를 b개라 하자. $a+b$의 값을 구하시오.

(단, 풀이 과정을 자세히 쓰시오.)

풀이

답

22
●●○

다음 그림에서 $\overline{AB}=\overline{BD}=\overline{CD}$이고 $\angle DAB=20°$일 때, $\angle x$의 크기를 구하시오.

(단, 풀이 과정을 자세히 쓰시오.)

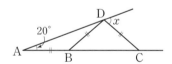

풀이

답

23
●●○

오른쪽 그림과 같은 반원 O에서 $\overline{AD}/\!/\overline{OC}$이고 $\overset{\frown}{AD}=12\,\text{cm}$, $\angle BOC=30°$일 때, $\overset{\frown}{BC}$의 길이를 구하시오.

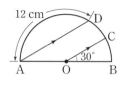

(단, 풀이 과정을 자세히 쓰시오.)

풀이

답

24
●●○

오른쪽 그림과 같이 한 변의 길이가 $9\,\text{cm}$인 정육각형에서 색칠한 부분의 넓이를 구하려고 한다. 다음 물음에 답하시오.
(단, 풀이 과정을 자세히 쓰시오.)

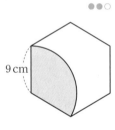

(1) 정육각형의 한 내각의 크기를 구하시오.
(2) 색칠한 부분의 넓이를 구하시오.

풀이

답

1 마인드맵으로 개념 구조화!

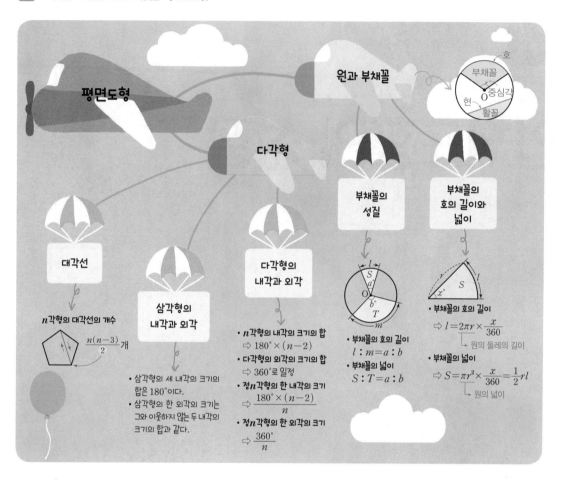

평면도형

원과 부채꼴

호
부채꼴
중심각 O
현
활꼴

다각형

대각선

n각형의 대각선의 개수

$\dfrac{n(n-3)}{2}$개

삼각형의
내각과 외각

- 삼각형의 세 내각의 크기의 합은 $180°$이다.
- 삼각형의 한 외각의 크기는 그와 이웃하지 않는 두 내각의 크기의 합과 같다.

다각형의
내각과 외각

- **n각형의 내각의 크기의 합**
  ⇨ $180° \times (n-2)$
- **다각형의 외각의 크기의 합**
  ⇨ $360°$로 일정
- **정n각형의 한 내각의 크기**
  ⇨ $\dfrac{180° \times (n-2)}{n}$
- **정n각형의 한 외각의 크기**
  ⇨ $\dfrac{360°}{n}$

부채꼴의
성질

- 부채꼴의 호의 길이
  $l : m = a : b$
- 부채꼴의 넓이
  $S : T = a : b$

부채꼴의
호의 길이와
넓이

- 부채꼴의 호의 길이
  ⇨ $l = 2\pi r \times \dfrac{x}{360}$
  └ 원의 둘레의 길이
- 부채꼴의 넓이
  ⇨ $S = \pi r^2 \times \dfrac{x}{360} = \dfrac{1}{2}rl$
  └ 원의 넓이

2 OX 문제로 개념 점검!

옳은 것은 ○, 옳지 <u>않은</u> 것은 ×를 택하시오.

• 정답 및 해설 41쪽

❶ n각형의 한 꼭짓점에서 그을 수 있는 대각선의 개수는 $(n-2)$개이다. ○ | ×

❷ 모든 내각의 크기가 같은 다각형을 정다각형이라 한다. ○ | ×

❸ 변의 개수가 많을수록 다각형의 내각의 크기의 합도 크다. ○ | ×

❹ 변의 개수가 많을수록 다각형의 외각의 크기의 합도 크다. ○ | ×

❺ 정십이각형의 한 내각의 크기는 $135°$, 한 외각의 크기는 $30°$이다. ○ | ×

❻ 한 원에서 길이가 가장 긴 현은 지름이고, 부채꼴의 호의 길이와 넓이는 각각 중심각의 크기에 정비례한다. ○ | ×

❼ 반지름의 길이가 $4\,\text{cm}$인 원의 둘레의 길이는 $8\pi\,\text{cm}$, 넓이는 $16\pi\,\text{cm}^2$이다. ○ | ×

❽ 중심각의 크기가 $60°$, 반지름의 길이가 $6\,\text{cm}$인 부채꼴의 넓이는 $2\pi\,\text{cm}^2$이다. ○ | ×

❾ 반지름의 길이와 호의 길이를 알면 부채꼴의 넓이를 구할 수 있다. ○ | ×

4

입체도형의 성질

✅ 이번에 배워요

3. 평면도형의 성질
- 다각형
- 원과 부채꼴

4. 입체도형의 성질
- 다면체
- 회전체
- 입체도형의 겉넓이
- 입체도형의 부피

음료수 캔 모양은 대부분 원기둥 모양입니다. 각기둥 모양으로 만들었다면 잘 굴러가지도 않고, 쌓아 놓기도 쉬웠을 텐데 왜 원기둥 모양으로 만들었을까요?

여러 가지 이유가 있겠지만 손으로 쥐고 마시기 좋고, 원기둥 모양으로 만들 때 캔에 들어가는 재료를 가장 절약할 수 있기 때문입니다. 바꾸어 말하면 동일한 부피의 음료를 담는 데 원기둥 모양의 캔을 이용하면 생산비가 적게 든다는 점이 고려된 것이지요. 사실 구 모양으로 만들면 재료를 훨씬 더 절약할 수 있지만 캔은 여기저기 굴러다닐 것입니다.

이 단원에서는 다면체와 회전체의 성질, 기둥과 뿔 그리고 구의 부피와 겉넓이에 대해 학습합니다.

▶ **새로 배우는 용어**
다면체, 각뿔대, 정다면체, 원뿔대, 회전체, 회전축

4. 입체도형의 성질을 시작하기 전에

기둥과 뿔 초등
1 다음 입체도형의 이름을 말하시오.

(1)

(2)
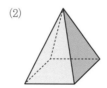

(3)

입체도형의 겉넓이와 부피 초등
2 오른쪽 그림과 같은 직육면체의 겉넓이와 부피를 각각 구하시오.

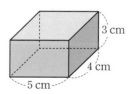

[정답] 1. (1) 삼각기둥 (2) 사각뿔 (3) 원뿔   2. 겉넓이: 94 cm², 부피: 60 cm³

다면체

(1) 다면체

다각형인 면으로만 둘러싸인 입체도형을 다면체라 한다.

① 면: 다면체를 둘러싸고 있는 다각형

② 모서리: 다면체를 둘러싸고 있는 다각형의 변

③ 꼭짓점: 다면체를 둘러싸고 있는 다각형의 꼭짓점

이때 다면체는 면의 개수에 따라 사면체, 오면체, 육면체, …라 한다.

참고 다각형이 되려면 3개 이상의 변이 있어야 하고, 다면체가 되려면 4개 이상의 면이 있어야 한다.

(2) 다면체의 종류

① 각기둥: 두 밑면은 서로 평행하고 합동인 다각형이며, 옆면은 모두 직사각형인 다면체

② 각뿔: 밑면은 다각형이고, 옆면은 모두 삼각형인 다면체

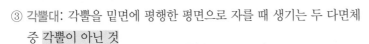

③ 각뿔대: 각뿔을 밑면에 평행한 평면으로 자를 때 생기는 두 다면체 중 각뿔이 아닌 것

• 밑면: 각뿔대에서 평행한 두 면

• 옆면: 각뿔대에서 밑면이 아닌 면

• 높이: 각뿔대에서 두 밑면 사이의 거리

참고 • 각뿔대의 밑면의 모양은 다각형이고 옆면의 모양은 모두 사다리꼴이다.

• 각뿔대는 밑면의 모양에 따라 삼각뿔대, 사각뿔대, 오각뿔대, …라 한다.

(3) 다면체의 특징

다면체	n각기둥	n각뿔	n각뿔대
겨냥도	삼각기둥 사각기둥 …	삼각뿔 사각뿔 …	삼각뿔대 사각뿔대 …
밑면의 모양	n각형	n각형	n각형
밑면의 개수	2개	1개	2개
면의 개수	$(n+2)$개	$(n+1)$개	$(n+2)$개
모서리의 개수	$3n$개	$2n$개	$3n$개
꼭짓점의 개수	$2n$개	$(n+1)$개	$2n$개
옆면의 모양	직사각형	삼각형	사다리꼴

참고 • 각기둥과 각뿔대는 면, 모서리, 꼭짓점의 개수가 각각 같다.

• 각뿔은 면의 개수와 꼭짓점의 개수가 서로 같다.

1 다음 | 보기 |의 입체도형 중 다면체인 것을 모두 고르시오.

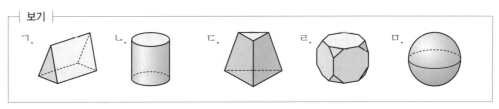

ㄱ.　　　ㄴ.　　　ㄷ.　　　ㄹ.　　　ㅁ.

2 다면체에 대한 다음 설명 중 옳은 것은 ○표, 옳지 <u>않은</u> 것은 ×표를 (　　) 안에 쓰시오.

⑴ 다면체는 평면도형으로 둘러싸인 입체도형이다. (　　)

⑵ 다면체의 면은 다면체를 둘러싸고 있는 다각형이다. (　　)

⑶ 다면체는 밑면의 모양에 따라 사면체, 오면체, …라 한다. (　　)

⑷ 각뿔대는 각뿔을 밑면에 평행한 평면으로 자를 때 생기는 두 입체도형 중 하나이다. (　　)

⑸ 각뿔대의 옆면의 모양은 직사각형이다. (　　)

3 다음 다면체의 겨냥도를 보고, 표를 완성하시오.

겨냥도			
이름			
면의 개수 ⇨ 몇 면체?			
모서리의 개수			
꼭짓점의 개수			
옆면의 모양			

• 예제 **1** 다면체

다음 |보기| 중 다각형인 면으로만 둘러싸인 입체도형의 개수를 구하시오.

| 보기 |
ㄱ. 구   ㄴ. 사면체   ㄷ. 삼각뿔
ㄹ. 삼각기둥   ㅁ. 원기둥   ㅂ. 사각뿔대

[해결 포인트]
다면체는 다각형인 면으로만 둘러싸인 입체도형이다.

☞한번 더!

1-1 다음 중 다면체가 <u>아닌</u> 것은?

① 직육면체   ② 오각뿔대   ③ 원뿔
④ 사각기둥   ⑤ 팔면체

• 예제 **2** 다면체의 면, 모서리, 꼭짓점의 개수

오른쪽 그림의 오각뿔대에 대하여
다음을 구하시오.

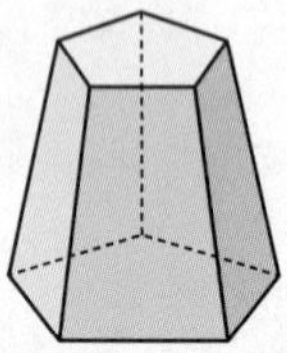

(1) 밑면의 모양
(2) 옆면의 모양
(3) 밑면의 개수
(4) 면의 개수

[해결 포인트]

다면체	n각기둥	n각뿔	n각뿔대
면의 개수	$(n+2)$개	$(n+1)$개	$(n+2)$개
모서리의 개수	$3n$개	$2n$개	$3n$개
꼭짓점의 개수	$2n$개	$(n+1)$개	$2n$개

☞한번 더!

2-1 다음 중 면의 개수가 가장 많은 다면체는?

① 칠각뿔   ② 오각기둥   ③ 육각뿔대
④ 칠각기둥   ⑤ 오각뿔

2-2 사각기둥의 면의 개수를 a개, 육각뿔대의 모서리의 개수를 b개, 팔각뿔의 꼭짓점의 개수를 c개라 할 때, $a+b+c$의 값을 구하시오.

2-3 면의 개수가 11개인 각뿔대의 모서리와 꼭짓점의 개수를 차례로 구하시오.

예제 **3** 다면체의 옆면의 모양

다음 |보기|에서 다면체의 옆면의 모양이 삼각형인 것을 모두 고르시오.

┌ 보기 ├
ㄱ. 삼각기둥 ㄴ. 삼각뿔 ㄷ. 오각뿔
ㄹ. 육각기둥 ㅁ. 사각뿔대 ㅂ. 사각뿔

[해결 포인트]

다면체	각기둥	각뿔	각뿔대
옆면의 모양	직사각형	삼각형	사다리꼴

🖑 한번 더!

3-1 다음 다면체 중 옆면의 모양이 사각형이 <u>아닌</u> 것은?

① 오각뿔대 ② 육각뿔 ③ 칠각기둥
④ 구각기둥 ⑤ 정육면체

3-2 다음 중 다면체와 그 옆면의 모양을 짝 지은 것으로 옳지 <u>않은</u> 것을 모두 고르면? (정답 2개)

① 사각뿔대 – 사다리꼴 ② 사각기둥 – 직사각형
③ 오각뿔 – 오각형 ④ 육각뿔대 – 평행사변형
⑤ 칠각뿔 – 삼각형

예제 **4** 다면체의 이해

다음 |조건|을 모두 만족시키는 입체도형의 이름을 말하시오.

┌ 조건 ├
㈎ 두 밑면은 서로 평행하다.
㈏ 옆면의 모양은 직사각형이다.
㈐ 모서리의 개수는 24개이다.

[해결 포인트]

다면체에 대한 조건이 주어진 경우에는 다음을 이용한다.
❶ 밑면의 개수가 1개이면 각뿔, 2개이면 각기둥 또는 각뿔대이다.
❷ 옆면의 모양으로부터 각기둥, 각뿔, 각뿔대를 결정한다.
 직사각형 ➡ 각기둥, 삼각형 ➡ 각뿔, 사다리꼴 ➡ 각뿔대
❸ 면 또는 모서리 또는 꼭짓점의 개수로부터 밑면의 모양을 결정한다.

🖑 한번 더!

4-1 다음 |조건|을 모두 만족시키는 입체도형의 이름을 말하시오.

┌ 조건 ├
㈎ 두 밑면은 서로 평행하다.
㈏ 옆면의 모양은 사다리꼴이다.
㈐ 칠면체이다.

4-2 다음 중 각뿔대에 대한 설명으로 옳지 <u>않은</u> 것을 모두 고르면? (정답 2개)

① 두 밑면은 합동이다.
② 옆면의 모양은 사다리꼴이다.
③ n각뿔대는 $(n+2)$면체이다.
④ n각뿔대의 꼭짓점의 개수는 $3n$개이다.
⑤ 오각뿔대는 육각뿔대보다 면의 개수가 1개 더 적다.

정다면체

(1) 정다면체

다음 조건을 모두 만족시키는 다면체를 정다면체라 한다.

① 모든 면이 합동인 정다각형이다.

② 각 꼭짓점에 모인 면의 개수가 같다.

> 두 조건 중 어느 한 가지만을 만족시키는 것은 정다면체가 아니다.

(2) 정다면체의 종류

정다면체는 정사면체, 정육면체, 정팔면체, 정십이면체, 정이십면체의 다섯 가지뿐이다.

정다면체	정사면체	정육면체	정팔면체	정십이면체	정이십면체
겨냥도					
면의 모양	정삼각형	정사각형	정삼각형	정오각형	정삼각형
면의 개수	4개	6개	8개	12개	20개
모서리의 개수	6개	12개	12개	30개	30개
꼭짓점의 개수	4개	8개	6개	20개	12개
전개도					

> 참고 · 정다면체의 전개도는 이웃한 면의 위치에 따라 여러 가지 방법으로 그릴 수 있다.
>
> · 정다면체가 5가지뿐인 이유

정다면체		정사면체	정육면체	정팔면체	정십이면체	정이십면체
면의 모양		정삼각형	정사각형	정삼각형	정오각형	정삼각형
한 꼭짓점에 모인 면	모양					
	개수	3개	3개	4개	3개	5개

정다면체는 입체도형이므로

① 한 꼭짓점에서 3개 이상의 면이 만나야 한다.

② 한 꼭짓점에 모인 각의 크기의 합이 360°보다 작아야 한다.

따라서 정다면체의 면이 될 수 있는 다각형은 정삼각형, 정사각형, 정오각형뿐이므로 정다면체는 5가지뿐이다.

1 다음 정다면체의 겨냥도를 보고, 표를 완성하시오.

겨냥도					
이름	정사면체				
면의 모양			정삼각형		
한 꼭짓점에 모인 면의 개수					5개
면의 개수				12개	20개
모서리의 개수		12개			
꼭짓점의 개수	4개		6개		

2 정다면체에 대한 다음 설명 중 옳은 것은 ○표, 옳지 <u>않은</u> 것은 ×표를 ( ) 안에 쓰시오.

⑴ 정다면체의 각 면은 모두 합동인 정다각형으로 이루어져 있다. ( )

⑵ 정다면체의 종류는 무수히 많다. ( )

⑶ 정다면체의 면이 될 수 있는 다각형은 정삼각형, 정사각형, 정육각형이다. ( )

⑷ 정다면체는 각 꼭짓점에 모인 면의 개수가 같다. ( )

⑸ 정다면체의 한 꼭짓점에 모인 각의 크기의 합이 360°보다 크다. ( )

3 아래 그림의 전개도로 만든 정다면체에 대한 다음 설명 중 옳은 것은 ○표, 옳지 <u>않은</u> 것은 ×표를 ( ) 안에 쓰시오.

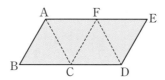

⑴ 정다면체의 이름은 정사면체이다. ( )

⑵ 한 꼭짓점에 모인 면의 개수는 4개이다. ( )

⑶ 꼭짓점의 개수는 4개이다. ( )

⑷ 모서리의 개수는 9개이다. ( )

⑸ 모서리 AB와 겹치는 모서리는 $\overline{DE}$이다. ( )

예제 1 정다면체

다음 중 옳지 <u>않은</u> 것을 모두 고르면? (정답 2개)

① 정다면체는 5가지뿐이다.
② 각 면이 모두 합동인 정다각형인 다면체를 정다면체라 한다.
③ 면의 모양이 정육각형인 정다면체는 없다.
④ 정사면체의 한 꼭짓점에 모인 면의 개수는 4개이다.
⑤ 정십이면체는 각 면이 모두 합동인 정오각형이다.

[해결 포인트]
정다면체는 모든 면이 합동인 정다각형이고, 각 꼭짓점에 모인 면의 개수가 같은 다면체이다.

정다면체	정사면체	정육면체	정팔면체	정십이면체	정이십면체
면의 개수	4개	6개	8개	12개	20개
모서리의 개수	6개	12개	12개	30개	30개
꼭짓점의 개수	4개	8개	6개	20개	12개

👆 **한번 더!**

1-1 다음 중 정다면체와 그 면의 모양, 한 꼭짓점에 모인 면의 개수를 짝 지은 것으로 옳은 것은?

① 정사면체 – 정삼각형 – 4개
② 정육면체 – 정삼각형 – 3개
③ 정팔면체 – 정사각형 – 4개
④ 정십이면체 – 정오각형 – 4개
⑤ 정이십면체 – 정삼각형 – 5개

1-2 정육면체의 꼭짓점의 개수를 a개, 정팔면체의 모서리의 개수를 b개라 할 때, $a+b$의 값을 구하시오.

예제 2 정다면체의 전개도

오른쪽 그림의 전개도로 만들어지는 정다면체에 대한 설명으로 다음 |보기| 중 옳은 것을 모두 고르시오.

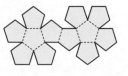

| 보기 |
> ㄱ. 모서리의 개수는 30개이다.
> ㄴ. 정팔면체와 모서리의 개수가 같다.
> ㄷ. 한 꼭짓점에 모인 면의 개수는 4개이다.
> ㄹ. 정다면체 중에서 꼭짓점의 개수가 가장 많다.

[해결 포인트]
주어진 전개도에서 면의 개수를 이용하여 어떤 정다면체인지 파악한다.

👆 **한번 더!**

2-1 오른쪽 그림의 전개도로 만들어지는 정다면체에 대한 설명으로 다음 |보기| 중 옳지 <u>않은</u> 것을 모두 고른 것은?

| 보기 |
> ㄱ. 면이 모두 합동이다.
> ㄴ. 모서리의 개수는 30개이다.
> ㄷ. 육각뿔과 꼭짓점의 개수가 같다.
> ㄹ. 각 꼭짓점에 모인 면의 개수는 4개이다.

① ㄱ, ㄴ   ② ㄱ, ㄷ   ③ ㄱ, ㄹ
④ ㄴ, ㄷ   ⑤ ㄴ, ㄹ

회전체

(1) **회전체**: 평면도형을 한 직선을 축으로 하여 1회전 시킬 때 생기는 입체도형
  ① **회전축**: 회전시킬 때 축이 되는 직선
  ② **모선**: 회전체에서 옆면을 만드는 선분
(2) **원뿔대**: 원뿔을 밑면에 평행한 평면으로 자를 때 생기는 두 입체도형 중 원뿔이 아닌 것

> 참고 원뿔대에서 평행한 두 면을 밑면, 밑면이 아닌 면을 옆면, 두 밑면에 수직인 선분의 길이를 원뿔대의 높이라 한다.

(3)

회전체	원기둥	원뿔	원뿔대	구
겨냥도	모선 · 밑면 · 옆면 · 회전축 · 밑면	모선 · 옆면 · 회전축 · 밑면	모선 · 밑면 · 옆면 · 회전축 · 밑면	회전축
회전시키기 전의 평면도형	직사각형	직각삼각형	사다리꼴	반원

> 참고 구의 옆면을 만드는 것은 곡선이므로 구에서는 모선을 생각하지 않는다.
> 또 구는 회전축이 무수히 많다.

• 개념 확인하기

• 정답 및 해설 44쪽

1 다음 | 보기 |의 입체도형 중 회전체인 것을 모두 고르시오.

> | 보기 |
>
> ㄱ. ㄴ. ㄷ. ㄹ. ㅁ.

2 다음 그림과 같은 평면도형을 직선 l을 회전축으로 하여 1회전 시킬 때 생기는 회전체의 겨냥도를 그리시오.

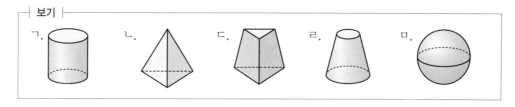

평면도형	겨냥도	평면도형	겨냥도	평면도형	겨냥도
(1)		(2)		(3)	
(4)		(5)		(6)	

• 예제 1 **회전체**

다음 |보기| 중 회전축을 갖는 입체도형을 모두 고르시오.

| 보기 |
ㄱ. 구　　　ㄴ. 원기둥　　　ㄷ. 사각뿔
ㄹ. 삼각기둥　ㅁ. 원뿔　　　ㅂ. 삼각뿔
ㅅ. 원뿔대　　ㅇ. 정팔면체

[해결 포인트]
회전체는 평면도형을 한 직선을 축으로 하여 1회전 시킬 때 생기는 입체도형이다.

🖐한번 더!

1-1 다음 중 회전체인 것을 모두 고르면? (정답 2개)

① 오각기둥　　② 정사면체　　③ 반구
④ 정육면체　　⑤ 원뿔대

• 예제 2 **평면도형과 회전체**

아래 그림과 같은 평면도형을 직선 *l*을 회전축으로 하여 1회전 시킬 때 생기는 회전체의 겨냥도로 알맞은 것을 다음 |보기|에서 고르시오.

| 보기 |
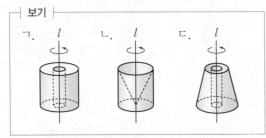

　　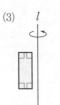

[해결 포인트]
회전축에서 떨어져 있는 평면도형을 1회전 시키면 가운데가 빈 회전체가 만들어진다.

🖐한번 더!

2-1 다음 중 평면도형을 직선 *l*을 회전축으로 하여 1회전 시켜 만든 입체도형으로 옳지 <u>않은</u> 것은?

① 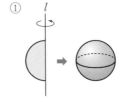　②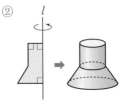

③ 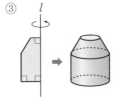　④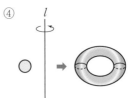

⑤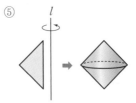

회전체의 성질과 전개도

(1) 회전체의 성질

① 회전체를 회전축에 수직인 평면으로 자른 단면은 항상 원이다.

┌→ 입체도형을 평면으로 자를 때 생기는 면

┌→ 한 직선을 따라 접었을 때, 완전히 겹쳐지는 도형

② 회전체를 회전축을 포함하는 평면으로 자른 단면은 모두 합동이고, 회전축에 대하여 선대칭도형이다.

| 직사각형 | 이등변삼각형 | 사다리꼴 | 원 |

참고 · 원기둥은 회전축에 수직인 평면으로 자른 단면이 항상 합동이다.
· 구는 어떤 평면으로 잘라도 그 단면이 항상 원이고, 구의 중심을 지나는 평면으로 자를 때의 단면이 가장 크다.

(2) 회전체의 전개도

회전체	원기둥	원뿔	원뿔대
겨냥도	모선	모선	모선
전개도	모선 (밑면인 원의 둘레의 길이) =(옆면인 직사각형의 가로의 길이)	모선 (밑면인 원의 둘레의 길이) =(옆면인 부채꼴의 호의 길이)	모선 밑면인 두 원의 둘레의 길이는 각각 전개도의 옆면에서 곡선으로 된 두 부분의 길이와 같다.

참고 구의 전개도는 그릴 수 없다.

1 회전체에 대한 다음 설명 중 옳은 것은 ○표, 옳지 <u>않은</u> 것은 ✕표를 (   ) 안에 쓰시오.

(1) 회전체를 회전축을 포함하는 평면으로 자를 때 생기는 단면은 항상 원이다.   (   )

(2) 회전체를 회전축을 포함하는 평면으로 자를 때 생기는 단면은 선대칭도형이다.   (   )

(3) 회전체를 회전축에 수직인 평면으로 자를 때 생기는 단면은 모두 합동인 원이다.   (   )

(4) 모든 회전체의 회전축은 1개뿐이다.   (   )

2 다음 표의 빈칸에 알맞은 모양을 그림으로 나타내고, 그 모양의 이름을 말하시오.

회전체				
회전축에 수직인 평면으로 자른 단면의 모양				
회전축을 포함하는 평면으로 자른 단면의 모양				

3 다음 그림과 같은 회전체의 전개도에서 a, b의 값을 각각 구하시오.

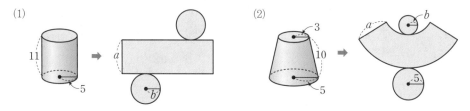

(1)

(2)

4 다음은 원뿔의 전개도에서 옆면인 부채꼴의 호의 길이를 구하는 과정이다. □ 안에 알맞은 것을 쓰시오.

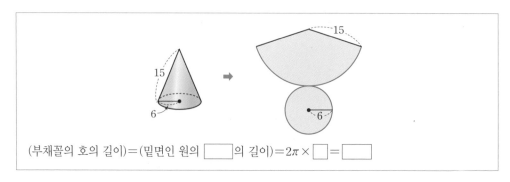

(부채꼴의 호의 길이)=(밑면인 원의 [   ]의 길이)=2π × [   ] = [   ]

• 예제 **1** 회전체의 단면의 모양

오른쪽 그림의 원기둥을 평면
(1), (2), (3)으로 자를 때 생기는
단면의 모양으로 알맞은 것을
다음 |보기|에서 고르시오.

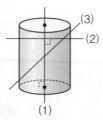

| 보기 |

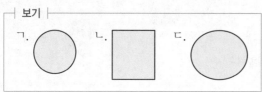

ㄱ.   ㄴ.   ㄷ.

[해결 포인트]

회전체	원기둥	원뿔	원뿔대	구
회전축에 수직인 평면으로 자른 단면	원			
회전축을 포함하는 평면으로 자른 단면	직사각형	이등변 삼각형	사다리꼴	원

👆한번 더!

1-1 다음 중 회전체와 그 회전체를 회전축을 포함하는 평면으로 자를 때 생기는 단면의 모양을 짝 지은 것으로 옳지 <u>않은</u> 것을 모두 고르면? (정답 2개)

① 원기둥 – 직사각형   ② 원뿔 – 직각삼각형

③ 원뿔대 – 삼각형   ④ 반구 – 반원

⑤ 구 – 원

1-2 다음 중 회전축에 수직인 평면으로 자를 때 생기는 단면이 항상 합동인 원이 되는 회전체는?

① 원뿔   ② 반구   ③ 원기둥

④ 구   ⑤ 원뿔대

• 예제 **2** 회전체의 전개도

다음 그림과 같이 직사각형을 직선 l을 회전축으로 하여 1회전 시킬 때 생기는 회전체의 전개도에서 x, y, z의 값을 각각 구하시오.

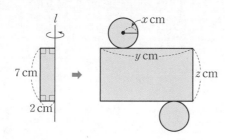

[해결 포인트]
주어진 전개도로 만든 입체도형의 겨냥도를 생각해 본다.

👆한번 더!

2-1 다음 그림과 같은 원뿔대와 그 전개도에서 abc의 값을 구하시오.

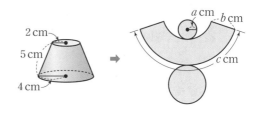

2-2 오른쪽 그림과 같은 전개도에서 옆면인 부채꼴의 반지름의 길이는 16 cm, 중심각의 크기는 90°일 때, 이 전개도로 만들어지는 원뿔의 밑면인 원의 반지름의 길이를 구하시오.

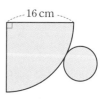

기둥의 겉넓이

(1) **각기둥의 겉넓이**

각기둥의 겉넓이는 두 밑넓이와 옆넓이의 합이므로

➡ (각기둥의 겉넓이)=(밑넓이)×2+(옆넓이)

   └ 기둥의 밑면은 2개

(2) **원기둥의 겉넓이**

밑면의 반지름의 길이가 r, 높이가 h인 원기둥의 겉넓이 S는

➡ $S=$(밑넓이)×2+(옆넓이)

    $=\pi r^2 \times 2 + 2\pi r \times h$

    $=2\pi r^2 + 2\pi r h$

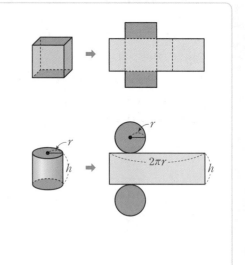

참고 • 입체도형에서 밑면의 넓이를 밑넓이, 옆면 전체의 넓이를 옆넓이라 한다.

    • 기둥의 전개도에서 옆면은 직사각형이므로 옆넓이는 직사각형의 넓이와 같다.

    (직사각형의 가로의 길이)=(밑면의 둘레의 길이)

    (직사각형의 세로의 길이)=(기둥의 높이)

주의 겉넓이를 구할 때는 단위에 주의한다.

    • 길이 ➡ cm, m   • 넓이 ➡ cm², m²

•개념 확인하기

•정답 및 해설 45쪽

1 아래 그림과 같은 각기둥과 그 전개도에 대하여 다음을 구하시오.

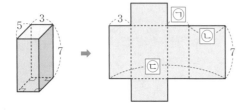

(1) ㉠~㉢에 알맞은 값

(2) 각기둥의 밑넓이

(3) 각기둥의 옆넓이

(4) 각기둥의 겉넓이

2 아래 그림과 같은 원기둥과 그 전개도에 대하여 다음을 구하시오.

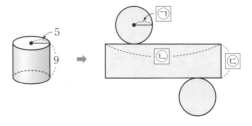

(1) ㉠~㉢에 알맞은 값

(2) 원기둥의 밑넓이

(3) 원기둥의 옆넓이

(4) 원기둥의 겉넓이

• 예제 1 **각기둥의 겉넓이**

오른쪽 그림과 같은 사
각기둥의 겉넓이를 구하
시오.

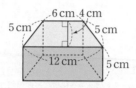

[해결 포인트]

• 기둥의 겉넓이를 구할 때는 다음과 같은 기둥의 성질을 이용한다.
 ① 기둥의 두 밑면은 서로 합동이다.
 ② 기둥의 옆면은 전개도에서 직사각형이다.
• (기둥의 겉넓이)=(밑넓이)×2+(옆넓이)

🖑 한번 더!

1-1 오른쪽 그림과 같은 삼각기
둥의 겉넓이를 구하시오.

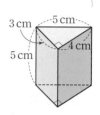

1-2 밑면이 가로, 세로의 길이가 각각 6 cm, 5 cm인
직사각형인 사각기둥의 겉넓이가 280 cm²일 때, 이 사각
기둥의 높이를 구하시오.

• 예제 2 **원기둥의 겉넓이**

오른쪽 그림과 같은 원기둥의
겉넓이를 구하시오.

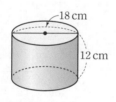

[해결 포인트]

밑면의 반지름의 길이가 r, 높이가 h인 원기둥의 겉넓이
➡ $2\pi r^2 + 2\pi rh$

🖑 한번 더!

2-1 오른쪽 그림과 같은 입
체도형의 겉넓이를 구하시오.

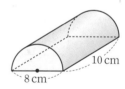

2-2 오른쪽 그림과 같은
전개도로 만들어지는 원기
둥에 대하여 다음 물음에
답하시오.

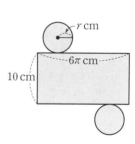

(1) r의 값을 구하시오.
(2) 원기둥의 겉넓이를 구하
 시오.

기둥의 부피

(1) 각기둥의 부피

밑넓이가 S, 높이가 h인 각기둥의 부피 V는

➡ $V = (밑넓이) \times (높이) = Sh$

(2) 원기둥의 부피

밑면의 반지름의 길이가 r, 높이가 h인 원기둥의 부피 V는

➡ $V = (밑넓이) \times (높이) = \pi r^2 \times h = \pi r^2 h$

주의 부피를 구할 때는 단위에 주의한다.
- 길이 ➡ cm, m
- 부피 ➡ cm³, m³

· 개념 확인하기

· 정답 및 해설 46쪽

1 다음 입체도형의 부피를 구하시오.

(1) 밑넓이가 24이고, 높이가 5인 삼각기둥

(2) 밑넓이가 15π이고, 높이가 6인 원기둥

2 주어진 그림과 같은 기둥에 대하여 다음을 구하시오.

(1)
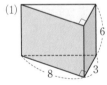

(밑넓이)=_____
(높이)=_____
(부피)=_____

(2)

(밑넓이)=_____
(높이)=_____
(부피)=_____

(3)
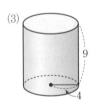

(밑넓이)=_____
(높이)=_____
(부피)=_____

(4)
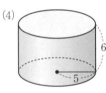

(밑넓이)=_____
(높이)=_____
(부피)=_____

· 예제 1 각기둥의 부피

오른쪽 그림과 같은 사각기둥의 부피를 구하시오.

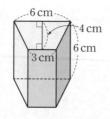

[해결 포인트]
(각기둥의 부피)=(밑넓이)×(높이)

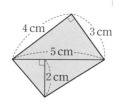

👆한번 더!

1-1 오른쪽 그림과 같은 사각형을 밑면으로 하는 사각기둥의 높이가 11 cm일 때, 이 사각기둥의 부피를 구하시오.

1-2 오른쪽 그림과 같이 직육면체에서 작은 직육면체를 잘라 내고 남은 입체도형의 부피를 구하시오.

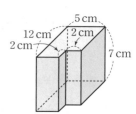

Ⅱ·4

· 예제 2 원기둥의 부피

오른쪽 그림과 같은 원기둥의 부피는?

① 140π cm³
② 315π cm³
③ 490π cm³
④ 735π cm³
⑤ 980π cm³

[해결 포인트]
밑면의 반지름의 길이가 r, 높이가 h인 원기둥의 부피
➡ $\pi r^2 h$

👆한번 더!

2-1 다음 그림과 같은 기둥의 부피를 구하시오.

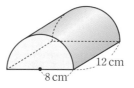

2-2 오른쪽 그림과 같이 원기둥의 가운데에 원기둥 모양의 구멍이 뚫린 입체도형의 부피를 구하시오.

뿔의 겉넓이

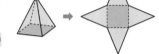

(1) 각뿔의 겉넓이

각뿔의 겉넓이는 밑넓이와 옆넓이의 합

이므로

➡ (각뿔의 겉넓이)=(밑넓이)+(옆넓이)

└─▸ 뿔의 밑면은 1개

(2) 원뿔의 겉넓이

밑면의 반지름의 길이가 r, 모선의 길이

가 l인 원뿔의 겉넓이 S는

➡ S=(밑넓이)+(옆넓이)

  $=\pi r^2+\dfrac{1}{2}\times l\times 2\pi r=\pi r^2+\pi r l$

참고 부채꼴의 반지름의 길이 r, 호의 길이 l이 주어질 때, 부채꼴의 넓이 ➡ $\dfrac{1}{2}rl$

>> 뿔대의 겉넓이
- (각뿔대의 겉넓이)
   =(두 밑넓이의 합)+(옆넓이)
- (원뿔대의 겉넓이)
   =(두 밑넓이의 합)
     +(큰 부채꼴의 넓이)
     −(작은 부채꼴의 넓이)
이때 뿔대의 두 밑면은 크기가 다
르므로 밑넓이를 각각 구해야 한다.

• 개념 확인하기

• 정답 및 해설 47쪽

1 아래 그림과 같은 각뿔과 그 전개도에 대하여 다음을 구하시오. (단, 옆면은 모두 합동이다.)

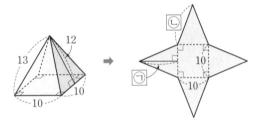

(1) ㉠, ㉡에 알맞은 값

(2) 각뿔의 밑넓이

(3) 각뿔의 옆넓이

(4) 각뿔의 겉넓이

2 아래 그림과 같은 원뿔과 그 전개도에 대하여 다음을 구하시오.

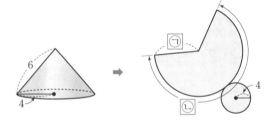

(1) ㉠, ㉡에 알맞은 값

(2) 원뿔의 밑넓이

(3) 원뿔의 옆넓이

(4) 원뿔의 겉넓이

• 예제 1 뿔의 겉넓이

다음 그림과 같은 뿔의 겉넓이를 구하시오.

(1)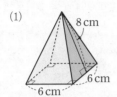

(2)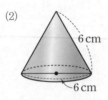

[해결 포인트]

(뿔의 겉넓이)=(밑넓이)+(옆넓이)이므로 뿔의 겉넓이는 전개도를 생각해 본다.

👆 한번 더!

1-1 오른쪽 그림과 같이 밑면은 한 변의 길이가 8 cm인 정사각형이고 옆면은 모두 합동인 이등변삼각형으로 이루어진 사각뿔의 겉넓이가 208 cm²일 때, h의 값을 구하시오.

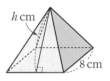

1-2 오른쪽 그림과 같은 전개도로 만들어지는 원뿔에 대하여 다음을 구하시오.

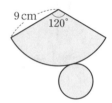

(1) 옆면인 부채꼴의 호의 길이

(2) 밑면인 원의 반지름의 길이

(3) 원뿔의 겉넓이

Ⅱ·4

• 예제 2 뿔대의 겉넓이

오른쪽 그림과 같은 원뿔대에 대하여 다음을 구하시오.

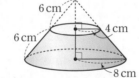

(1) 작은 밑면의 넓이

(2) 큰 밑면의 넓이

(3) 옆넓이

(4) 겉넓이

[해결 포인트]

(뿔대의 겉넓이)=(두 밑넓이의 합)+(옆넓이)이므로 뿔의 겉넓이는 전개도를 생각해 본다.

이때 원뿔대의 옆넓이는 그 전개도의 큰 부채꼴의 넓이에서 작은 부채꼴의 넓이를 뺀 것과 같다.

👆 한번 더!

2-1 오른쪽 그림과 같이 밑면이 정사각형인 사각뿔대에 대하여 다음을 구하시오.

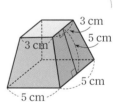

(1) 작은 밑면의 넓이

(2) 큰 밑면의 넓이

(3) 옆넓이

(4) 겉넓이

뿔의 부피

(1) 각뿔의 부피

밑넓이가 S, 높이가 h인 각뿔의 부피 V는

➡ $V = \dfrac{1}{3} \times (\text{각기둥의 부피})$

$= \dfrac{1}{3} \times (\text{밑넓이}) \times (\text{높이})$

$= \dfrac{1}{3} Sh$

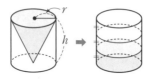

(2) 원뿔의 부피

밑면의 반지름의 길이가 r, 높이가 h인 원뿔의 부피 V는

➡ $V = \dfrac{1}{3} \times (\text{원기둥의 부피})$

$= \dfrac{1}{3} \times (\text{밑넓이}) \times (\text{높이})$

$= \dfrac{1}{3} \pi r^2 h$

주의 뿔의 높이는 뿔의 꼭짓점에서 밑면에 내린 수선의 발까지의 거리이다.
특히 원뿔의 높이를 모선의 길이로 착각하지 않도록 주의한다.

>> **뿔대의 부피**

각뿔대, 원뿔대에 관계없이
(뿔대의 부피)
=(큰 뿔의 부피)−(작은 뿔의 부피)

(1) 각뿔대
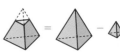

(2) 원뿔대

• 개념 **확인하기**

• 정답 및 해설 48쪽

1 다음 입체도형의 부피를 구하시오.

(1) 밑넓이가 96이고, 높이가 5인 오각뿔

(2) 밑넓이가 21π이고, 높이가 7인 원뿔

2 주어진 그림과 같은 뿔에 대하여 다음을 구하시오.

(1)

(밑넓이)=＿＿＿＿＿

(높이)=＿＿＿＿＿

(부피)=＿＿＿＿＿

(2)

(밑넓이)=＿＿＿＿＿

(높이)=＿＿＿＿＿

(부피)=＿＿＿＿＿

(3)
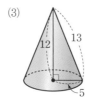

(밑넓이)=＿＿＿＿＿

(높이)=＿＿＿＿＿

(부피)=＿＿＿＿＿

(4)

(밑넓이)=＿＿＿＿＿

(높이)=＿＿＿＿＿

(부피)=＿＿＿＿＿

• 예제 **1** 뿔의 부피

오른쪽 그림과 같은 사각형을
밑면으로 하고 높이가 15 cm
인 사각뿔의 부피는?

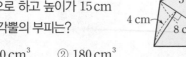

① 160 cm³   ② 180 cm³

③ 200 cm³   ④ 220 cm³

⑤ 240 cm³

[해결 포인트]

(뿔의 부피)$=\dfrac{1}{3}\times$(밑넓이)$\times$(높이)

🖑 한번 더!

1-1 오른쪽 그림은 밑면의 반지름
의 길이가 4 cm이고 높이가 각각
9 cm, 6 cm인 원뿔 2개를 붙여 놓
은 입체도형이다. 이 입체도형의 부
피를 구하시오.

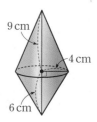

1-2 오른쪽 그림과 같은 삼각뿔
의 부피가 40 cm³일 때, 이 삼각
뿔의 높이를 구하시오.

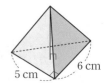

• 예제 **2** 뿔대의 부피

오른쪽 그림과 같은 원뿔대의
부피를 구하시오.

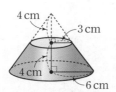

[해결 포인트]

(뿔대의 부피)=(큰 뿔의 부피)−(작은 뿔의 부피)

🖑 한번 더!

2-1 오른쪽 그림과 같이 밑
면이 정사각형인 사각뿔대의
부피를 구하시오.

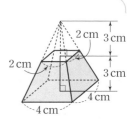

구의 겉넓이와 부피

(1) **구의 겉넓이**

반지름의 길이가 r인 구의 겉넓이 S는

➡ $S = 4\pi r^2$

참고 반지름의 길이가 r인 구의 겉넓이는 반지름의 길이가 $2r$인 원의 넓이와 같다.

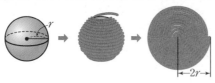

(2) **구의 부피**

반지름의 길이가 r인 구의 부피 V는

➡ $V = \dfrac{2}{3} \times$ (원기둥의 부피)

$= \dfrac{2}{3} \times$ (밑넓이) $\times$ (높이)

$= \dfrac{2}{3} \times \pi r^2 \times 2r = \dfrac{4}{3}\pi r^3$

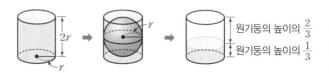

원기둥의 높이의 $\dfrac{2}{3}$
원기둥의 높이의 $\dfrac{1}{3}$

• 개념 확인하기

• 정답 및 해설 48쪽

1 다음 □ 안에 알맞은 수를 쓰고, 구의 겉넓이와 부피를 각각 구하시오.

(1)

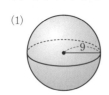

⇨ (구의 겉넓이) $= 4\pi \times \boxed{} = \boxed{}$

(구의 부피) $= \dfrac{4}{3}\pi \times \boxed{} = \boxed{}$

(2)

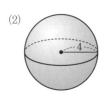

(3)

2 다음 □ 안에 알맞은 수를 쓰고, 반구의 겉넓이와 부피를 각각 구하시오.

(1)

⇨ (반구의 겉넓이) $= \dfrac{1}{2} \times$ (구의 겉넓이) $+$ (원의 넓이)

$= \boxed{} + \boxed{} = \boxed{}$

(반구의 부피) $= \dfrac{1}{2} \times$ (구의 부피) $= \boxed{}$

(2)

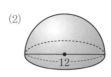

(3)

예제 1 구의 겉넓이

오른쪽 그림과 같이 반지름의 길이가 4 cm인 반구의 겉넓이는?

① $42\pi\,cm^2$ ② $44\pi\,cm^2$
③ $46\pi\,cm^2$ ④ $48\pi\,cm^2$
⑤ $50\pi\,cm^2$

[해결 포인트]
• 반지름의 길이가 r인 구의 겉넓이 ➡ $4\pi r^2$
• 반지름의 길이가 r인 반구의 겉넓이 ➡ $\dfrac{1}{2}\times 4\pi r^2+\pi r^2$

🖑 한번 더!

1-1 반지름의 길이가 2 cm인 구를 반으로 잘랐을 때 생기는 반구 1개의 겉넓이를 구하시오.

1-2 반지름의 길이가 8 cm인 구의 겉넓이는 반지름의 길이가 4 cm인 구의 겉넓이의 몇 배인지 구하시오.

Ⅱ·4

예제 2 구의 부피

오른쪽 그림은 반구와 원기둥을 붙여서 만든 입체도형이다. 이 입체도형의 부피를 구하시오.

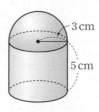

3 cm

5 cm

[해결 포인트]
• 반지름의 길이가 r인 구의 부피 ➡ $\dfrac{4}{3}\pi r^3$
• 반지름의 길이가 r인 반구의 부피 ➡ $\dfrac{1}{2}\times\dfrac{4}{3}\pi r^3$

🖑 한번 더!

2-1 구를 한 평면으로 잘랐을 때 생기는 단면의 최대 넓이가 $36\pi\,cm^2$일 때, 이 구의 부피를 구하시오.

2-2 겉넓이가 $64\pi\,cm^2$인 구의 부피를 구하시오.

· 예제 **3**   구의 일부분을 잘라 낸 경우

오른쪽 그림은 반지름의 길이가 6 cm인 구에서 구의 $\frac{1}{4}$을 잘라 내고 남은 입체도형이다. 이 입체도형의 겉넓이와 부피를 각각 구하시오.

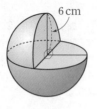

[해결 포인트]

처음 구에서 구의 $\frac{1}{4}$을 잘라 냈다.

➡ 남은 입체도형은 처음 구의 $1-\frac{1}{4}$, 즉 $\frac{3}{4}$이다.

🖑한번 더!

3-1 오른쪽 그림은 반지름의 길이가 4 cm인 구에서 구의 $\frac{1}{8}$을 잘라 내고 남은 입체도형이다. 이 입체도형의 겉넓이와 부피를 각각 구하시오.

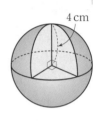

· 예제 **4**   원뿔, 구, 원기둥의 부피의 비

오른쪽 그림과 같이 높이가 4 cm인 원기둥 안에 구와 원뿔이 꼭 맞게 들어 있을 때, 다음을 구하시오. (단, 부피의 비는 가장 간단한 자연수의 비로 나타내시오.)

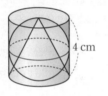

(1) 원뿔의 부피
(2) 구의 부피
(3) 원기둥의 부피
(4) 원뿔, 구, 원기둥의 부피의 비

[해결 포인트]

원기둥에 꼭 맞게 들어 있는 원뿔과 구에 대하여 구의 반지름의 길이를 r이라 하면 원뿔과 원기둥의 높이는 각각 $2r$임을 이용한다.

🖑한번 더!

4-1 오른쪽 그림과 같이 원기둥 안에 구와 원뿔이 꼭 맞게 들어 있다. 구의 부피가 288π cm³일 때, 원기둥의 부피를 $a\pi$ cm³, 원뿔의 부피를 $b\pi$ cm³라 하자. 이때 $a-b$의 값을 구하시오.

1

다음 |보기| 중 다면체의 개수를 구하시오.

| 보기 |

육각기둥, 　원기둥, 　육면체

정팔면체, 　원뿔대, 　구

2

오각기둥의 모서리의 개수를 a개, 팔각뿔의 면의 개수를 b개, 십각뿔대의 꼭짓점의 개수를 c개라 할 때, $a+b+c$의 값을 구하시오.

3

다음 중 다면체와 그 밑면의 모양, 옆면의 모양을 짝 지은 것으로 옳은 것은?

① 삼각기둥 – 삼각형 – 삼각형
② 육각뿔 – 육각형 – 직사각형
③ 정육면체 – 육각형 – 정사각형
④ 오각뿔대 – 오각형 – 사다리꼴
⑤ 십각뿔 – 십일각형 – 삼각형

4

다음 중 옳은 것을 모두 고르면? (정답 2개)

① 정사면체의 모서리의 개수는 4개이다.
② 정육면체의 꼭짓점의 개수는 6개이다.
③ 정십이면체의 한 꼭짓점에 모인 면의 개수는 3개이다.
④ 정이십면체의 면의 모양은 정오각형이다.
⑤ 정다면체의 면의 모양은 정삼각형, 정사각형, 정오각형뿐이다.

5

오른쪽 그림의 전개도로 정사면체를 만들 때, $\overline{DE}$와 꼬인 위치에 있는 모서리를 구하시오.

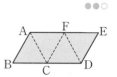

6

오른쪽 그림의 입체도형은 다음 중 어느 평면도형을 직선 l을 회전축으로 하여 1회전 시킨 것인가?

① 　②

③ 　④ 　⑤

7

다음 두 학생이 설명하는 회전체의 이름을 말하시오.

유진: 회전축이 무수히 많아.
서준: 회전축의 단면은 항상 원이야.

8

다음 중 오른쪽 그림의 원뿔을 평면
①~⑤로 잘랐을 때 생기는 단면의
모양으로 옳지 <u>않은</u> 것은?

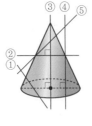

①

②

③

④

⑤

9

오른쪽 그림과 같은 원뿔을 밑면에
수직인 평면으로 자를 때 생기는 단
면 중 넓이가 가장 큰 단면의 넓이
를 구하시오.

8 cm

3 cm

10

오른쪽 그림과 같은 전개도로 만
들어지는 원기둥의 밑면의 반지
름의 길이는?

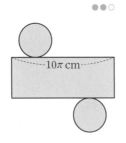

10π cm

① 3 cm 　　② 4 cm

③ 5 cm 　　④ 6 cm

⑤ 7 cm

11 창의력UP

오른쪽 그림과 같이 원기둥 모
양의 롤러로 벽에 페인트를 칠
하려고 한다. 롤러를 연속하여
5바퀴를 한 방향으로 굴렸을 때,
벽에서 페인트가 칠해진 부분의
넓이를 구하시오.

20 cm

5 cm

12

오른쪽 그림의 입체도형은 밑면
이 직사각형인 사각기둥에서 원
기둥 모양의 구멍이 뚫린 것이
다. 이 입체도형의 겉넓이와 부
피를 각각 구하시오.

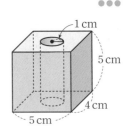

1 cm

5 cm

4 cm

5 cm

13

오른쪽 그림과 같은 원뿔의 겉넓이
가 64π cm²일 때, 이 원뿔의 전개도
에서 부채꼴의 중심각의 크기를 구
하시오.

4 cm

14 중요

오른쪽 그림과 같이 밑면이 정사각형인 사각뿔대의 겉넓이는?

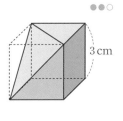

① 260 cm²   ② 264 cm²

③ 268 cm²   ④ 272 cm²

⑤ 276 cm²

15

오른쪽 그림과 같이 한 모서리의 길이가 3 cm인 정육면체에서 세 꼭짓점을 지나는 삼각뿔을 잘라 내고 남은 입체도형의 부피를 구하시오.

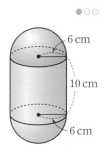

16 중요

오른쪽 그림은 2개의 반구와 1개의 원기둥을 붙여서 만든 입체도형이다. 이 입체도형의 겉넓이를 구하시오.

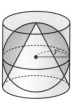

17

오른쪽 그림과 같이 야구공의 겉면은 크기와 모양이 똑같은 두 조각의 가죽으로 이루어져 있다. 야구공을 지름의 길이가 7 cm인 구로 생각할 때, 겉면을 이루는 가죽 한 조각의 넓이를 구하시오. (단, 겹치는 부분은 생각하지 않는다.)

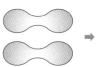

18 창의력UP

다음 그림은 반지름의 길이가 9 cm인 구 모양의 지구 모형을 자른 것이다. 지구 모형의 중심에서부터 5 cm까지 있는 층인 핵을 제외한 나머지 부분을 맨틀이라 할 때, 구 모양의 지구 모형에서 맨틀의 부피를 구하시오.

19

오른쪽 그림과 같이 구, 원뿔이 원기둥 안에 꼭 맞게 들어 있다. 구의 반지름의 길이가 r일 때, 다음 중 옳은 것을 모두 고르면? (정답 2개)

① 구의 부피는 $4\pi r^2$이다.

② 원뿔의 부피는 $\dfrac{2}{3}\pi r^3$이다.

③ 원기둥의 부피는 $6\pi r^3$이다.

④ 원기둥, 구, 원뿔의 부피의 비는 1 : 2 : 3이다.

⑤ 물이 가득 채워진 원기둥 모양의 통 안에 통에 꼭 맞는 구를 넣으면 전체의 $\dfrac{2}{3}$만큼의 물이 흘러나온다.

서술형

20

밑면의 대각선의 개수가 27개인 각기둥의 모서리의 개수를 구하시오. (단, 풀이 과정을 자세히 쓰시오.)

풀이

답

21

오른쪽 그림과 같이 합동인 정삼각형 6개로 이루어진 입체도형이 정다면체인지 아닌지 말하고, 그 이유를 설명하시오.

(단, 풀이 과정을 자세히 쓰시오.)

풀이

답

22

다음 그림과 같은 원기둥과 원뿔의 부피가 같을 때, 원뿔의 높이를 구하시오. (단, 풀이 과정을 자세히 쓰시오.)

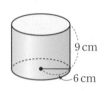

풀이

답

23

반지름의 길이가 3 cm인 구 모양의 쇠구슬을 녹여서 반지름의 길이가 1 cm인 구 모양의 쇠구슬을 몇 개 만들 수 있는지 구하시오. (단, 풀이 과정을 자세히 쓰시오.)

풀이

답

1 마인드맵으로 개념 구조화!

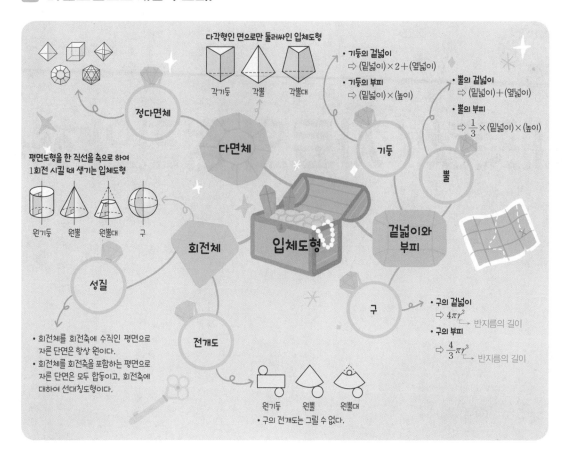

2 OX 문제로 개념 점검!

옳은 것은 ◯, 옳지 않은 것은 ✕를 택하시오.
· 정답 및 해설 52쪽

❶ 육각뿔대의 꼭짓점의 개수와 칠각기둥의 꼭짓점의 개수는 같다.　　　　　◯ ┆ ✕

❷ 각뿔의 모서리의 개수는 그 각뿔의 밑면에 있는 모서리의 개수의 2배이다.　　◯ ┆ ✕

❸ 각뿔대의 옆면의 모양은 사다리꼴이다.　　　　　　　　　　　　　　　　◯ ┆ ✕

❹ 면이 10개인 정다면체가 있다.　　　　　　　　　　　　　　　　　　　◯ ┆ ✕

❺ 회전체를 회전축에 수직인 평면으로 자른 단면은 항상 원이다.　　　　　　◯ ┆ ✕

❻ 기둥의 겉넓이는 옆면의 넓이를 모두 합한 것과 같다.　　　　　　　　　　◯ ┆ ✕

❼ 뿔의 부피는 그 뿔과 밑면이 합동이고 높이가 같은 기둥의 부피의 $\frac{1}{2}$이다.　◯ ┆ ✕

❽ 구의 부피는 그 구의 겉넓이와 반지름의 길이의 곱을 2로 나눈 값과 같다.　◯ ┆ ✕

5

대푯값 / 자료의 정리와 해석

배웠어요

- 자료의 정리 [초3~4]
- 막대그래프와 꺾은선그래프 [초3~4]
- 가능성 [초5~6]
- 자료의 표현 [초5~6]
- 비율그래프 [초5~6]

✅ 이번에 배워요

5. 대푯값 / 자료의 정리와 해석

- 대푯값
- 도수분포표와 상대도수

배울 거예요

- 경우의 수와 확률 [중2]
- 산포도 [중3]
- 상자그림과 산점도 [중3]
- 합의 법칙과 곱의 법칙 [고등]
- 순열과 조합 [고등]

우리는 빅데이터 시대를 살아가고 있습니다.

빅데이터란 기존의 정보 수집, 저장, 관리, 분석의 범위를 넘어서는 매우 빠르게 생성되는 데이터와 그것을 처리하는 기술을 말합니다. 여기에 인공지능(AI) 기술이 결합되면서 최근 다양한 챗봇들도 등장하고 있습니다.

이 단원에서는 자료에서 대푯값을 찾고, 자료를 줄기와 잎 그림, 도수분포표, 히스토그램, 도수분포다각형을 이용하여 정리하고, 상대도수를 사용하여 자료를 해석하는 방법에 대해 학습합니다.

▶ 새로 배우는 용어

변량, 대푯값, 중앙값, 최빈값, 줄기와 잎 그림, 계급, 계급의 크기, 도수, 도수분포표, 히스토그램, 도수분포다각형, 상대도수

5. 대푯값 / 자료의 정리와 해석을 시작하기 전에

1 평균 초등

오른쪽은 학생 5명이 한 학기 동안 봉사 활동을 한 시간을 조사한 것이다. 봉사 활동을 한 시간의 평균을 구하시오.

(단위: 시간)

| 35, | 24, | 23, | 41, | 32 |

2 막대그래프 초등

오른쪽은 민이네 반 학생들의 혈액형을 조사하여 나타낸 막대그래프이다. 다음 물음에 답하시오.

(1) 민이네 반 전체 학생 수를 구하시오.

(2) 민이네 반 학생들의 혈액형 중 두 번째로 많은 혈액형을 말하시오.

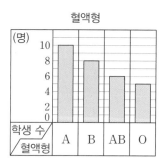

[정답] 1. 31시간   2. (1) 29명 (2) B형

대푯값

(1) **변량**: 자료를 수량으로 나타낸 것

(2) **대푯값**: 자료 전체의 중심 경향이나 특징을 대표적으로 나타내는 값

(3) **대푯값의 종류**

　① **평균**: 변량의 총합을 변량의 개수로 나눈 값 ← $(평균)=\dfrac{(변량의\ 총합)}{(변량의\ 개수)}$

　② **중앙값**: 자료의 변량을 작은 값부터 크기순으로 나열할 때, **한가운데 있는 값**

　　• 변량의 개수가 홀수이면 한가운데 있는 하나의 값이 중앙값이다.

　　• 변량의 개수가 짝수이면 한가운데 있는 두 값의 평균이 중앙값이다.

　　참고 n개의 변량을 작은 값부터 크기순으로 나열할 때, 중앙값은 다음과 같다.

　　　• n이 홀수인 경우 ➡ $\dfrac{n+1}{2}$번째 변량

　　　• n이 짝수인 경우 ➡ $\dfrac{n}{2}$번째와 $\left(\dfrac{n}{2}+1\right)$번째 변량의 평균

　　예 • 1, 2, 4, 7, 9 ➡ 중앙값: 4　　• 1, 2, 4, 6, 7, 8 ➡ 중앙값: $\dfrac{4+6}{2}=5$

　③ **최빈값**: 자료의 변량 중에서 가장 많이 나타나는 값

　　• 변량이 나타나는 횟수가 모두 같으면 최빈값은 없다.

　　• 나타나는 횟수가 가장 큰 변량이 한 개 이상이면 그 변량들이 모두 최빈값이다.

　　예 • 2, 4, 5, 7, 9 ➡ 최빈값은 없다.　• 2, 4, 5, 5, 5 ➡ 최빈값: 5

　　　• 3, 1, 8, 1, 5, 3 ➡ 최빈값: 1, 3

> **자료의 특성에 따른 적절한 대푯값**
> ① 평균: 대푯값으로 가장 많이 쓰이며, 자료에 극단적인 값이 포함되어 있으면 그 값에 영향을 많이 받는다.
> ② 중앙값: 자료에 극단적인 값이 있는 경우, 중앙값이 평균보다 대푯값으로 적절하다.
> ③ 최빈값: 선호도를 조사할 때 주로 쓰이며, 변량이 중복되어 나타나거나 변량이 수가 아닌 자료의 대푯값으로 적절하다.

> 평균과 중앙값은 그 값이 하나뿐이지만 최빈값은 자료에 따라 그 값이 두 개 이상일 수도 있다.

• 개념 확인하기

• 정답 및 해설 53쪽

1 다음 자료의 평균을 구하시오.

(1) 1, 2, 4, 5　　　　　　　　　　　(2) 2, 3, 3, 5, 7

(3) 9, 6, 5, 11, 8, 3　　　　　　　　(4) 8, 4, 7, 9, 12, 6, 10

2 다음 자료의 중앙값을 구하시오.

(1) 4, 8, 5, 3, 7　　　　　　　　　　(2) 5, 3, 9, 7, 8, 4

(3) 4, 6, 7, 6, 10, 5, 6　　　　　　　(4) 13, 16, 11, 10, 12, 10, 14, 13

3 다음 자료의 최빈값을 구하시오.

(1) 4, 3, 9, 3, 6, 2　　　　　　　　　(2) 3, 2, 2, 1, 6, 5, 1

(3) 3, 4, 5, 3, 4, 5　　　　　　　　　(4) 빨강, 파랑, 보라, 빨강, 연두, 빨강

• 예제 **1** 평균

다음은 우식이가 5일 동안 팔굽혀펴기를 한 횟수를 조사하여 나타낸 자료이다. 5일 동안의 팔굽혀펴기 횟수의 평균을 구하시오.

(단위: 회)

26, 36, 34, 25, 29

[해결 포인트]

$$(평균)=\frac{(변량의 총합)}{(변량의 개수)}$$

👆한번 더!

1-1 다음은 효준이가 중간고사에서 받은 과목별 점수를 조사하여 나타낸 것이다. 효준이가 받은 과목별 점수의 평균을 구하시오.

과목	수학	국어	영어	과학
점수(점)	90	84	92	96

1-2 3개의 수 a, b, c의 평균이 6일 때, 다음 5개의 수의 평균을 구하시오.

5, a, b, c, 12

Ⅲ·5

• 예제 **2** 중앙값

다음 자료 중 중앙값이 가장 큰 것은?

① 1, 2, 3, 4, 5
② 2, 4, 6, 8, 10
③ 2, 2, 5, 5, 8, 8
④ 3, 4, 5, 6, 7, 8
⑤ 1, 2, 4, 7, 9, 10

[해결 포인트]

n개의 변량을 작은 값부터 크기순으로 나열할 때 중앙값은

(ⅰ) n이 홀수이면 $\frac{n+1}{2}$번째 변량

(ⅱ) n이 짝수이면 $\frac{n}{2}$번째와 $\left(\frac{n}{2}+1\right)$번째 변량의 평균

👆한번 더!

2-1 다음은 학생 7명이 한 달 동안 읽은 책의 수를 조사하여 나타낸 자료이다. 이 자료의 중앙값을 구하시오.

(단위: 권)

5, 7, 3, 9, 8, 4, 2

2-2 다음은 성준이네 반 학생 12명의 가족 수를 조사하여 나타낸 자료이다. 이 자료의 중앙값을 구하시오.

(단위: 명)

3, 4, 3, 3, 2, 5,
5, 4, 4, 6, 3, 5

• 예제 3 최빈값

다음은 수연이네 반 학생 8명이 1년 동안 본 영화의 수를 조사하여 나타낸 자료이다. 이 자료의 최빈값을 구하시오.

(단위: 편)

| 36, 12, 30, 25, 34, 23, 39, 25 |

[해결 포인트]
• 변량 중에서 나타나는 횟수가 가장 큰 값이 한 개 이상이면 그 값이 모두 최빈값이다.
• 변량이 나타나는 횟수가 모두 같으면 최빈값은 없다.

⟨🖑한번 더!⟩

3-1 다음은 동준이네 반 학생 7명이 볼링공을 굴려 쓰러뜨린 핀의 개수를 조사하여 나타낸 자료이다. 이 자료의 중앙값을 a개, 최빈값을 b개라 할 때, $a+b$의 값을 구하시오.

(단위: 개)

| 7, 9, 5, 10, 8, 9, 6 |

3-2 아래 자료의 최빈값이 7뿐일 때, 다음 중 a의 값이 될 수 <u>없는</u> 것은?

| 2, 3, 1, 7, 6, a, 7, 3, 5, 7 |

① 1   ② 3   ③ 5

④ 6   ⑤ 7

• 예제 4 대푯값이 주어질 때, 변량 구하기

다음 자료의 최빈값이 6일 때, x의 값과 이 자료의 중앙값을 각각 구하시오.

| 1, 2, 8, 5, x, 6 |

[해결 포인트]
대푯값이 주어질 때, 변량을 구하는 방법은 다음과 같다.
① 평균이 주어지는 경우
➡ (평균)= $\dfrac{(변량의\ 총합)}{(변량의\ 개수)}$ 임을 이용한다.
② 중앙값이 주어지는 경우
➡ 변량을 작은 값부터 크기순으로 나열한 후 변량의 개수가 홀수일 때와 짝수일 때로 나누어 문제의 조건에 맞게 식을 세운다.
③ 최빈값이 주어지는 경우
➡ 나타나는 횟수가 가장 큰 변량을 찾고, 그 값이 없으면 미지수인 변량이 최빈값이 됨을 이용한다.

⟨🖑한번 더!⟩

4-1 다음 자료의 평균이 10일 때, 최빈값을 구하시오.

| 10, 12, x, 8, 10, 12, 8 |

4-2 다음은 웅이네 반 학생 5명이 한 주 동안 받은 스팸 메일의 개수를 조사하여 작은 값부터 크기순으로 나열한 자료이다. 이 자료의 평균과 중앙값이 같을 때, x의 값을 구하시오.

(단위: 개)

| 7, 9, 10, 12, x |

줄기와 잎 그림

(1) **줄기와 잎 그림**: 줄기와 잎을 이용하여 자료를 나타낸 그림

(2) **줄기와 잎 그림을 그리는 방법**

❶ 각 자료의 변량을 줄기와 잎으로 구분한다.

❷ 세로선을 긋고, 세로선의 왼쪽에 줄기를 크기순으로 세로로 쓴다.

❸ 세로선의 오른쪽에 각 줄기에 해당되는 잎을 크기순으로 가로로 쓴다.

[주의] 줄기는 중복되는 수를 한 번만 쓰고, 잎은 중복되는 수를 중복된 횟수만큼 쓴다.

[참고] 줄기와 잎 그림은 각 자료의 정확한 값과 자료의 분포 상태를 쉽게 알 수 있지만 자료의 개수가 많을 때는 일일이 나열하기가 힘들다.

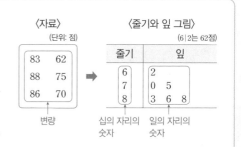

개념 확인하기

• 정답 및 해설 54쪽

1 다음은 어느 반 학생 16명이 한 달 동안 지하철을 이용한 횟수를 조사하여 나타낸 자료이다. 물음에 답하시오.

〈자료〉 (단위: 회)

14	12	26	36
32	2	9	3
4	24	20	8
18	8	16	4

〈줄기와 잎 그림〉 (0|2는 2회)

줄기	잎
0	2

(1) 위의 〈자료〉에서 가장 작은 변량과 가장 큰 변량을 차례로 구하시오.

(2) 위의 〈자료〉에 대하여 줄기와 잎 그림을 완성하시오.

2 오른쪽은 어느 반 학생 15명의 2단 뛰기 줄넘기 기록을 조사하여 나타낸 줄기와 잎 그림이다. 다음 물음에 답하시오.

(0|1은 1회)

줄기	잎
0	1 2 4
1	0 2 3 3 5 7
2	1 1 3 8
3	0 5

(1) 잎이 가장 많은 줄기와 잎이 가장 적은 줄기를 각각 구하시오.

(2) 줄기 1에 해당하는 잎을 모두 구하시오.

(3) 2단 뛰기 줄넘기 기록이 20회 이상인 학생 수를 구하시오.

(4) 2단 뛰기 줄넘기 기록이 가장 높은 학생의 기록은 몇 회인지 구하시오.

• 예제 1 줄기와 잎 그림 그리기

다음은 재석이네 반 학생들의 통학 시간을 조사하여 나타낸 자료이다. 물음에 답하시오.

(단위: 분)

| 16 | 10 | 8 | 13 | 24 | 31 | 11 | 12 | 38 |
| 16 | 21 | 25 | 18 | 15 | 16 | 5 | 27 | 33 |

(1) 다음 줄기와 잎 그림을 완성하시오.

(0 | 5는 5분)

줄기	잎
0	5

(2) 재석이네 반 학생들의 통학 시간은 몇 분대가 가장 많은지 구하시오.

(3) 통학 시간이 25분 이상인 학생 수를 구하시오.

[해결 포인트]

줄기는 중복되는 수를 한 번만 쓰고, 잎은 중복되는 수를 중복된 횟수만큼 쓴다.

👆 **한번 더!**

1-1 오른쪽은 어느 일요일의 오전 동안 편의점에 방문한 사람 20명의 나이를 조사하여 나타낸 자료이다. 물음에 답하시오.

(단위: 세)

44	58	35	29	67
55	23	19	28	30
12	38	34	40	45
28	35	49	62	54

(1) 다음 줄기와 잎 그림을 완성하시오.

(1 | 2는 12세)

줄기	잎
1	2
2	
3	
4	
5	
6	

(2) 잎이 가장 많은 줄기를 구하시오.

(3) 나이가 15세 이상 30세 미만인 사람 수를 구하시오.

(4) 나이가 40세 이상인 사람 수를 구하시오.

• 예제 2 줄기와 잎 그림의 이해

다음은 은지네 반 학생들의 키를 조사하여 나타낸 줄기와 잎 그림이다. 물음에 답하시오.

(13 | 5는 135 cm)

줄기	잎
13	5 7
14	2 3 4 6 8 9
15	1 2 3 4 5 6 7 8
16	0 1 2 7

(1) 은지네 반 전체 학생 수를 구하시오.

(2) 은지의 키가 146 cm일 때, 은지보다 키가 작은 학생 수를 구하시오.

(3) 키가 6번째로 큰 학생의 키를 구하시오.

[해결 포인트]

주어진 줄기와 잎 그림에서 13 | 5이므로 줄기는 백의 자리와 십의 자리의 숫자, 잎은 일의 자리의 숫자이다.

👆 **한번 더!**

2-1 다음은 어느 반 학생들의 1년 동안의 봉사 활동 시간을 조사하여 나타낸 줄기와 잎 그림이다. 물음에 답하시오.

(2 | 3은 23시간)

줄기	잎
2	3 5 7
3	2 2 3 6 8 9
4	0 0 3 4 5 7 7 9
5	1 6 8 9
6	0 4 5

(1) 전체 학생 수를 구하시오.

(2) 봉사 활동 시간이 가장 많은 학생과 가장 적은 학생의 시간의 차를 구하시오.

(3) 봉사 활동 시간이 59시간인 학생은 봉사 활동 시간이 많은 쪽에서 몇 번째인지 구하시오.

도수분포표

(1) 계급: 변량을 일정한 간격으로 나눈 구간

(2) 계급의 크기: 변량을 나눈 구간의 너비 ← 계급의 양 끝 값의 차

(3) 도수: 각 계급에 속하는 변량의 개수

(4) 도수분포표: 자료를 몇 개의 계급으로 나누고, 각 계급의 도수를 나타낸 표

> **참고** 도수분포표에서 각 계급의 가운데 값을 계급값이라 한다.
>
> ➡ (계급값)$=\dfrac{(계급의\ 양\ 끝\ 값의\ 합)}{2}$

> **주의** 계급, 계급의 크기, 도수, 계급값은 항상 단위를 붙여 쓴다.

〈자료〉 (단위: 회)

23	38
31	34
27	26
33	29
30	31

↑ 변량

➡

〈도수분포표〉

계급(회)	도수(명)
$20^{이상} \sim 25^{미만}$	1
25 ~ 30	3
30 ~ 35	5
35 ~ 40	1
합계	10

(5) **도수분포표를 만드는 방법**

❶ 자료에서 가장 작은 변량과 가장 큰 변량을 찾는다.

❷ ❶의 두 변량이 포함되는 구간을 일정한 간격으로 나누어 계급의 크기를 정하고, 구간별로 나누어 쓴다.

❸ 각 계급에 속하는 변량의 개수를 세어 계급의 도수를 구한다.

> **참고** 계급의 개수는 보통 5~15개 정도로 하는 것이 적당하다.
>
> 이때 계급의 크기는 모두 같게 하는 것이 일반적이다.

Ⅲ·5

• 개념 확인하기

• 정답 및 해설 55쪽

1 다음은 민이네 반 학생 20명의 멀리뛰기 기록을 조사하여 나타낸 자료이다. 물음에 답하시오.

〈자료〉 (단위: cm)

169	140	136	143
138	134	149	153
148	162	159	135
160	145	151	175
148	158	133	144

⇨

〈도수분포표〉

기록(cm)	학생 수(명)	
$130^{이상} \sim 140^{미만}$	丿卅	5
합계		20

(1) 위의 〈자료〉에서 가장 작은 변량과 가장 큰 변량을 차례로 구하시오.

(2) 위의 〈자료〉에 대하여 계급의 크기를 10 cm로 하는 도수분포표를 완성하시오.

2 오른쪽은 지연이네 반 학생들의 아침 식사 시간을 조사하여 나타낸 도수분포표이다. 다음 물음에 답하시오.

아침 식사 시간(분)	학생 수(명)
$0^{이상} \sim 6^{미만}$	6
6 ~ 12	4
12 ~ 18	8
18 ~ 24	12
합계	30

(1) 계급의 크기와 계급의 개수를 각각 구하시오.

(2) 도수가 가장 작은 계급을 구하시오.

(3) 도수가 가장 큰 계급의 계급값을 구하시오.

(4) 아침 식사 시간이 16분인 학생이 속하는 계급을 구하시오.

(5) 아침 식사 시간이 12분 미만인 학생 수를 구하시오.

• 예제 1   도수분포표 만들기

다음은 희수네 반 학생들의 일주일 동안의 TV 시청 시간을 조사하여 나타낸 자료이다. 이 자료에 대한 도수분포표를 완성하고, 물음에 답하시오.

(단위: 시간)

10	16	1
13	0	11
2	18	6
8	12	3
14	24	10
4	13	9

⇨

시청 시간(시간)	학생 수(명)
$0^{이상}$ ~ $5^{미만}$	
합계	

(1) 도수가 가장 작은 계급을 구하시오.
(2) 일주일 동안의 TV 시청 시간이 15시간 이상인 학생 수를 구하시오.

[해결 포인트]

계급, 계급의 크기, 도수는 항상 단위를 붙인다.

🖑 한번 더!

1-1 다음은 노래 경연 대회에 참가한 사람들의 나이를 조사하여 나타낸 자료이다. 물음에 답하시오.

(단위: 세)

28	35	21	20	43	39	46	34	37
36	45	16	19	31	18	32	23	28

(1) 위의 자료에 대하여 10세로 시작하고 계급의 크기를 10세로 하는 다음 도수분포표를 완성하시오.

나이(세)	사람 수(명)
합계	

(2) 도수가 가장 큰 계급을 구하시오.
(3) 나이가 43세인 참가자가 속하는 계급의 도수를 구하시오.

• 예제 2   도수분포표의 이해

오른쪽은 어느 야구팀의 한 투수가 30회의 경기에 출전하여 각 경기에서 던진 공의 개수를 조사하여 나타낸 도수분포표이다. 다음 중 옳지 <u>않은</u> 것을 모두 고르면?
(정답 2개)

공의 개수(개)	횟수(회)
$10^{이상}$ ~ $15^{미만}$	3
15 ~ 20	4
20 ~ 25	6
25 ~ 30	12
30 ~ 35	2
35 ~ 40	3
합계	30

① 계급의 개수는 6개이다.
② 계급의 크기는 5개이다.
③ 도수가 가장 작은 계급의 계급값은 12.5개이다.
④ 던진 공의 개수가 30개 이상인 경기 수는 5회이다.
⑤ 가장 적게 던진 공의 개수는 10개이다.

[해결 포인트]

도수분포표는 자료의 분포 상태를 쉽게 알 수 있지만 각 계급에 속하는 자료의 정확한 값은 알 수 없다.

🖑 한번 더!

2-1 다음은 유아네 반 학생들의 수학 점수를 조사하여 나타낸 도수분포표이다. 물음에 답하시오.

수학 점수(점)	학생 수(명)
$50^{이상}$ ~ $60^{미만}$	1
60 ~ 70	3
70 ~ 80	8
80 ~ 90	12
90 ~ 100	9
합계	33

(1) 계급의 크기를 구하시오.
(2) 수학 점수가 80점 미만인 학생 수를 구하시오.
(3) 수학 점수가 높은 쪽에서 15번째인 학생이 속하는 계급을 구하시오.

• 예제 3 **어느 한 계급의 도수가 주어지지 않은 경우**

다음은 현수네 반 학생 25명의 멀리뛰기 기록을 조사하여 나타낸 도수분포표이다. 물음에 답하시오.

멀리뛰기 기록(cm)	학생 수(명)
$160^{이상} \sim 170^{미만}$	3
170 ~ 180	A
180 ~ 190	10
190 ~ 200	4
200 ~ 210	2
합계	25

(1) A의 값을 구하시오.
(2) 도수가 가장 큰 계급을 구하시오.
(3) 멀리뛰기 기록이 낮은 쪽에서 5번째인 학생이 속하는 계급을 구하시오.

[해결 포인트]
어느 한 계급의 도수가 주어지지 않으면 도수의 총합에서 나머지 도수의 합을 빼서 그 계급의 도수를 먼저 구한다.

🖐한번 더!

3-1 아래는 어느 반 학생들의 1년 동안의 도서관 이용 횟수를 조사하여 나타낸 도수분포표이다. 다음 중 옳지 <u>않은</u> 것을 모두 고르면? (정답 2개)

이용 횟수(회)	학생 수(명)
$10^{이상} \sim 20^{미만}$	5
20 ~ 30	10
30 ~ 40	4
40 ~ 50	A
50 ~ 60	1
합계	28

① 계급의 개수는 5개이고, 계급의 크기는 10회이다.
② A의 값은 7이다.
③ 도수가 가장 큰 계급은 20회 이상 30회 미만이다.
④ 도서관 이용 횟수가 30회 이상인 학생 수는 4명이다.
⑤ 도서관 이용 횟수가 10번째로 많은 학생이 속하는 계급의 도수는 4명이다.

• 예제 4 **특정 계급의 백분율**

다음은 영민이네 반 학생 30명의 음악 점수를 조사하여 나타낸 도수분포표이다. 물음에 답하시오.

음악 점수(점)	학생 수(명)
$50^{이상} \sim 60^{미만}$	2
60 ~ 70	4
70 ~ 80	A
80 ~ 90	9
90 ~ 100	3
합계	30

(1) A의 값을 구하시오.
(2) 음악 점수가 70점 이상 80점 미만인 학생은 전체의 몇 %인지 구하시오.

[해결 포인트]

$$(각 계급의 백분율) = \frac{(그\ 계급의\ 도수)}{(도수의\ 총합)} \times 100(\%)$$

🖐한번 더!

4-1 다음은 어느 지역에서 하루 동안 태어난 신생아 15명의 태어났을 때의 몸무게를 조사하여 나타낸 도수분포표이다. 물음에 답하시오.

몸무게(kg)	신생아 수(명)
$2.0^{이상} \sim 2.5^{미만}$	1
2.5 ~ 3.0	2
3.0 ~ 3.5	
3.5 ~ 4.0	4
4.0 ~ 4.5	2
합계	15

(1) 몸무게가 3.0 kg 이상 3.5 kg 미만인 신생아 수를 구하시오.
(2) 몸무게가 3.5 kg 미만인 신생아는 전체의 몇 %인지 구하시오.

히스토그램

(1) **히스토그램**

가로축에는 계급을, 세로축에는 도수를 표시하여 직사각형 모양으로
나타낸 그래프

참고 히스토그램을 그리는 방법
 ❶ 가로축에는 각 계급의 양 끝 값을 차례로 표시한다.
 ❷ 세로축에는 도수를 차례로 표시한다.
 ❸ 각 계급의 크기를 가로로 하고, 도수를 세로로 하는 직사각형을 차례로 그린다.

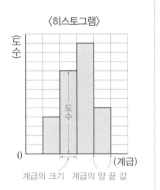

〈히스토그램〉
도수 / (계급)
계급의 크기 계급의 양 끝 값

(2) **히스토그램의 특징**

① 자료의 분포 상태를 한눈에 알아볼 수 있다.

② 각 직사각형에서 가로의 길이는 계급의 크기이므로 일정하다.

 ➡ 각 직사각형의 넓이는 세로의 길이인 각 계급의 도수에 정비례한다.

③ (직사각형의 넓이의 합)={(각 계급의 크기)×(그 계급의 도수)}의 총합
     =(계급의 크기)×(도수의 총합)

•개념 확인하기

•정답 및 해설 56쪽

1 다음은 어느 반 학생들이 감귤 따기 체험에서 수확한 감귤의 개수를 조사하여 나타낸 도수분포표
이다. 이 도수분포표를 히스토그램으로 나타내시오.

감귤의 개수(개)	학생 수(명)
$30^{이상} \sim 35^{미만}$	4
35 ~40	8
40 ~45	12
45 ~50	7
50 ~55	4
합계	35

⇨

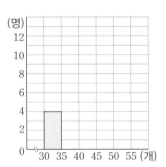

2 오른쪽은 어느 반 학생들의 영어 점수를 조사하여 나타낸 히스
토그램이다. 다음 물음에 답하시오.

(1) 계급의 크기와 계급의 개수를 각각 구하시오.

(2) 전체 학생 수를 구하시오.

(3) 도수가 가장 큰 계급을 구하시오.

(4) 영어 점수가 60점 이상 70점 미만인 학생 수를 구하시오.

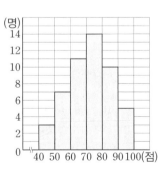

• 예제 **1** 히스토그램의 이해

다음은 어느 반 학생들의 일주일 동안의 운동 시간을 조사하여 나타낸 히스토그램이다. 물음에 답하시오.

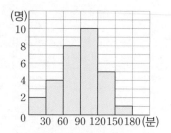

(1) 도수가 가장 작은 계급을 구하시오.

(2) 전체 학생 수를 구하시오.

(3) 운동 시간이 120분 이상인 학생은 전체의 몇 % 인지 구하시오.

[해결 포인트]

히스토그램에서

• 직사각형의 가로의 길이 ➡ 계급의 크기

• 직사각형의 세로의 길이 ➡ 각 계급의 도수

👆한번 더!

1-1 오른쪽은 일정 기간 동안 어느 도시의 하루 동안의 미세 먼지 평균 농도를 조사하여 나타낸 히스토그램이다. 다음 중 옳은 것을 모두 고르면?

(정답 2개)

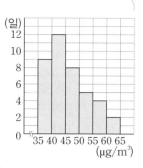

① 조사한 날수는 50일이다.

② 미세 먼지 평균 농도가 가장 높은 날의 농도는 $65 \ \mu g/m^3$이다.

③ 도수가 가장 큰 계급은 $40 \ \mu g/m^3$ 이상 $45 \ \mu g/m^3$ 미만이다.

④ 도수가 가장 작은 계급의 직사각형의 넓이가 가장 작다.

⑤ 미세 먼지 평균 농도가 $40 \ \mu g/m^3$ 이상 $50 \ \mu g/m^3$ 미만인 날수는 $50 \ \mu g/m^3$ 이상인 날수의 2배이다.

• 예제 **2** 일부가 보이지 않는 히스토그램

오른쪽 그림은 대호네 반 학생 30명의 과학 점수를 조사하여 나타낸 히스토그램인데 일부가 찢어져 보이지 않는다. 다음 물음에 답하시오.

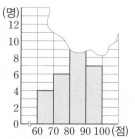

(1) 과학 점수가 80점 이상 90점 미만인 학생 수를 구하시오.

(2) 과학 점수가 10번째로 높은 학생이 속하는 계급을 구하시오.

[해결 포인트]

도수의 총합을 이용하여 보이지 않는 계급의 도수를 먼저 구한다.

👆한번 더!

2-1 오른쪽 그림은 호진이네 반 학생들의 공 던지기 기록을 조사하여 나타낸 히스토그램인데 일부가 찢어져 보이지 않는다. 공 던지기 기록이 40 m 이상 50 m 미만인 학생이 전체의 20 %일 때, 다음 물음에 답하시오.

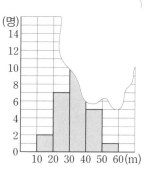

(1) 호진이네 반 전체 학생 수를 구하시오.

(2) 공 던지기 기록이 30 m 이상 40 m 미만인 학생 수를 구하시오.

(1) 도수분포다각형

히스토그램에서 각 직사각형의 윗변의 중앙의 점을 차례로 선분으로 연결하여 그린 그래프

참고 도수분포다각형을 그리는 방법

❶ 히스토그램에서 각 직사각형의 윗변의 중앙에 점을 찍는다.

❷ 양 끝에 도수가 0인 계급이 하나씩 더 있는 것으로 생각하고, 그 중앙에 점을 찍는다.

❸ ❶, ❷에서 찍은 점들을 선분으로 연결한다.

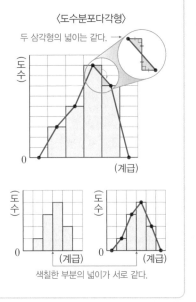

〈도수분포다각형〉

두 삼각형의 넓이는 같다.

(2) 도수분포다각형의 특징

① 자료의 분포 상태를 연속적으로 알아볼 수 있다.

② 두 개 이상의 자료의 분포 상태를 비교하는 데 편리하다.

③ (도수분포다각형과 가로축으로 둘러싸인 부분의 넓이) = (히스토그램의 각 직사각형의 넓이의 합)

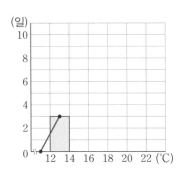

색칠한 부분의 넓이가 서로 같다.

• **개념 확인하기**

• 정답 및 해설 57쪽

1 다음은 어느 지역의 일정 기간 동안의 최저 기온을 조사하여 나타낸 도수분포표이다. 이 도수분포표를 히스토그램과 도수분포다각형으로 각각 나타내시오.

최저 기온(℃)	날수(일)
$12^{이상} \sim 14^{미만}$	3
14 ~ 16	8
16 ~ 18	10
18 ~ 20	7
20 ~ 22	2
합계	30

2 오른쪽은 어느 반 학생들의 50 m 달리기 기록을 조사하여 나타낸 도수분포다각형이다. 다음 물음에 답하시오.

⑴ 계급의 크기와 계급의 개수를 각각 구하시오.

⑵ 전체 학생 수를 구하시오.

⑶ 도수가 가장 큰 계급과 가장 작은 계급을 각각 구하시오.

⑷ 도수가 6명인 계급을 구하시오.

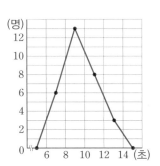

예제 1 도수분포다각형의 이해

오른쪽은 미주네 반 학생들의 하루 동안의 수면 시간을 조사하여 나타낸 도수분포다각형이다. 다음을 구하시오.

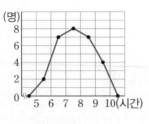

(1) 계급의 개수
(2) 미주네 반 전체 학생 수
(3) 수면 시간이 8시간 미만인 학생 수
(4) 수면 시간이 8시간 40분인 학생이 속하는 계급의 도수

[해결 포인트]
도수분포다각형에서 계급의 개수를 셀 때 양 끝에 도수가 0인 계급은 생각하지 않는다.

🖑 한번 더!

1-1 오른쪽은 지아네 반 학생들의 영어 점수를 조사하여 나타낸 도수분포다각형이다. 다음 중 옳지 않은 것은?

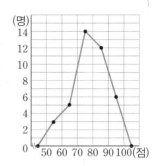

① 계급의 개수는 5개이다.
② 지아네 반 전체 학생 수는 40명이다.
③ 영어 점수가 80점 이상인 학생 수는 12명이다.
④ 영어 점수가 낮은 쪽에서 9번째인 학생이 속하는 계급은 70점 이상 80점 미만이다.
⑤ 도수분포다각형과 가로축으로 둘러싸인 부분의 넓이는 400이다.

예제 2 일부가 보이지 않는 도수분포다각형

다음은 어느 반 학생 25명의 주말 동안의 독서 시간을 조사하여 나타낸 도수분포다각형인데 일부가 찢어져 보이지 않는다. 물음에 답하시오.

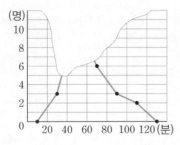

(1) 독서 시간이 40분 이상 60분 미만인 학생 수를 구하시오.
(2) 독서 시간이 60분 미만인 학생은 전체의 몇 % 인지 구하시오.

[해결 포인트]
도수의 총합을 이용하여 보이지 않는 계급의 도수를 먼저 구한다.

🖑 한번 더!

2-1 다음은 주영이네 반 학생들의 던지기 기록을 조사하여 나타낸 도수분포다각형인데 일부가 찢어져 보이지 않는다. 던지기 기록이 20 m 이상 25 m 미만인 학생이 전체의 20 %일 때, 물음에 답하시오.

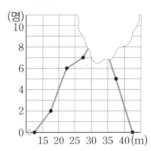

(1) 주영이네 반 전체 학생 수를 구하시오.
(2) 던지기 기록이 30 m 이상 35 m 미만인 학생 수를 구하시오.
(3) 던지기 기록이 30 m 이상인 학생은 전체의 몇 % 인지 구하시오.

상대도수

(1) **상대도수**: 전체 도수에 대한 각 계급의 도수의 비율

$$\Rightarrow (어떤 계급의 상대도수) = \frac{(그 계급의 도수)}{(도수의 총합)}$$

참고 • (어떤 계급의 도수) = (도수의 총합)×(그 계급의 상대도수)

• (도수의 총합) = $\dfrac{(그 계급의 도수)}{(어떤 계급의 상대도수)}$

(2) **상대도수의 분포표**: 각 계급의 상대도수를 나타낸 표

(3) **상대도수의 특징**

① 상대도수의 총합은 항상 1이고, 상대도수는
   0 이상이고 1 이하인 수이다.

② 각 계급의 상대도수는 그 계급의 도수에 정비례한다.

③ 도수의 총합이 다른 두 자료의 분포 상태를 비교할 때
   상대도수를 이용하면 편리하다.

참고 상대도수에 100을 곱하면 전체에서 그 도수가 차지하는 백분율을
알 수 있다.

〈상대도수의 분포표〉

계급(kg)	도수(명)	상대도수
$40^{이상} \sim 45^{미만}$	②	$\frac{2}{8}=0.25$
45 ~ 50	1	$\frac{1}{8}=0.125$
50 ~ 55	3	$\frac{3}{8}=0.375$
55 ~ 60	2	$\frac{2}{8}=0.25$
합계	⑧	1

• 개념 확인하기

• 정답 및 해설 58쪽

1 다음은 민주네 반 학생 25명이 한 달 동안 받은 이메일의 개수를 조사하여 나타낸 상대도수의 분포표이다. 물음에 답하시오.

개수(개)	도수(명)	상대도수
$5^{이상} \sim 10^{미만}$	3	
10 ~ 15	7	
15 ~ 20	9	
20 ~ 25	4	
25 ~ 30	2	
합계	25	A

(1) 각 계급의 상대도수를 구하여 위의 표를 완성하시오.

(2) A의 값을 구하시오.

2 다음 □ 안에 알맞은 수를 쓰시오.

(1) 어떤 계급의 상대도수가 0.2이고 도수의 총합이 40일 때, 이 계급의 도수

$\Rightarrow$ (어떤 계급의 도수)
   = (도수의 총합)×(그 계급의 상대도수)
   = $40 \times \boxed{} = \boxed{}$

(2) 어떤 계급의 도수가 13이고 상대도수가 0.52일 때, 도수의 총합

$\Rightarrow$ (도수의 총합) = $\dfrac{(그 계급의 도수)}{(어떤 계급의 상대도수)}$

   = $\dfrac{13}{\boxed{}} = \boxed{}$

• 예제 1 상대도수의 분포표의 이해

다음은 어느 중학교 학생들의 하루 평균 가족과의 대화 시간을 조사하여 나타낸 상대도수의 분포표이다. 물음에 답하시오.

대화 시간(분)	도수(명)	상대도수
$10^{이상} \sim 20^{미만}$	A	0.16
20 $\sim$ 30	13	B
30 $\sim$ 40	16	0.32
40 $\sim$ 50	7	D
50 $\sim$ 60	6	0.12
합계	C	E

(1) 위의 표에서 $A \sim E$의 값을 각각 구하시오.
(2) 대화 시간이 30분 이상 40분 미만인 학생은 전체의 몇 %인지 구하시오.

[해결 포인트]

상대도수의 분포표에서 각 계급의 상대도수는 그 계급의 도수에 정비례하고, 상대도수의 총합은 항상 1이다.

👆**한번 더!**

1-1 다음은 볼링 동아리 학생들이 한 달 동안 볼링장을 방문한 횟수를 조사하여 나타낸 상대도수의 분포표이다. 물음에 답하시오.

방문 횟수(회)	도수(명)	상대도수
$0^{이상} \sim 4^{미만}$	2	0.1
4 $\sim$ 8	A	0.25
8 $\sim$ 12	9	B
12 $\sim$ 16	C	D
16 $\sim$ 20	1	0.05
합계	20	1

(1) A, B, C, D의 값을 각각 구하시오.
(2) 볼링장을 방문한 횟수가 많은 쪽에서 3번째인 학생이 속하는 계급의 상대도수를 구하시오.

Ⅲ·5

• 예제 2 상대도수, 도수, 도수의 총합 사이의 관계

다음을 구하시오.

(1) 도수의 총합이 40일 때, 상대도수가 0.25인 계급의 도수
(2) 도수가 15인 계급의 상대도수가 0.3일 때, 도수가 10인 계급의 상대도수
(3) 도수가 24인 계급의 상대도수가 0.6일 때, 상대도수가 0.15인 계급의 도수

[해결 포인트]

· (어떤 계급의 상대도수)$=\dfrac{(\text{그 계급의 도수})}{(\text{도수의 총합})}$
· (어떤 계급의 도수)$=$(도수의 총합)$\times$(그 계급의 상대도수)

👆**한번 더!**

2-1 어느 댄스 대회에서 참가자들의 점수를 매겨 본선 진출자를 정한다고 한다. 다음은 참가자들의 점수를 조사하여 나타낸 상대도수의 분포표인데 일부에 얼룩이 생겨 보이지 않는다. 물음에 답하시오.

점수(점)	도수(명)	상대도수
$40^{이상} \sim 50^{미만}$	4	0.05
50 $\sim$ 60		0.1
60 $\sim$ 70		
70 $\sim$ 80		

(1) 전체 참가자의 수를 구하시오.
(2) 점수가 50점 이상 60점 미만인 참가자의 수를 구하시오.

상대도수의 분포를 나타낸 그래프

상대도수의 분포표를 히스토그램이나 도수분포다각형과 같은 모양으로
나타낸 그래프를 상대도수의 분포를 나타낸 그래프라 한다.

참고 상대도수의 분포를 나타낸 그래프를 그리는 방법
❶ 가로축에 각 계급의 양 끝 값을 차례로 표시한다.
❷ 세로축에 상대도수를 차례로 표시한다.
❸ 히스토그램이나 도수분포다각형과 같은 모양으로 그린다.

〈상대도수의 분포를 나타낸 그래프〉

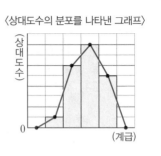

•정답 및 해설 58쪽

•개념 확인하기

1 다음은 어느 모둠의 학생 50명이 가지고 있는 필기구의 개수를 조사하여 나타낸 상대도수의 분포
표이다. 이 상대도수의 분포표를 도수분포다각형 모양의 그래프로 나타내시오.

필기구의 개수(개)	상대도수
2^{이상} ~ 4^{미만}	0.04
4 ~ 6	0.26
6 ~ 8	0.4
8 ~ 10	0.18
10 ~ 12	0.12
합계	1

⇨

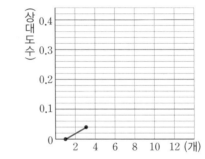

2 오른쪽은 어느 중학교 1학년 학생 60명의 키에 대한 상대
도수의 분포를 나타낸 그래프이다. 다음 물음에 답하시오.

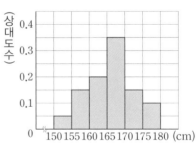

(1) 상대도수가 가장 큰 계급과 가장 작은 계급을 차례로
구하시오.

(2) 도수가 가장 큰 계급과 가장 작은 계급을 차례로 구
하시오.

(3) 160 cm 이상 165 cm 미만인 계급의 상대도수를 구하시오.

(4) 160 cm 이상 165 cm 미만인 계급의 도수를 구하시오.

(5) 키가 160 cm 이상 165 cm 미만인 학생은 전체의 몇 %인지 구하시오.

•예제 **1** 상대도수의 분포를 나타낸 그래프의 이해

아래는 어느 지역 50곳의 3월 동안의 일별 최고 기온에 대한 상대도수의 분포를 나타낸 그래프이다. 다음 중 옳은 것은?

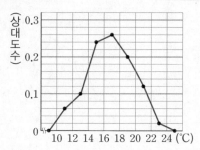

① 상대도수가 가장 큰 계급은 14 ℃ 이상 16 ℃ 미만이다.
② 도수가 가장 작은 계급은 10 ℃ 이상 12 ℃ 미만이다.
③ 상대도수의 총합은 도수의 총합과 같다.
④ 최고 기온이 18 ℃ 이상 20 ℃ 미만인 지역은 8곳이다.
⑤ 최고 기온이 14 ℃ 미만인 지역은 전체의 16 % 이다.

[해결 포인트]
• (어떤 계급의 도수)=(도수의 총합)×(그 계급의 상대도수)
• 각 계급의 상대도수는 그 계급의 도수에 정비례한다.

☞ **한번 더!**

1-1 다음은 민이네 반 학생 50명이 놀이공원에서 놀이 기구를 타려고 기다린 시간에 대한 상대도수의 분포를 나타낸 그래프이다. 물음에 답하시오.

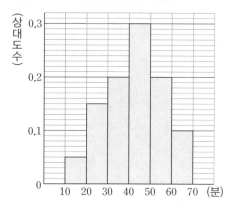

⑴ 40분 미만인 계급의 상대도수의 합을 구하시오.
⑵ 기다린 시간이 40분 미만인 학생 수를 구하시오.

1-2 다음은 연수네 반 학생들이 1분 동안 한 턱걸이 횟수에 대한 상대도수의 분포를 나타낸 그래프이다. 도수가 가장 큰 계급에 속하는 학생이 18명일 때, 물음에 답하시오.

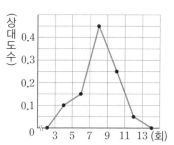

⑴ 연수네 반 전체 학생 수를 구하시오.
⑵ 턱걸이 횟수가 3회 이상 7회 미만인 학생 수를 구하시오.
⑶ 턱걸이 횟수가 9회 이상인 학생은 전체의 몇 %인지 구하시오.

III•5

• 예제 **2** **도수의 총합이 다른 두 집단의 비교**

다음은 A중학교와 B중학교 학생들의 하루 동안의 자습 시간에 대한 상대도수의 분포를 나타낸 그래프이다. 물음에 답하시오.

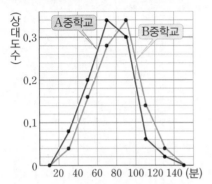

(1) B중학교에서 자습 시간이 60분 이상 80분 미만인 학생 수는 B중학교에서 자습 시간이 100분 이상 120분 미만인 학생 수의 몇 배인지 구하시오.

(2) A중학교에서 자습 시간이 1시간 미만인 학생 수가 56명일 때, A중학교의 전체 학생 수를 구하시오.

(3) A, B 두 중학교 중 어느 쪽의 자습 시간이 대체적으로 더 길다고 할 수 있는지 구하시오.

[해결 포인트]

도수의 총합이 다른 두 자료를 비교할 때는 상대도수의 분포를 나타낸 그래프를 이용하면 편리하다.

➡ 그래프가 오른쪽으로 치우쳐 있을수록 큰 변량이 많다.

👆 **한번 더!**

2-1 다음은 메가 중학교 남학생 250명과 여학생 150명의 100 m 달리기 기록에 대한 상대도수의 분포를 나타낸 그래프이다. 물음에 답하시오.

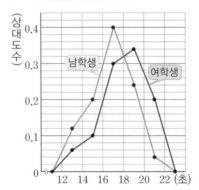

(1) 100 m 달리기 기록이 18초 이상 20초 미만인 학생은 남학생과 여학생 중 어느 쪽이 더 많은지 구하시오.

(2) 여학생과 남학생 중 어느 쪽이 대체적으로 더 빠르다고 할 수 있는지 구하시오.

2-2 다음은 준일이네 반 여학생과 남학생의 수학 점수를 조사하여 나타낸 도수분포표이다. 물음에 답하시오.

수학 점수(점)	학생 수(명)	
	여학생	남학생
50^{이상} ~ 60^{미만}	3	3
60 ~ 70	5	4
70 ~ 80	7	6
80 ~ 90	9	5
90 ~ 100	1	2
합계	25	20

(1) 여학생과 남학생의 도수가 같은 계급의 상대도수를 각각 구하시오.

(2) 수학 점수가 60점 미만인 학생의 비율은 여학생과 남학생 중 어느 쪽이 더 높은지 구하시오.

1

5개의 변량 a, b, c, d, e의 평균이 4일 때, 다음 자료의 평균을 구하시오.

$a+2$,	$b-1$,	$c+7$,	$d-2$,	$e+4$

2 중요

오른쪽은 경수네 반 학생 15명이 1년 동안 여행을 다녀온 횟수를 조사하여 나타낸 막대그래프이다. 여행을 다녀온 횟수의 평균이 a회, 중앙값이 b회, 최빈값이 c회일 때, $a+b+c$의 값은?

① 8.8   ② 8.9   ③ 9

④ 9.1   ⑤ 9.2

3

다음 자료의 대푯값으로 가장 적절한 것을 평균, 중앙값, 최빈값 중에서 말하고, 그 값을 구하시오.

21,	16,	25,	23,	20,	326

4

다음 자료의 평균과 최빈값이 같을 때, x의 값을 구하시오.

85,	93,	78,	84,	x

5 중요

아래는 은주네 반 학생들의 체육 수행평가 점수를 조사하여 나타낸 줄기와 잎 그림이다. 다음 중 옳지 <u>않은</u> 것을 모두 고르면? (정답 2개)

(0|2는 2점)

줄기	잎
0	2 5 8 9
1	0 2 4 5
2	0 0 3 4 6 6
3	2 2 2 3 5 7 8
4	2 4 7 9

① 은주네 반 전체 학생 수는 25명이다.
② 학생 수가 가장 많은 점수대는 30점대이다.
③ 점수가 10점 미만인 학생은 전체의 20 %이다.
④ 은주의 점수가 33점일 때, 은주보다 점수가 높은 학생 수는 4명이다.
⑤ 점수가 낮은 쪽에서 6번째인 학생의 점수는 12점이다.

[6~7] 다음은 어느 중학교 1학년 1반과 2반 학생들의 팔굽혀펴기 기록을 조사하여 나타낸 줄기와 잎 그림이다. 물음에 답하시오.

(1|0은 10회)

잎(1반)					줄기	잎(2반)				
			4	2	1	0	2	5		
	9	6	5	1	2	0	2	3	4	7
8	8	7	3	2	3	2	4	9		
		8	5	0	4	4	6	7		

6

팔굽혀펴기를 가장 많이 한 학생은 1반과 2반 중 어느 반 학생인지 구하시오.

7 중요

팔굽혀펴기 횟수가 25회 이상 35회 미만인 학생은 1반과 2반 중 어느 반이 몇 명 더 많은지 구하시오.

8 중요

오른쪽은 혜리네 반 학생 20명의 몸무게를 조사하여 나타낸 도수분포표이다. 다음 중 옳지 <u>않은</u> 것은?

몸무게(kg)	학생 수(명)
40^{이상} ~ 45^{미만}	2
45 ~ 50	4
50 ~ 55	
55 ~ 60	6
60 ~ 65	3
합계	20

① 몸무게가 50 kg 이상 55 kg 미만인 학생 수는 5명이다.

② 도수가 가장 큰 계급의 계급값은 57.5 kg이다.

③ 몸무게가 50 kg 이상인 학생 수는 14명이다.

④ 몸무게가 7번째로 많이 나가는 학생이 속하는 계급의 도수는 5명이다.

⑤ 몸무게가 40 kg 이상 50 kg 미만인 학생은 전체의 30 %이다.

[9~11] 다음은 성훈이네 반 학생들의 일주일 동안의 운동 시간을 조사하여 나타낸 히스토그램이다. 물음에 답하시오.

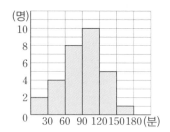

9

성훈이네 반 전체 학생 수를 구하시오.

10

계급의 크기를 a분, 계급의 개수를 b개, 도수가 가장 작은 계급을 c분 이상 d분 미만이라 할 때, $a+b+c-d$의 값을 구하시오.

11

운동 시간이 120분 이상인 학생은 전체의 몇 %인지 구하시오.

12 ●●●

오른쪽 그림은 지원이네 반 학생 40명이 여름 방학 동안 읽은 책의 수를 조사하여 나타낸 히스토그램인데 일부가 찢어져 보이지 않는다. 읽은 책의 수가 7권 이상 9권 미만인 학생이 전체의 20%일 때, 읽은 책의 수가 5권 이상 7권 미만인 학생 수를 구하시오.

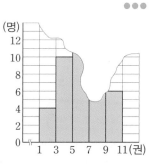

13 중요 ●●○

아래는 어느 반 학생들의 앉은키를 조사하여 나타낸 도수분포다각형이다. 다음 |보기| 중 옳은 것을 모두 고른 것은?

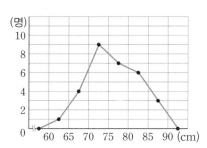

┌ 보기 ┐

ㄱ. 전체 학생 수는 35명이다.

ㄴ. 도수가 가장 큰 계급의 도수는 9명이다.

ㄷ. 앉은키가 80 cm 이상인 학생 수는 10명이다.

ㄹ. 80 cm 이상 85 cm 미만인 계급의 상대도수는 0.2이다.

① ㄱ, ㄴ ② ㄱ, ㄹ ③ ㄴ, ㄷ
④ ㄴ, ㄹ ⑤ ㄷ, ㄹ

14 ●●○

다음은 일부가 찢어진 상대도수의 분포표이다. 4 이상 8 미만인 계급의 도수를 구하시오.

계급	도수(명)	상대도수
$0^{이상} \sim 4^{미만}$	4	0.08
4 ~ 8		0.24

15 ●●●

오른쪽 그림은 동민이네 반 학생 40명의 일주일 동안의 스마트폰 사용 시간에 대한 상대도수의 분포를 나타낸 그래프이다. 스마트폰 사용 시간이 10번째로 많은 학생이 속하는 계급을 구하시오.

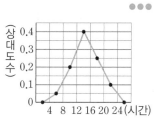

16 중요 ●●●

아래는 어느 중학교 1학년 여학생과 남학생의 일주일 동안의 음악 스트리밍 서비스 이용 횟수에 대한 상대도수의 분포를 나타낸 그래프이다. 다음 |보기| 중 옳은 것을 모두 고르시오.

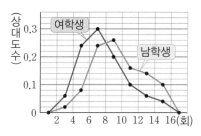

┌ 보기 ┐

ㄱ. 전체 여학생 수와 전체 남학생 수는 같다.

ㄴ. 남학생이 여학생보다 서비스 이용 횟수가 대체적으로 더 많은 편이다.

ㄷ. 서비스 이용 횟수가 6시간 이상 10시간 미만인 남학생은 남학생 전체의 50%이다.

서술형

17
다음은 학생 10명의 제기차기 횟수를 조사하여 나타낸 자료이다. 이 자료의 평균이 7회일 때, 중앙값과 최빈값의 합을 구하시오. (단, 풀이 과정을 자세히 쓰시오.)

(단위: 회)

4, 6, 8, 9, a, 10, 9, 4, 8, 6

풀이

답

18
오른쪽은 연주네 학교 1학년 학생들이 받은 상점을 조사하여 나타낸 도수분포표이다. 10점 이상 15점 미만인 계급의 도수가 15점 이상 20점 미만인 계급의 도수의 3배일 때, 상점이 15점 이상인 학생 수를 구하시오. (단, 풀이 과정을 자세히 쓰시오.)

상점(점)	학생 수(명)
0^{이상} ~ 5^{미만}	58
5 ~ 10	36
10 ~ 15	
15 ~ 20	
20 ~ 25	12
합계	214

풀이

답

19
오른쪽은 기은이네 반 학생들이 농촌 체험에서 수확한 고구마의 개수를 조사하여 나타낸 도수분포다각형이다. 수확한 고구마의 개수가 적은 쪽에서 10 % 이내에 속하는 학생들이 뒷정리를 한다고 할 때, 기은이가 뒷정리를 하지 않으려면 고구마를 적어도 몇 개 이상 수확해야 하는지 구하시오.
(단, 풀이 과정을 자세히 쓰시오.)

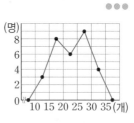

풀이

답

20
오른쪽 그림은 지오네 반 학생들의 하루 동안의 수면 시간에 대한 상대도수의 분포를 나타낸 그래프인데 일부가 찢어져 보이지 않는다. 수면 시간이 5시간 이상 6시간 미만인 학생 수가 6명일 때, 수면 시간이 7시간 이상 8시간 미만인 학생 수를 구하시오.
(단, 풀이 과정을 자세히 쓰시오.)

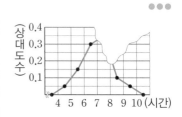

풀이

답

1 마인드맵으로 개념 구조화!

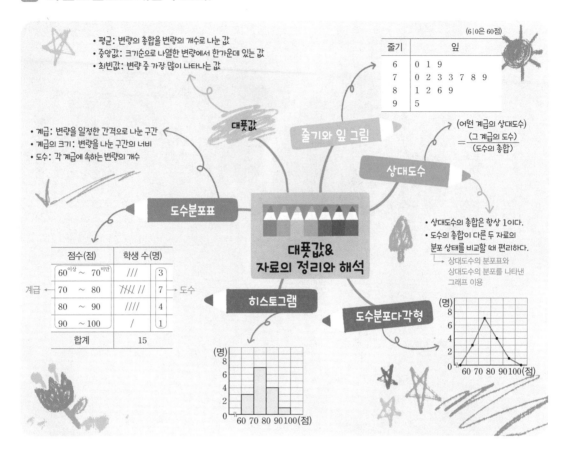

2 OX 문제로 개념 점검!

옳은 것은 ○, 옳지 않은 것은 ×를 택하시오.

· 정답 및 해설 62쪽

❶ 6개의 변량 1, 2, 3, 4, 5, 6의 중앙값은 3과 4이다.　　　　　　　　　　　　　　　　　　　　○ | ×

❷ 4개의 변량 1, 1, 2, 3의 최빈값은 1이다.　　　　　　　　　　　　　　　　　　　　　　　　○ | ×

❸ 줄기와 잎 그림을 그릴 때, 잎에는 중복되는 수를 한 번만 쓴다.　　　　　　　　　　　　　　○ | ×

❹ 도수분포표에서 계급의 양 끝 값의 차, 즉 구간의 너비를 도수라 한다.　　　　　　　　　　　○ | ×

❺ 히스토그램의 각 직사각형에서 가로의 길이는 계급의 크기, 세로의 길이는 계급의 도수를 나타낸다.　○ | ×

❻ 도수분포다각형에서 각 계급의 도수를 구할 수 있다.　　　　　　　　　　　　　　　　　　　○ | ×

❼ 하나의 도수분포표에서 계급 A의 도수가 계급 B의 도수보다 크면 계급 A의 상대도수는　　　○ | ×
　계급 B의 상대도수보다 크다.

❽ 어떤 계급의 상대도수가 0.2이고 도수의 총합이 50일 때, 이 계급의 도수는 10이다.　　　　○ | ×

❾ 도수의 총합과 상대도수의 총합은 각각 항상 같다.　　　　　　　　　　　　　　　　　　　　○ | ×

MEMO.

수학이 쉬워지는 완벽한 솔루션

완쏠 개념

중등수학

1-2

워크북

이 책의 짜임새

반복하여 연습하면 자신감이 UP!

완쏠 개념 중등수학1-2 본책의 필수 개념 각각에 대하여 그 개념에 해당하는 워크북을 바로 반복 연습합니다.

완쏠 "본책"으로
첫 번째 학습

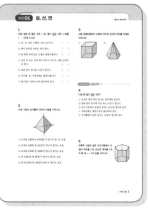

완쏠 "워크북"으로
반복 학습

→ 더욱
완벽한
개념 학습

이런 학생들은 워크북을 꼭 풀어 보세요!

✔ 완쏠 본책을 공부한 후, 개념 이해력을 더욱 강화하고 싶다!

✔ 완쏠 본책을 공부한 후, 추가 공부할 과제가 필요하다!

이 책의 차례

• 정답 및 해설 63쪽

1

다음 설명 중 옳은 것은 ○표, 옳지 않은 것은 ×표를
( ) 안에 쓰시오.

⑴ 점, 선, 면은 도형의 기본 요소이다.   (   )

⑵ 점이 움직인 자리는 면이 된다.   (   )

⑶ 한 평면 위에 있는 도형은 평면도형이다.   (   )

⑷ 선과 선 또는 선과 면이 만나서 생기는 점을 교점이
   라 한다.   (   )

⑸ 면과 면이 만나면 교선이 생긴다.   (   )

⑹ 삼각형, 원, 직육면체는 평면도형이다.   (   )

⑺ 원기둥은 곡면으로만 둘러싸여 있다.   (   )

2

아래 그림의 삼각뿔에 대하여 다음을 구하시오.

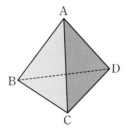

⑴ 모서리 AB와 모서리 BC가 만나서 생기는 교점

⑵ 모서리 AB와 면 ACD가 만나서 생기는 교점

⑶ 모서리 CD와 면 ABD가 만나서 생기는 교점

⑷ 면 ABC와 면 BCD가 만나서 생기는 교선

⑸ 면 ACD와 면 ABD가 만나서 생기는 교선

3

다음 입체도형에서 교점의 개수와 교선의 개수를 차례로
구하시오.

⑴ 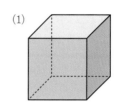   ⑵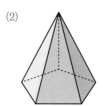

대표 예제 한번 더!

4

다음 중 옳지 않은 것은?

① 교선은 면과 면이 만나는 경우에만 생긴다.
② 면과 면이 만나면 직선 또는 곡선이 생긴다.
③ 삼각기둥에서 교점의 개수는 교선의 개수와 같다.
④ 직육면체는 평면으로만 둘러싸여 있다.
⑤ 사각뿔에서 면의 개수는 교점의 개수와 같다.

5

오른쪽 그림과 같은 오각기둥에서 교
점의 개수를 a개, 교선의 개수를 b개
라 할 때, $a+b$의 값을 구하시오.

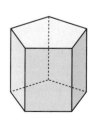

1

다음을 기호로 나타내시오.

(1)

(2)

(3)

(4)

2

다음 기호를 그림으로 나타내시오.

(1) $\overleftrightarrow{PQ}$　　

(2) $\overline{PR}$　　

(3) $\overrightarrow{PQ}$　　

(4) $\overrightarrow{QP}$　　

(5) $\overrightarrow{QR}$　　

3

아래 그림과 같이 직선 l 위에 네 점 A, B, C, D가 있다. 다음 ○ 안에 =, ≠ 중 알맞은 것을 쓰시오.

(1) $\overline{AB}$ ○ $\overline{BC}$

(2) $\overleftrightarrow{AB}$ ○ $\overleftrightarrow{BC}$

(3) $\overrightarrow{AB}$ ○ $\overrightarrow{BC}$

(4) $\overrightarrow{AB}$ ○ $\overrightarrow{AC}$

(5) $\overrightarrow{AB}$ ○ $\overrightarrow{AC}$

(6) $\overrightarrow{BA}$ ○ $\overrightarrow{BC}$

(7) $\overline{AC}$ ○ $\overline{CA}$

(8) $\overrightarrow{AC}$ ○ $\overrightarrow{CA}$

대표 예제 **한번 더!**

4

아래 그림과 같이 직선 l 위에 세 점 A, B, C가 있을 때, 다음 중 직선 l을 나타내는 것으로 옳지 <u>않은</u> 것을 모두 고르면? (정답 2개)

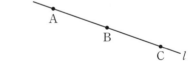

① $\overleftrightarrow{AB}$

② $\overrightarrow{AB}$

③ $\overleftrightarrow{AC}$

④ $\overleftrightarrow{BC}$

⑤ $\overline{AC}$

5

오른쪽 그림과 같이 한 원 위에 네 점 A, B, C, D가 있다. 이 중에서 두 점을 지나는 서로 다른 직선의 개수를 a개, 반직선의 개수를 b개라 할 때, $a+b$의 값을 구하시오.

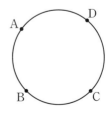

1

아래 그림에서 다음을 구하시오.

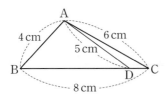

(1) 두 점 A, B 사이의 거리

(2) 두 점 A, C 사이의 거리

(3) 두 점 A, D 사이의 거리

(4) 두 점 B, C 사이의 거리

2

아래 그림에서 다음을 구하시오.

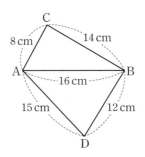

(1) 두 점 A, B 사이의 거리

(2) 두 점 A, C 사이의 거리

(3) 두 점 B, C 사이의 거리

(4) 두 점 B, D 사이의 거리

3

아래 그림에서 점 M은 $\overline{AB}$의 중점이고, 점 N은 $\overline{MB}$의 중점일 때, 다음 ☐ 안에 알맞은 수를 쓰시오.

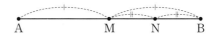

(1) $\boxed{}\,\overline{AB}=\overline{AM}$

(2) $\overline{AB}=\boxed{}\,\overline{MB}$

(3) $\overline{MB}=\boxed{}\,\overline{MN}$

(4) $\overline{MN}=\boxed{}\,\overline{MB}$

(5) $\overline{MN}=\boxed{}\,\overline{AB}$

4

아래 그림에서 점 M이 $\overline{AB}$의 중점일 때, 다음 ☐ 안에 알맞은 수를 쓰시오.

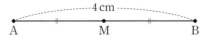

(1) $\overline{AB}=\boxed{}\,\overline{AM}=\boxed{}\,\overline{BM}$

(2) $\overline{AM}=\boxed{}\,\overline{AB}=\boxed{}\,(\mathrm{cm})$

(3) $\overline{BM}=\boxed{}\,\mathrm{cm}$

5

아래 그림에서 점 M은 $\overline{AB}$의 중점이고, 점 N은 $\overline{MB}$의 중점이다. $\overline{AB}=8\,\mathrm{cm}$일 때, 다음을 구하시오.

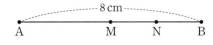

(1) $\overline{AM}$의 길이

(2) $\overline{MN}$의 길이

(3) $\overline{AN}$의 길이

6

아래 그림에서 점 M은 $\overline{AB}$의 중점이고, 점 N은 $\overline{BC}$의 중점이다. $\overline{AB}=8\,\mathrm{cm}$, $\overline{BC}=6\,\mathrm{cm}$일 때, 다음을 구하시오.

(1) $\overline{MB}$의 길이

(2) $\overline{BN}$의 길이

(3) $\overline{MN}$의 길이

대표 예제 한번 더!

7

아래 그림에서 두 점 M, N은 $\overline{AB}$의 삼등분점이다. 다음 중 옳지 <u>않은</u> 것은?

① $\overline{AM}=\overline{NB}$ ② $\overline{AM}=\dfrac{1}{2}\overline{AN}$

③ $\overline{AN}=\overline{MB}$ ④ $\overline{AN}=3\overline{NB}$

⑤ $\overline{AN}=\dfrac{2}{3}\overline{AB}$

8

다음 그림에서 두 점 M, N은 각각 $\overline{AB}$, $\overline{BC}$의 중점이고 $\overline{MN}=6\,\mathrm{cm}$일 때, $\overline{AC}$의 길이는?

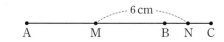

① $8\,\mathrm{cm}$ ② $10\,\mathrm{cm}$ ③ $12\,\mathrm{cm}$

④ $14\,\mathrm{cm}$ ⑤ $16\,\mathrm{cm}$

1

다음 그림에서 ∠a, ∠b를 각각 점 A, B, C를 사용하여
나타낼 때, ☐ 안에 알맞은 것을 쓰시오.

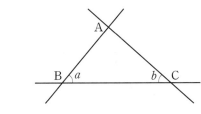

(1) ∠a = ☐ = ☐

(2) ∠b = ☐ = ☐

2

다음 각을 예각, 직각, 둔각, 평각으로 분류하시오.

(1) 45°   (2) 90°

(3) 75°   (4) 115°

(5) 180°   (6) 100°

3

아래 그림에서 다음 각을 예각, 직각, 둔각, 평각으로 분
류하시오.

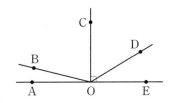

(1) ∠AOB   (2) ∠AOC

(3) ∠AOE   (4) ∠BOC

(5) ∠BOE   (6) ∠COE

대표 예제 **한번 더!**

4

다음 각 중 둔각을 모두 고르시오.

$$35°, \quad 100°, \quad 90°, \quad 85°, \quad 180°, \quad 134°$$

5

다음 그림에서 ∠x의 크기는?

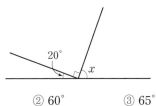

① 55°   ② 60°   ③ 65°

④ 70°   ⑤ 75°

6

다음 그림에서 ∠x의 크기는?

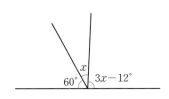

① 29°   ② 30°   ③ 31°

④ 32°   ⑤ 33°

1

아래 그림에서 다음 각의 맞꼭지각을 구하시오.

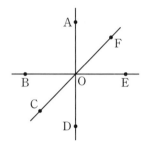

(1) ∠AOB

(2) ∠AOF

(3) ∠FOE

(4) ∠AOE

(5) ∠AOC

2

아래 그림에서 다음 각의 크기를 구하시오.

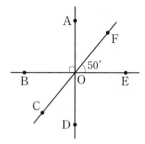

(1) ∠BOC

(2) ∠COD

(3) ∠DOE

(4) ∠AOC

(5) ∠COE

3

다음 그림에서 ∠x의 크기를 구하시오.

(1)

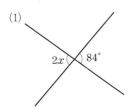

(2)

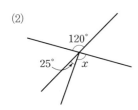

4

다음 그림에서 ∠x, ∠y의 크기를 각각 구하시오.

(1)

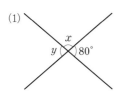

(2)

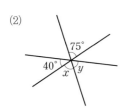

(3)

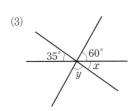

5

다음 그림에서 $x-y$의 값은?

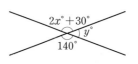

① 10   ② 15   ③ 20

④ 25   ⑤ 30

6

다음 그림에서 ∠x의 크기는?

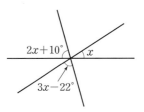

① 30°   ② 31°   ③ 32°

④ 33°   ⑤ 34°

1

아래 그림에 대하여 다음 물음에 답하시오.

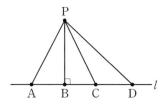

(1) 선분 AD와 선분 PB의 관계를 기호로 나타내시오.

(2) 점 P에서 직선 l에 내린 수선의 발을 구하시오.

(3) 점 P와 직선 l 사이의 거리를 나타내는 선분을 구하시오.

2

아래 그림과 같은 삼각형 ABC에서 다음을 구하시오.

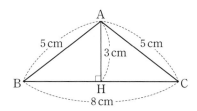

(1) 점 A에서 $\overline{BC}$에 내린 수선의 발

(2) $\overline{BC}$와 수직인 선분

(3) 점 A와 $\overline{BC}$ 사이의 거리

대표 예제 한번 더!

3

아래 그림과 같이 직선 AB와 직선 CD가 서로 수직이고 $\overline{AH}=\overline{BH}$일 때, 다음 중 옳지 않은 것은?

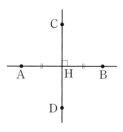

① $\overleftrightarrow{AB}\perp\overleftrightarrow{CD}$

② $\angle AHC=90°$

③ $\overleftrightarrow{CD}$는 $\overline{AB}$의 수직이등분선이다.

④ 점 D에서 $\overleftrightarrow{AB}$에 내린 수선의 발은 점 H이다.

⑤ 점 B와 $\overleftrightarrow{CD}$ 사이의 거리는 $\overline{BC}$의 길이이다.

4

아래 그림과 같은 사다리꼴 ABCD에 대한 설명으로 다음 중 옳은 것은?

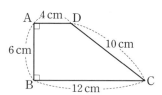

① $\overline{AB}$와 $\overline{AD}$의 교점은 점 B이다.

② $\overline{AB}$와 $\overline{CD}$는 직교한다.

③ $\overline{AD}$의 수선은 $\overline{BC}$이다.

④ 점 D에서 $\overline{AB}$에 내린 수선의 발은 점 B이다.

⑤ 점 A와 $\overline{BC}$ 사이의 거리는 6 cm이다.

1

아래 그림에서 다음을 구하시오.

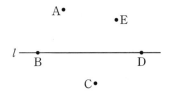

⑴ 직선 l 위에 있는 점

⑵ 직선 l 위에 있지 않은 점

2

아래 그림에서 다음을 구하시오.

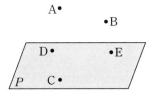

⑴ 평면 P 위에 있는 점

⑵ 평면 P 위에 있지 않은 점

3

아래 그림의 6개의 점 A, B, C, D, E, F에 대하여 다음 설명 중 옳은 것은 ○표, 옳지 <u>않은</u> 것은 ×표를 (   ) 안에 쓰시오.

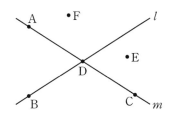

⑴ 점 A는 직선 l 위에 있다.   (   )

⑵ 점 C는 직선 m 밖에 있다.   (   )

⑶ 직선 l은 점 E를 지나지 않는다.   (   )

⑷ 직선 m은 두 점 A, D를 지난다.   (   )

⑸ 점 F는 직선 l 위에 있다.   (   )

⑹ 점 D는 두 직선 l, m 위에 동시에 있다.   (   )

4

아래 그림과 같은 직육면체에서 다음을 구하시오.

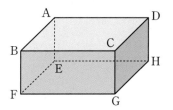

⑴ 꼭짓점 A를 지나는 모서리

⑵ 모서리 AB 위에 있는 꼭짓점

⑶ 면 EFGH 위에 있는 꼭짓점

5

아래 그림과 같은 정육각형에서 다음을 구하시오.

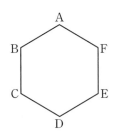

(1) 변 AB와 평행한 변

(2) 변 EF와 평행한 변

(3) 변 AB와 한 점에서 만나는 변

(4) 변 EF와 한 점에서 만나는 변

(5) 교점이 점 D인 두 변

6

아래 그림과 같은 오각형에 대하여 다음 중 옳은 것은 ○표, 옳지 <u>않은</u> 것은 ×표를 ( ) 안에 쓰시오.

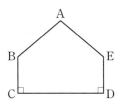

(1) $\overline{AB} /\!/ \overline{ED}$ (   )

(2) $\overline{BC} /\!/ \overline{ED}$ (   )

(3) $\overline{AB} \perp \overline{AE}$ (   )

(4) $\overline{BC} \perp \overline{CD}$ (   )

(5) $\overline{BC} \perp \overline{AB}$ (   )

대표 예제 **한번더!**

7

아래 그림에 대한 설명으로 다음 중 옳지 <u>않은</u> 것은?

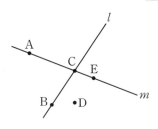

① 점 B는 직선 m 위에 있지 않다.

② 점 C는 직선 l 위에 있지 않다.

③ 점 D는 두 직선 l, m 위에 있지 않다.

④ 직선 l은 점 E를 지나지 않는다.

⑤ 직선 m은 점 C를 지난다.

8

오른쪽 그림과 같은 정육각형에 대한 설명으로 다음 중 옳지 <u>않은</u> 것을 모두 고르면? (정답 2개)

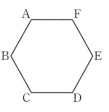

① 직선 BC와 직선 AF는 한 점에서 만난다.

② 직선 AB와 직선 DE는 만나지 않는다.

③ 직선 AB와 직선 CD는 교점이 무수히 많다.

④ 직선 EF와 한 점에서 만나는 직선은 직선 BC이다.

⑤ 직선 CD와 직선 AF는 평행하다.

1

아래 그림과 같은 삼각기둥에서 다음을 구하시오.

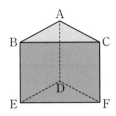

(1) 모서리 AB와 한 점에서 만나는 모서리

(2) 모서리 AB와 평행한 모서리

(3) 모서리 AC와 평행한 모서리

(4) 모서리 AB와 꼬인 위치에 있는 모서리

(5) 모서리 AC와 꼬인 위치에 있는 모서리

2

아래 그림과 같이 밑면이 정육각형인 육각기둥에서 다음을 구하시오.

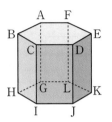

(1) 모서리 AB와 평행한 모서리

(2) 모서리 AF와 평행한 모서리

(3) 모서리 LK와 평행한 모서리

(4) 모서리 AB와 꼬인 위치에 있는 모서리

(5) 모서리 JK와 꼬인 위치에 있는 모서리

3

아래 그림과 같은 직육면체에서 다음 두 모서리의 위치 관계를 말하시오.

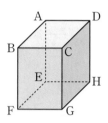

(1) 모서리 AE와 모서리 FG

(2) 모서리 DH와 모서리 GH

(3) 모서리 BF와 모서리 EH

(4) 모서리 EF와 모서리 CD

(5) 모서리 AE와 모서리 CG

대표 예제 한번 더!

4

다음 중 오른쪽 그림과 같은 사각뿔에서 모서리 AB와의 위치 관계가 나머지 넷과 다른 하나는?

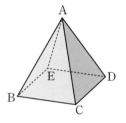

① 모서리 AC
② 모서리 AD
③ 모서리 BC
④ 모서리 BE
⑤ 모서리 CD

5

다음 그림과 같은 삼각기둥에서 모서리 AB와 평행한 모서리의 개수를 a개, 모서리 AB와 꼬인 위치에 있는 모서리의 개수를 b개라 할 때, $a+b$의 값을 구하시오.

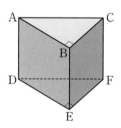

1

아래 그림과 같은 직육면체에서 다음을 구하시오.

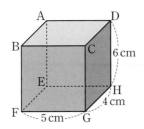

(1) 면 ABCD와 평행한 모서리

(2) 면 ABCD와 수직인 모서리

(3) $\overline{CD}$를 포함하는 면

(4) $\overline{BF}$와 수직인 면

(5) $\overline{EF}$와 한 점에서 만나는 면

(6) 점 F와 면 CGHD 사이의 거리

2

아래 그림과 같이 밑면이 정육각형인 육각기둥에서 다음을 구하시오.

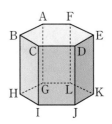

(1) 면 ABCDEF와 평행한 모서리의 개수

(2) 모서리 CD와 평행한 면의 개수

(3) 모서리 BH와 수직인 면의 개수

(4) 모서리 EK와 한 점에서 만나는 면의 개수

(5) 면 CIJD와 평행한 모서리의 개수

(6) 면 ABCDEF와 수직인 모서리의 개수

3

아래 그림과 같은 오각기둥에서 다음을 구하시오.

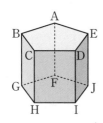

(1) 면 CHID와 평행한 모서리의 개수

(2) 면 ABCDE와 평행한 면의 개수

(3) 면 FGHIJ와 수직인 면의 개수

(4) 면 FGHIJ와 한 모서리에서 만나는 면의 개수

(5) 면 BGHC와 수직인 면의 개수

5

오른쪽 그림과 같은 직육면체에서 점 A와 면 CGHD 사이의 거리를 a cm, 점 F와 면 AEHD 사이의 거리를 b cm라 할 때, $a+b$의 값을 구하시오.

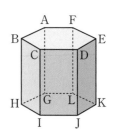

6

오른쪽 그림과 같이 밑면이 정육각형인 육각기둥에서 서로 평행한 두 면은 모두 몇 쌍인지 구하시오.

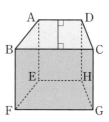

대표 예제 한번 더!

4

오른쪽 그림은 밑면이 사다리꼴인 사각기둥이다. 모서리 AD와 평행한 면의 개수를 x개, 모서리 CG와 수직인 면의 개수를 y개, 면 DHGC에 포함된 모서리의 개수를 z개라 할 때, $x+y+z$의 값을 구하시오.

7

오른쪽 그림은 정육면체를 잘라 만든 삼각기둥이다. 면 ABE와 수직인 면의 개수를 a개, 면 ABCD와 평행한 모서리의 개수를 b개라 할 때, $a+b$의 값을 구하시오.

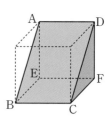

1

아래 그림과 같이 세 직선이 만날 때, 다음 각의 동위각
을 구하시오.

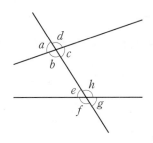

(1) ∠a   (2) ∠b

(3) ∠c   (4) ∠e

(5) ∠f   (6) ∠h

2

아래 그림과 같이 세 직선이 만날 때, 다음 각의 엇각을
구하시오.

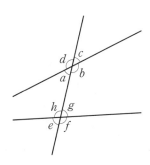

(1) ∠a   (2) ∠b

(3) ∠h   (4) ∠g

3

아래 그림과 같이 세 직선이 만날 때, 다음 ☐ 안에 알맞
은 것을 쓰시오.

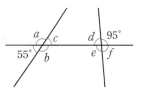

(1) ∠e의 동위각의 크기: ☐°

(2) ∠c의 동위각의 크기: ☐°

(3) ∠a의 동위각의 크기: ☐=☐°

(4) ∠d의 엇각의 크기: ☐=☐°

(5) ∠e의 엇각의 크기: ☐=☐°

대표 예제 **한번 더!** 👆

4

오른쪽 그림과 같이 두 직선
l, m이 다른 한 직선과 만날
때, 다음 중 옳지 <u>않은</u> 것은?

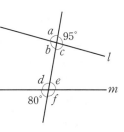

① ∠a의 동위각은 ∠d이다.

② ∠c의 엇각은 ∠d이다.

③ ∠b의 동위각의 크기는
80°이다.

④ ∠e의 엇각의 크기는 85°이다.

⑤ ∠f의 동위각의 크기는 85°이다.

1

다음 그림에서 $l \parallel m$일 때, $\angle x$의 크기를 구하시오.

(1)

(2)
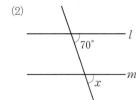

(3)
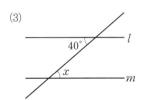

(4)
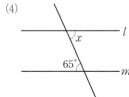

2

다음 그림에서 $l \parallel m$일 때, $\angle x$, $\angle y$의 크기를 각각 구하시오.

(1)
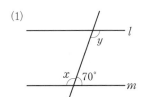

(2)
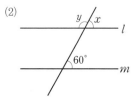

(3)   (4)
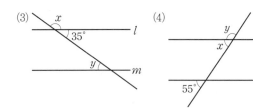

3

다음 그림에서 $l \parallel n \parallel m$일 때, $\angle x$, $\angle y$의 크기를 각각 구하시오.

(1)
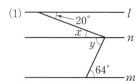

(2)
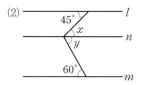

(3)
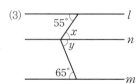

(4)
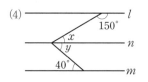

(5)
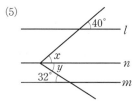

(6)
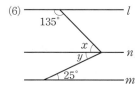

4

다음 그림에서 $l \parallel p \parallel q \parallel m$일 때, $\angle x$, $\angle y$의 크기를 각각 구하시오.

(1)
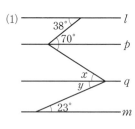

(2)
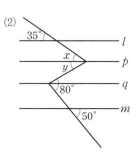

• 정답 및 해설 66쪽

5

다음 그림에서 두 직선 l, m이 평행하면 ○표, 평행하지
않으면 ×표를 ( ) 안에 쓰시오.

(1)

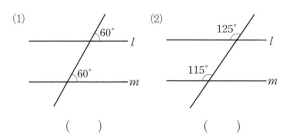

( )

(2)

( )

(3)

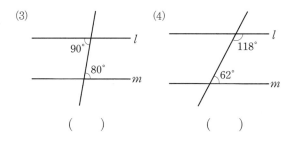

( )

(4)

( )

7

오른쪽 그림에서 $l /\!/ m$일 때,
x, y의 값을 각각 구하시오.

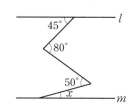

8

오른쪽 그림에서 $l /\!/ m$일 때,
$\angle x$의 크기를 구하시오.

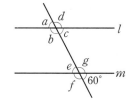

대표 예제 한번 더!

6

다음 중 오른쪽 그림에서
$l /\!/ m$이 되기 위한 조건으로
옳지 <u>않은</u> 것은?

① $\angle a = 60°$

② $\angle b = 120°$

③ $\angle c = 60°$

④ $\angle f = 120°$

⑤ $\angle c + \angle g = 180°$

9

다음 중 두 직선 l, m이 평행하지 <u>않은</u> 것은?

①

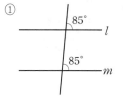

②

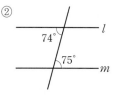

③

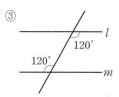

④

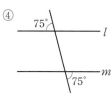

⑤

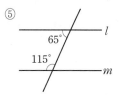

1
다음을 만족시키는 작도 도구의 이름을 말하시오.

(1) 직선을 긋거나 선분을 연장할 때 사용하는 도구

(2) 선분의 길이를 다른 직선 위로 옮길 때 사용하는 도구

(3) 원을 그릴 때 사용하는 도구

2
작도에 대한 다음 설명 중 옳은 것은 ○표, 옳지 <u>않은</u> 것은 ×표를 ( ) 안에 쓰시오.

(1) 눈금 없는 자와 컴퍼스만을 사용하여 도형을 그리는 것이다. ( )

(2) 선분을 연장할 때는 컴퍼스를 사용한다. ( )

(3) 두 점을 지나는 직선을 그릴 때는 눈금 없는 자를 사용한다. ( )

(4) 주어진 선분의 길이를 옮길 때는 컴퍼스를 사용한다.
( )

(5) 주어진 각의 크기를 잴 때는 각도기를 사용한다.
( )

(6) 원을 그릴 때는 컴퍼스를 사용한다. ( )

3
다음은 선분 AB와 길이가 같은 선분 PQ를 작도하는 과정이다. □ 안에 알맞은 것을 쓰시오.

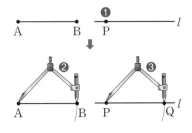

❶ 눈금 없는 자를 사용하여 직선 *l*을 긋고, 그 위에 점 □를 잡는다.

❷ 컴퍼스를 사용하여 □□의 길이를 잰다.

❸ 점 □를 중심으로 반지름의 길이가 □□인 원을 그려 직선과의 교점을 □라 하면 $\overline{AB}$=□이다.

4

다음은 ∠XOY와 크기가 같고 $\overrightarrow{PQ}$를 한 변으로 하는 각을 작도하는 과정이다. □ 안에 알맞은 것을 쓰시오.

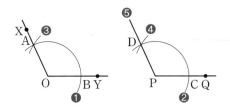

❶ 점 O를 중심으로 □을 그려 $\overrightarrow{OX}$, $\overrightarrow{OY}$와의 교점을 각각 □, □라 한다.

❷ 점 P를 중심으로 $\overline{OA}$의 길이를 반지름으로 하는 원을 그려 □와의 교점을 □라 한다.

❸ 컴퍼스를 사용하여 점 □를 중심으로 $\overline{AB}$의 길이를 □으로 하는 원을 그려 $\overline{AB}$의 길이를 잰다.

❹ 점 □를 중심으로 $\overline{AB}$의 길이를 반지름으로 하는 원을 그려 ❷의 원과의 교점을 □라 한다.

❺ $\overrightarrow{PD}$를 그으면 ∠XOY=□이다.

5

다음은 크기가 같은 각의 작도를 이용하여 직선 l 밖의 한 점 P를 지나고 직선 l과 평행한 직선을 작도하는 과정이다. □ 안에 알맞은 것을 쓰시오.

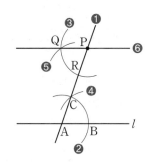

❶ 점 □를 지나는 직선을 그어 직선 l과의 교점을 A라 한다.

❷ 점 A를 중심으로 원을 그려 $\overrightarrow{PA}$, 직선 l과의 교점을 각각 □, □라 한다.

❸ 점 P를 중심으로 □의 길이를 반지름으로 하는 원을 그려 $\overrightarrow{PA}$와의 교점을 □이라 한다.

❹ 컴퍼스를 사용하여 점 □를 중심으로 $\overline{BC}$의 길이를 반지름으로 하는 원을 그려 □의 길이를 잰다.

❺ 점 □을 중심으로 $\overline{BC}$의 길이를 반지름으로 하는 원을 그려 ❸의 원과의 교점을 □라 한다.

❻ $\overleftrightarrow{PQ}$를 그으면 이 직선은 직선 l과 □하다.

대표 예제 한번더! ☞

6

다음 |보기| 중 작도에 대한 설명으로 옳은 것을 모두 고르시오.

┤ 보기 ├

ㄱ. 눈금 없는 자와 각도기만을 사용하여 도형을 그리는 것을 작도라 한다.

ㄴ. 두 선분의 길이를 비교할 때는 컴퍼스를 사용한다.

ㄷ. 선분을 연장할 때는 눈금 없는 자를 사용한다.

ㄹ. 두 점을 연결하는 선분을 그릴 때는 컴퍼스를 사용한다.

7

아래 그림과 같이 선분 AB를 점 B쪽으로 연장하여 길이가 선분 AB의 2배가 되는 선분 AC를 작도할 때, 다음 중 옳지 <u>않은</u> 것은?

① $\overline{AB}=\overline{BC}$

② $\overline{AB}=\dfrac{1}{2}\overline{AC}$

③ $\overline{AB}$의 길이를 옮길 때는 컴퍼스를 사용한다.

④ 점 B를 중심으로 반지름의 길이가 $\overline{AB}$인 원을 그린다.

⑤ 점 C를 중심으로 반지름의 길이가 $\overline{AB}$인 원을 그린다.

8

아래 그림은 ∠XOY와 크기가 같은 각을 $\overrightarrow{PQ}$를 한 변으로 하여 작도한 것이다. 다음 중 옳지 <u>않은</u> 것은?

① $\overline{OA}=\overline{OB}$

② $\overline{OB}=\overline{PC}$

③ $\overline{AB}=\overline{CD}$

④ $\overline{OB}=\overline{CD}$

⑤ ∠AOB=∠CPD

9

아래 그림은 직선 l 밖의 한 점 P를 지나고 직선 l에 평행한 직선 m을 작도한 것이다. 다음 중 옳지 <u>않은</u> 것은?

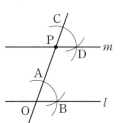

① $\overline{OA}=\overline{OB}$

② $\overline{OA}=\overline{PD}$

③ $\overline{AB}=\overline{PD}$

④ $\overrightarrow{OB}\,/\!/\,\overrightarrow{PD}$

⑤ ∠AOB=∠CPD

1

아래 그림의 △ABC에서 다음을 구하시오.

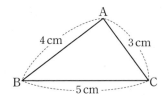

(1) ∠A의 대변의 길이

(2) ∠B의 대변의 길이

(3) ∠C의 대변의 길이

2

아래 그림의 △DEF에서 다음을 구하시오.

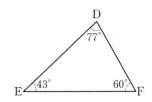

(1) $\overline{\text{DE}}$의 대각의 크기

(2) $\overline{\text{EF}}$의 대각의 크기

(3) $\overline{\text{DF}}$의 대각의 크기

3

세 선분의 길이가 다음과 같을 때, 주어진 세 선분을 이용하여 삼각형을 만들 수 있으면 ○표, 만들 수 없으면 ×표를 ( ) 안에 쓰시오.

⑴ 3 cm, 4 cm, 7 cm (   )

⑵ 2 cm, 5 cm, 8 cm (   )

⑶ 8 cm, 9 cm, 10 cm (   )

⑷ 7 cm, 7 cm, 7 cm (   )

대표 예제 **한번 더!**

4

다음 중 삼각형의 세 변의 길이가 될 수 없는 것을 모두 고르면? (정답 2개)

① 2 cm, 3 cm, 6 cm

② 3 cm, 4 cm, 5 cm

③ 4 cm, 6 cm, 8 cm

④ 5 cm, 5 cm, 10 cm

⑤ 5 cm, 6 cm, 9 cm

5

다음은 삼각형의 세 변의 길이가 5, 12, x일 때, x의 값의 범위를 구하는 과정이다. ☐ 안에 알맞은 수를 쓰시오.

> (ⅰ) 가장 긴 변의 길이가 x일 때
> $x <$ ☐ $+12$이므로 $x <$ ☐
> (ⅱ) 가장 긴 변의 길이가 12일 때
>   ☐ $< 5+x$이므로 $x >$ ☐
> 따라서 (ⅰ), (ⅱ)에서 구하는 x의 값의 범위는
>   ☐ $< x <$ ☐

삼각형의 작도

1

다음과 같이 변의 길이와 각의 크기가 각각 주어졌을 때, △ABC를 오른쪽 그림과 같이 하나로 작도할 수 있는 것은 ○표, 하나로 작도할 수 <u>없는</u> 것은 ✕표를 ( ) 안에 쓰시오.

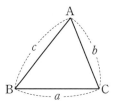

(1) a b

c

( )

(2) a

c

A

( )

(3) a

b

C

( )

(4) c

A B

( )

2

다음은 세 변의 길이가 주어졌을 때, 삼각형을 작도하는 과정이다. ☐ 안에 알맞은 것을 쓰시오.

(1) 길이가 a인 ☐를 작도한다.

(2) 점 B를 중심으로 하고 반지름의 길이가 ☐인 원을 그린다.

(3) 점 C를 중심으로 하고 반지름의 길이가 ☐인 원을 그려 (2)의 원과의 교점을 ☐라 한다.

(4) $\overline{AB}$, ☐를 그으면 ☐가 작도된다.

3

다음은 두 변의 길이와 그 끼인각의 크기가 주어졌을 때, 삼각형을 작도하는 과정이다. ☐ 안에 알맞은 것을 쓰시오.

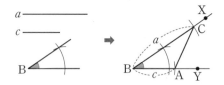

(1) ☐와 크기가 같은 각 ∠XBY를 작도한다.

(2) 점 B를 중심으로 하고 반지름의 길이가 ☐인 원을 그려 반직선 BX와의 교점을 ☐라 한다.

(3) 점 B를 중심으로 하고 반지름의 길이가 ☐인 원을 그려 반직선 BY와의 교점을 ☐라 한다.

(4) ☐를 그으면 △ABC가 작도된다.

4

다음은 한 변의 길이와 그 양 끝 각의 크기가 주어졌을 때, 삼각형을 작도하는 과정이다. ☐ 안에 알맞은 것을 쓰시오.

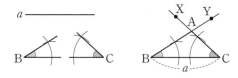

(1) 길이가 a인 ☐를 작도한다.

(2) ∠B와 크기가 같은 ☐, ∠C와 크기가 같은 ☐를 작도한다.

(3) $\overrightarrow{BY}$, $\overrightarrow{CX}$의 교점을 ☐라 하면 △ABC가 작도된다.

5

다음 중 △ABC가 하나로 정해지는 것은 ○표, 하나로 정해지지 않는 것은 ×표를 ( ) 안에 쓰시오.

(1) $\overline{AB}=3\,cm$, $\overline{BC}=6\,cm$, $\overline{CA}=8\,cm$ ( )

(2) ∠A=40°, ∠B=80°, ∠C=60° ( )

(3) $\overline{AB}=5\,cm$, $\overline{BC}=4\,cm$, ∠A=45° ( )

(4) $\overline{AB}=6\,cm$, ∠A=50°, ∠B=70° ( )

(5) $\overline{BC}=9\,cm$, $\overline{CA}=5\,cm$, ∠C=90° ( )

(6) $\overline{AB}=4\,cm$, $\overline{BC}=3\,cm$, $\overline{CA}=9\,cm$ ( )

(7) $\overline{AB}=5\,cm$, $\overline{AC}=7\,cm$, ∠A=30° ( )

(8) $\overline{BC}=4\,cm$, ∠A=30°, ∠C=100° ( )

대표 예제 한번 더!

6

아래 그림과 같이 두 변의 길이와 그 끼인각의 크기가 주어질 때, 다음 중 △ABC의 작도 순서로 옳지 않은 것은?

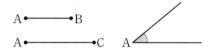

① ∠A → $\overline{AB}$ → $\overline{AC}$ ② $\overline{AB}$ → ∠A → $\overline{AC}$
③ $\overline{AC}$ → ∠A → $\overline{AB}$ ④ $\overline{AC}$ → $\overline{AB}$ → ∠A
⑤ ∠A → $\overline{AC}$ → $\overline{AB}$

7

다음 중 △ABC가 하나로 정해지지 않는 것은?

① $\overline{AB}=5\,cm$, $\overline{BC}=10\,cm$, $\overline{CA}=8\,cm$
② $\overline{AB}=7\,cm$, $\overline{BC}=5\,cm$, ∠A=30°
③ $\overline{AB}=9\,cm$, ∠A=60°, ∠B=50°
④ $\overline{BC}=10\,cm$, $\overline{CA}=6\,cm$, ∠C=30°
⑤ $\overline{BC}=8\,cm$, ∠A=70°, ∠B=50°

8

∠A=45°, $\overline{AB}=6\,cm$일 때, 한 가지 조건을 추가하여 △ABC가 하나로 정해지게 하려고 한다. 이때 필요한 조건으로 알맞은 것을 다음 |보기|에서 모두 고르시오.

| 보기 |

ㄱ. ∠B=135° ㄴ. ∠C=65°
ㄷ. $\overline{BC}=10\,cm$ ㄹ. $\overline{CA}=8\,cm$

1

아래 그림에서 사각형 ABCD와 사각형 EFGH가 합동일 때, 다음을 구하시오.

(1) 점 A의 대응점 (2) 점 D의 대응점

(3) $\overline{\mathrm{AD}}$의 대응변 (4) $\overline{\mathrm{BC}}$의 대응변

(5) ∠B의 대응각 (6) ∠H의 대응각

2

아래 그림에서 △ABC≡△DEF일 때, 다음을 구하시오.

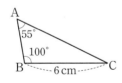 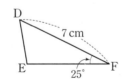

(1) 점 B의 대응점 (2) ∠C의 크기

(3) ∠E의 크기 (4) ∠D의 크기

(5) $\overline{\mathrm{EF}}$의 길이 (6) $\overline{\mathrm{AC}}$의 길이

3

다음 그림에서 △ABC≡△DEF일 때, x, y, z의 값을 차례로 구하시오.

(1)
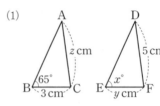

(2)
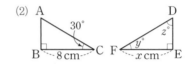

대표 예제 한번 더!

4

아래 그림의 사각형 ABCD와 사각형 EFGH가 합동일 때, 다음 중 옳지 <u>않은</u> 것은?

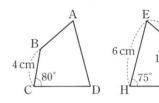

① $\overline{\mathrm{AB}}=3\,\mathrm{cm}$ ② $\overline{\mathrm{FG}}=4\,\mathrm{cm}$ ③ ∠B=140°

④ ∠D=80° ⑤ ∠G=80°

5

다음 중 두 도형이 항상 합동이라고 할 수 <u>없는</u> 것을 모두 고르면? (정답 2개)

① 넓이가 같은 두 직사각형

② 반지름의 길이가 같은 두 원

③ 둘레의 길이가 같은 두 정사각형

④ 세 각의 크기가 각각 같은 두 삼각형

⑤ 반지름의 길이와 중심각의 크기가 각각 같은 두 부채꼴

• 정답 및 해설 69쪽

1

다음 그림의 두 삼각형이 합동일 때, 합동 조건을 말하시오.

(1)
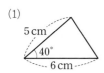

(2)
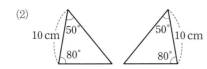

(3)
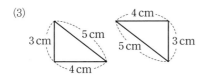

(4)
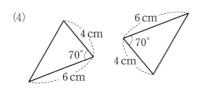

(5)
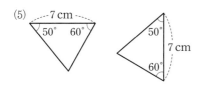

2

아래 그림의 △ABC와 △DEF에서 $\overline{AB}=\overline{DE}$, $\overline{BC}=\overline{EF}$일 때, △ABC≡△DEF가 되기 위해 필요한 조건을 구하려고 한다. □ 안에 알맞은 것을 쓰시오.

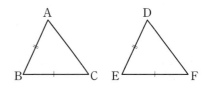

(1) △ABC와 △DEF가 SSS 합동이 되려면 세 변의 길이가 각각 같아야 하므로 $\overline{AC}=$□의 조건이 더 필요하다.

(2) △ABC와 △DEF가 SAS 합동이 되려면 두 변의 길이가 각각 같고, 그 끼인각의 크기가 같아야 하므로 ∠B=□의 조건이 더 필요하다.

3

아래 그림의 △ABC와 △DEF에서 $\overline{BC}=\overline{EF}$, ∠B=∠E일 때, △ABC≡△DEF가 되기 위해 필요한 조건을 구하려고 한다. □ 안에 알맞은 것을 쓰시오.

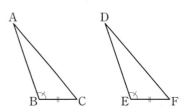

(1) △ABC와 △DEF가 SAS 합동이 되려면 두 변의 길이가 각각 같고, 그 끼인각의 크기가 같아야 하므로 $\overline{AB}=$□의 조건이 더 필요하다.

(2) △ABC와 △DEF가 ASA 합동이 되려면 한 변의 길이와 그 양 끝 각의 크기가 각각 같아야 하므로 ∠A=□ 또는 ∠C=□의 조건이 더 필요하다.

4

아래 그림의 △ABC와 △DEF가 주어진 조건을 만족시킬 때, 두 삼각형이 서로 합동이면 ○표, 합동이 아니면 ×표를 (   ) 안에 쓰시오.

(1) $\overline{AB}=\overline{DE}$, $\overline{BC}=\overline{EF}$, $\overline{AC}=\overline{DF}$ (   )

(2) $\overline{AB}=\overline{DE}$, $\overline{BC}=\overline{EF}$, $\angle B=\angle E$ (   )

(3) $\overline{AB}=\overline{DE}$, $\overline{BC}=\overline{EF}$, $\angle A=\angle D$ (   )

(4) $\overline{AC}=\overline{DF}$, $\angle A=\angle D$, $\angle C=\angle F$ (   )

(5) $\overline{BC}=\overline{EF}$, $\overline{AC}=\overline{DF}$, $\angle B=\angle E$ (   )

5

다음은 아래 그림의 사각형 ABCD에서 $\overline{AB}=\overline{CD}$, $\overline{AD}=\overline{CB}$일 때, △ABD≡△CDB임을 설명하는 과정이다. ☐ 안에 알맞은 것을 쓰시오.

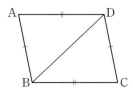

△ABD와 △CDB에서
$\overline{AB}=\overline{CD}$, $\overline{AD}=\overline{CB}$, ☐는 공통
따라서 대응하는 세 변의 길이가 각각 같으므로
△ABD≡☐ (☐ 합동)

6

다음은 아래 그림과 같이 $\overline{AB}$의 수직이등분선 위에 한 점 P를 잡아 $\overline{AP}$, $\overline{BP}$를 그리면 △APM≡△BPM임을 설명하는 과정이다. ☐ 안에 알맞은 것을 쓰시오.

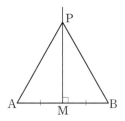

$\overrightarrow{MP}$는 $\overline{AB}$의 수직이등분선이므로
$\overline{AM}=$ ☐ , $\angle AMP=$ ☐ $=90°$이다.
즉, △APM과 △BPM에서
$\overline{AM}=$ ☐ , $\angle AMP=$ ☐ , $\overline{PM}$은 공통
따라서 대응하는 두 변의 길이가 각각 같고, 그 끼인 각의 크기가 같으므로
△APM≡△BPM (☐ 합동)

7

다음은 아래 그림의 사각형 ABCD에서 $\overline{AD}\,/\!/\,\overline{BC}$, $\overline{AB}\,/\!/\,\overline{CD}$일 때, △ABC≡△CDA임을 설명하는 과정이다. ☐ 안에 알맞은 것을 쓰시오.

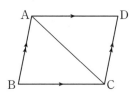

△ABC와 △CDA에서
$\overline{AD}\,/\!/\,\overline{BC}$이므로 $\angle BCA=$ ☐ (엇각)
$\overline{AB}\,/\!/\,\overline{CD}$이므로 $\angle BAC=\angle DCA$ (엇각)
☐는 공통
따라서 대응하는 한 변의 길이가 같고, 그 양 끝 각의 크기가 각각 같으므로
△ABC≡△CDA (☐ 합동)

대표 예제 한번 더! ✋

8

다음 중 오른쪽 |보기|의 삼각형과 합동인 것은?

|보기|

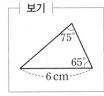

①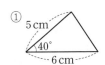

②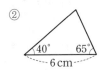

③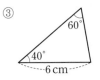

④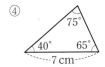

⑤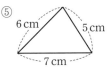

9

다음 그림과 같은 사각형 ABCD에서 $\overline{AB}=\overline{CB}$, $\overline{AD}=\overline{CD}$일 때, 합동인 두 삼각형을 찾아 기호 ≡를 사용하여 나타내고, 합동 조건을 말하시오.

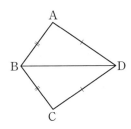

10

다음 그림의 사각형 ABCD에서 $\overline{AB}=\overline{CD}$이고 ∠ABD=∠CDB일 때, 합동인 두 삼각형을 찾아 기호 ≡를 사용하여 나타내고, 합동 조건을 말하시오.

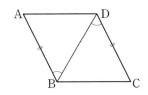

11

다음 그림에서 $\overline{OA}=\overline{OC}$, ∠OAD=∠OCB일 때, △AOD와 △COB가 ASA 합동임을 설명하는 데 필요한 조건으로 알맞은 것은?

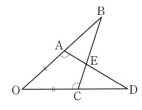

① $\overline{OA}=\overline{OC}$, $\overline{OD}=\overline{OB}$, $\overline{AD}=\overline{CB}$

② $\overline{OA}=\overline{OC}$, $\overline{AD}=\overline{CB}$, ∠OAD=∠OCB

③ $\overline{AD}=\overline{CB}$, $\overline{OD}=\overline{OB}$, ∠O는 공통

④ $\overline{OA}=\overline{OC}$, ∠OAD=∠OCB, ∠O는 공통

⑤ ∠OAD=∠OCB, ∠ODA=∠OBC, ∠O는 공통

1

다음 | 보기 | 중 다각형인 것을 모두 고르시오.

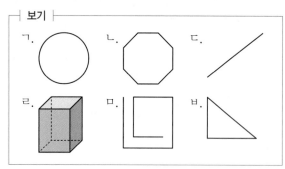

보기

ㄱ. ㄴ. ㄷ. ㄹ. ㅁ. ㅂ.

2

다음 다각형에서 ∠A의 외각의 크기를 구하시오.

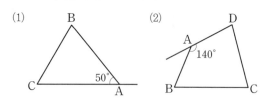

(1)

(2)

3

정다각형에 대한 다음 설명 중 옳은 것은 ○표, 옳지 않은 것은 ×를 ( ) 안에 쓰시오.

(1) 정다각형은 모든 변의 길이가 같다.   (   )

(2) 모든 변의 길이가 같은 다각형은 정다각형이다.

(   )

(3) 정다각형은 모든 내각의 크기가 같다.   (   )

(4) 모든 내각의 크기가 같은 다각형은 정다각형이다.

(   )

(5) 변의 길이가 모두 같은 사각형은 정사각형이다.

(   )

대표 예제 **한번 더!**

4

다음 중 옳지 <u>않은</u> 것은?

① 변의 개수가 6개인 다각형은 육각형이다.

② 꼭짓점의 개수가 4개인 다각형은 사각형이다.

③ 팔각형은 8개의 선분으로 둘러싸여 있다.

④ 다각형은 2개 이상의 선분으로 둘러싸인 평면도형이다.

⑤ 한 다각형에서 변의 개수와 꼭짓점의 개수는 항상 같다.

5

오른쪽 그림의 사각형 ABCD에서 x, y의 값을 각각 구하시오.

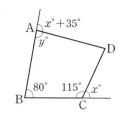

6

다음 | 조건 |을 모두 만족시키는 다각형의 이름을 말하시오.

조건

㈎ 모든 변의 길이가 같다.

㈏ 모든 내각의 크기가 같다.

㈐ 10개의 선분으로 둘러싸여 있다.

1

다음 다각형의 한 꼭짓점에서 그을 수 있는 대각선의 개수를 구하시오.

(1) 사각형   (2) 육각형

(3) 팔각형   (4) 십각형

(5) 십삼각형   (6) n각형

2

다음 다각형의 대각선의 개수를 구하시오.

(1) 사각형   (2) 육각형

(3) 팔각형   (4) 십각형

(5) 십삼각형   (6) n각형

3

다음은 대각선의 개수가 14개인 다각형을 구하는 과정이다. □ 안에 알맞은 것을 쓰시오.

대각선의 개수가 14개인 다각형을 n각형이라 하면

$\dfrac{n(n-3)}{2} = \boxed{}$ 에서

$n(n-3) = \boxed{}$, $n(n-3) = \boxed{} \times 4$

$\therefore n = \boxed{}$

따라서 구하는 다각형은 $\boxed{}$ 이다.

4

다음은 대각선의 개수가 90개인 다각형을 구하는 과정이다. □ 안에 알맞은 것을 쓰시오.

대각선의 개수가 90개인 다각형을 n각형이라 하면

$\dfrac{n(n-3)}{2} = \boxed{}$ 에서

$n(n-3) = \boxed{}$, $n(n-3) = 15 \times \boxed{}$

$\therefore n = \boxed{}$

따라서 구하는 다각형은 $\boxed{}$ 이다.

대표 예제 한번 더!

5

십일각형의 한 꼭짓점에서 그을 수 있는 대각선의 개수를 a개, 이때 생기는 삼각형의 개수를 b개라 할 때, $a+b$의 값을 구하시오.

6

다음 중 대각선의 개수가 27개인 다각형은?

① 육각형   ② 칠각형   ③ 팔각형

④ 구각형   ⑤ 십각형

1

다음 그림에서 $\angle x$의 크기를 구하시오.

(1)
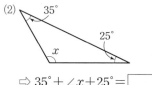

$\Rightarrow \angle x + 80° + 40° = \boxed{}$

$\therefore \angle x = \boxed{}$

(2)
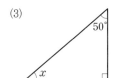

$\Rightarrow 35° + \angle x + 25° = \boxed{}$

$\therefore \angle x = \boxed{}$

(3)

(4)
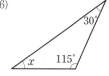

(5)

(6)

2

다음 그림에서 $\angle x$의 크기를 구하시오.

(1)
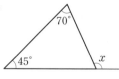

$\Rightarrow \angle x = 70° + \boxed{} = \boxed{}$

(2)
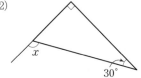

$\Rightarrow \angle x = 90° + \boxed{} = \boxed{}$

(3)
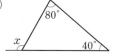

(4)

(5)

(6)

대표 예제 한번 더!

3

오른쪽 그림과 같은 삼각형에서 x의 값은?

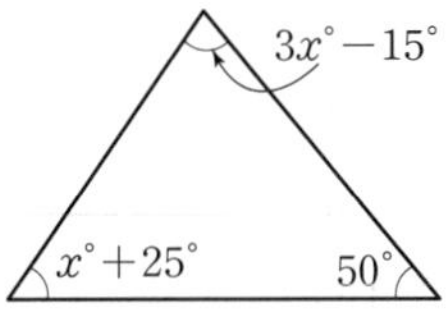

① 20   ② 25

③ 30   ④ 35

⑤ 40

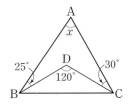

5

오른쪽 그림에서 다음을 구하시오.

(1) $\angle x$의 크기

(2) $\angle y$의 크기

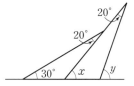

4

오른쪽 그림의 △ABC에서 $\angle x$의 크기를 구하시오.

6

오른쪽 그림의 △ABC에서 $\overline{AC} = \overline{BD} = \overline{CD}$이고 $\angle B = 35°$일 때, $\angle x$의 크기를 구하시오.

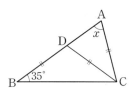

1

다음 다각형의 내각의 크기의 합을 구하시오.

(1) 오각형

(2) 육각형

(3) 십각형

(4) 십오각형

2

다음 정다각형의 한 내각의 크기를 구하시오.

(1) 정오각형

(2) 정팔각형

(3) 정십각형

(4) 정십이각형

대표 예제 한번 더!

3

한 꼭짓점에서 그을 수 있는 대각선의 개수가 4개인 다각형의 내각의 크기의 합은?

① 540°　　② 720°　　③ 900°
④ 1080°　　⑤ 1260°

4

한 내각의 크기가 156°인 정다각형의 대각선의 개수는?

① 54개　　② 65개　　③ 77개
④ 90개　　⑤ 104개

1

다음 다각형의 외각의 크기의 합을 구하시오.

(1) 육각형

(2) 구각형

(3) 십이각형

(4) n각형

2

다음 정다각형의 한 외각의 크기를 구하시오.

(1) 정오각형

(2) 정십이각형

(3) 정십오각형

(4) 정n각형

대표 예제 한번 더!

3

다음 그림에서 $\angle x$의 크기를 구하시오.

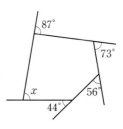

4

한 외각의 크기가 30°인 정다각형의 내각의 크기의 합은?

① 1260°   ② 1440°   ③ 1620°

④ 1800°   ⑤ 1980°

•정답 및 해설 72쪽

1

다음을 원 O 위에 나타내시오.

(1)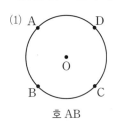
호 AB

(2)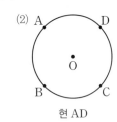
현 AD

(3)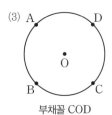
부채꼴 COD

(4)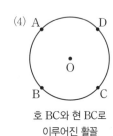
호 BC와 현 BC로
이루어진 활꼴

2

오른쪽 그림의 원 O에 대하여 다음
을 기호로 나타내시오.

(1) 원 O의 반지름

(2) 원 O의 지름

(3) 현 DE

(4) ∠AOC에 대한 호

(5) 부채꼴 AOB에 대한 중심각

3

원과 부채꼴에 대한 다음 설명 중 옳은 것은 ○표, 옳지
않은 것은 ×표를 ( ) 안에 쓰시오.

(1) 현은 원 위의 두 점을 이은 선분이다.　　　(　)

(2) 부채꼴은 호와 현으로 이루어진 도형이다. (　)

(3) 활꼴은 두 반지름과 호로 이루어진 도형이다. (　)

(4) 한 원에서 부채꼴과 활꼴이 같아지는 경우는 그 중
심각의 크기가 180°일 때이다.　　　　　(　)

(5) 원의 중심을 지나는 현은 지름이다.　　　(　)

대표 예제 한번 더!

4

오른쪽 그림의 원 O에 대한 설명으로
다음 중 옳지 않은 것은?

① $\overline{AB}$는 현이다.

② $\widehat{AB}$의 중심각은 ∠AOB이다.

③ ∠AOC=180°일 때, $\overline{AC}$는 원
O의 지름이다.

④ $\widehat{AB}$와 $\overline{AB}$로 둘러싸인 도형은 활꼴이다.

⑤ $\widehat{AB}$와 $\overline{OA}$, $\overline{OB}$로 둘러싸인 도형은 현이다.

5

반지름의 길이가 5 cm인 원에서 가장 긴 현의 길이를
구하시오.

1

오른쪽 그림의 원 O에서
∠AOB＝∠BOC일 때, 다음
○ 안에 ＝, ≠ 중 알맞은 것을
쓰시오.

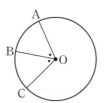

(1) $\overparen{AB}$ ◯ $\overparen{BC}$

(2) $\overparen{AC}$ ◯ $2\overparen{BC}$

(3) (부채꼴 AOB의 넓이) ◯ (부채꼴 BOC의 넓이)

(4) (부채꼴 AOC의 넓이) ◯ 2×(부채꼴 AOB의 넓이)

2

다음 그림에서 x의 값을 구하시오.

(1)
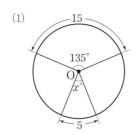

(2)
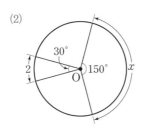

(3)
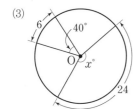

(4)
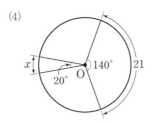

3

다음 그림에서 x의 값을 구하시오.

(1)
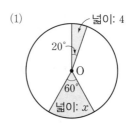

(2)
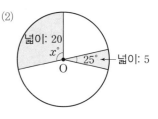

(3)
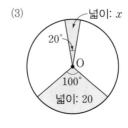

(4)
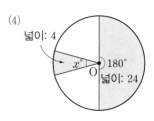

4

오른쪽 그림의 원 O에서
∠AOB＝∠BOC일 때, 다음 중 옳
은 것은 ○표, 옳지 않은 것은 ✕표
를 (   ) 안에 쓰시오.

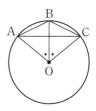

(1) $\overparen{AB}＝\overparen{BC}$ (   )

(2) $2\overparen{AB}＞\overparen{AC}$ (   )

(3) $\overline{AB}＝\overline{BC}$ (   )

(4) $2\overline{AB}＝\overline{AC}$ (   )

(5) (부채꼴 AOC의 넓이)＝2×(부채꼴 AOB의 넓이)

(   )

(6) (△AOC의 넓이)＝2×(△AOB의 넓이) (   )

5

오른쪽 그림의 원 O에서
$x+y$의 값을 구하시오.

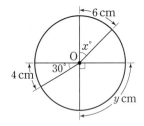

6

다음 그림의 원 O에서 $\overset{\frown}{AB}=10\,cm$, $\overset{\frown}{CD}=4\,cm$이고
부채꼴 AOB의 넓이가 $40\,cm^2$일 때, 부채꼴 COD의 넓이는?

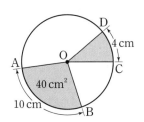

① $12\,cm^2$ ② $14\,cm^2$ ③ $16\,cm^2$
④ $18\,cm^2$ ⑤ $20\,cm^2$

7

오른쪽 그림의 원 O에서
$\overline{AB}=\overline{CD}=\overline{DE}$이고
$\angle COE=100°$일 때, $\angle AOB$
의 크기를 구하시오.

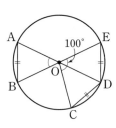

8

오른쪽 그림의 원 O에서
$\angle AOB=\angle COD$이고
$2\angle AOB=\angle AOD$일 때,
다음 중 옳지 않은 것은?

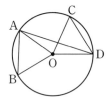

① $\overset{\frown}{AB}=\overset{\frown}{CD}$
② $\overline{AB}=\overline{CD}$
③ $2\overset{\frown}{AB}=\overset{\frown}{AD}$
④ $2\overline{AB}=\overline{AD}$

⑤ (부채꼴 AOB의 넓이)$=\dfrac{1}{2}\times$(부채꼴 AOD의 넓이)

원의 둘레의 길이와 넓이

• 정답 및 해설 73쪽

1
다음 그림과 같은 원 O의 둘레의 길이 l과 넓이 S를 각각 구하시오.

(1)

(2)

(3)

(4)

(5)

(6)

2
다음은 원의 둘레의 길이 l이 주어질 때, 반지름의 길이를 구하는 과정이다. ☐ 안에 알맞은 것을 쓰시오.

(1) $l = 2\pi$

⇨ 원의 반지름의 길이를 r이라 하면

$l = 2\pi r$이므로 $2\pi = \boxed{}$

∴ $r = \boxed{}$

따라서 원의 반지름의 길이는 $\boxed{}$이다.

(2) $l = 8\pi$

⇨ 원의 반지름의 길이를 r이라 하면

$l = 2\pi r$이므로 $\boxed{} = 2\pi r$

∴ $r = \boxed{}$

따라서 원의 반지름의 길이는 $\boxed{}$이다.

대표 예제 **한번 더!**

3
둘레의 길이가 14π cm인 원의 넓이를 구하시오.

4
다음 그림에서 색칠한 부분의 둘레의 길이와 넓이를 차례로 구하시오.

(1)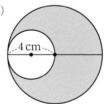

(2)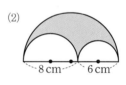

1

다음 그림의 부채꼴의 호의 길이를 구하시오.

(1)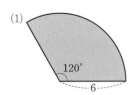

(2)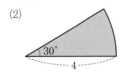

(3)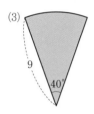

(4)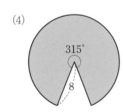

3

다음 그림의 부채꼴의 넓이를 구하시오.

(1)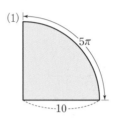

(2)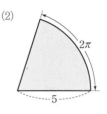

(3)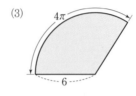

(4)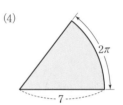

2

다음 그림의 부채꼴의 넓이를 구하시오.

(1)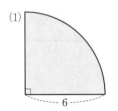

(2)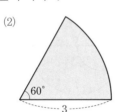

(3)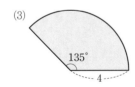

(4)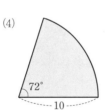

 대표 예제 한번 더!

4

오른쪽 그림과 같이 반지름의 길이가 3 cm, 호의 길이가 4π cm인 부채꼴의 중심각의 크기는?

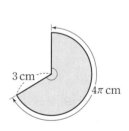

① 200°   ② 210°

③ 240°   ④ 260°

⑤ 270°

5

호의 길이가 10π cm, 넓이가 40π cm²인 부채꼴의 반지름의 길이를 구하시오.

6

다음 그림과 같은 부채꼴에서 색칠한 부분의 둘레의 길이와 넓이를 차례로 구하시오.

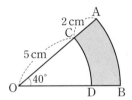

7

다음 그림에서 색칠한 부분의 넓이를 구하시오.

(1) 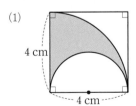 (2)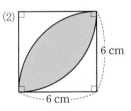

8

다음 그림에서 색칠한 부분의 넓이를 구하시오.

(1) 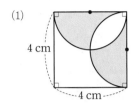 (2)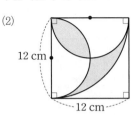

9

다음 그림과 같이 지름의 길이가 20 cm인 반원 O에서 색칠한 부분의 넓이를 구하시오.

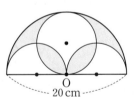

1

다음 입체도형 중 다면체인 것은 ○표, 다면체가 아닌 것은 ×표를 (   ) 안에 쓰시오.

(1)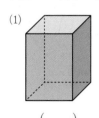
(   )

(2)
(   )

(3)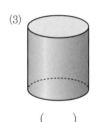
(   )

(4)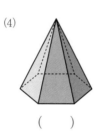
(   )

2

다음 다면체의 면의 개수를 구하고, 몇 면체인지 말하시오.

(1)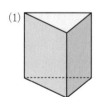

(2)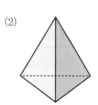

(3)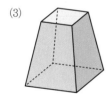

(4)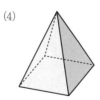

3

다음 다면체의 모서리의 개수와 꼭짓점의 개수를 차례로 구하시오.

(1)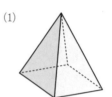

(2)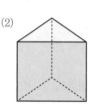

(3)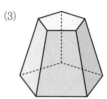

4

다음 표를 완성하시오.

	오각기둥	칠각뿔	삼각뿔대
(1) 밑면의 모양			
(2) 옆면의 모양			
(3) 면의 개수			
(4) 모서리의 개수			
(5) 꼭짓점의 개수			

대표 예제 한번 더!

5

다음 |보기| 중 다면체인 것을 모두 고른 것은?

| 보기 |

ㄱ. 정삼각형   ㄴ. 원기둥   ㄷ. 사각기둥
ㄹ. 원뿔   ㅁ. 육각뿔대   ㅂ. 구

① ㄱ, ㄴ   ② ㄱ, ㅁ   ③ ㄴ, ㅂ
④ ㄷ, ㄹ   ⑤ ㄷ, ㅁ

7

다음 |보기| 중 옆면의 모양이 사다리꼴인 것의 개수는?

| 보기 |

ㄱ. 삼각뿔   ㄴ. 오각뿔대   ㄷ. 원기둥
ㄹ. 팔각뿔대   ㅁ. 팔각뿔   ㅂ. 원뿔

① 1개   ② 2개   ③ 3개
④ 4개   ⑤ 5개

6

삼각기둥의 모서리의 개수를 a개, 오각뿔의 면의 개수를 b개, 사각뿔대의 꼭짓점의 개수를 c개라 할 때, $a+b+c$의 값을 구하시오.

8

다음 |조건|을 모두 만족시키는 입체도형은?

| 조건 |

㈎ 두 밑면은 서로 평행하다.
㈏ 옆면의 모양은 직사각형이다.
㈐ 꼭짓점의 개수는 12개이다.

① 오각기둥   ② 육각기둥   ③ 십각기둥
④ 십이각뿔   ⑤ 십이각기둥

1

다음을 만족시키는 정다면체를 |보기|에서 모두 고르시오.

┌ 보기 ├─────────────────────
ㄱ. 정사면체   ㄴ. 정육면체   ㄷ. 정팔면체
ㄹ. 정십이면체   ㅁ. 정이십면체
└──────────────────────────

(1) 면의 모양이 정삼각형인 정다면체

(2) 면의 모양이 정사각형인 정다면체

(3) 면의 모양이 정오각형인 정다면체

(4) 각 꼭짓점에 모인 면의 개수가 3개인 정다면체

(5) 각 꼭짓점에 모인 면의 개수가 4개인 정다면체

(6) 각 꼭짓점에 모인 면의 개수가 5개인 정다면체

2

정다면체에 대한 다음 설명 중 옳은 것은 ○표, 옳지 <u>않은</u> 것은 ✕표를 (   ) 안에 쓰시오.

(1) 정다면체는 각 꼭짓점에 모인 면의 개수가 같다.
(   )

(2) 정팔면체의 꼭짓점의 개수는 6개이다.   (   )

(3) 정다면체의 면이 될 수 있는 다각형은 정삼각형, 정사각형뿐이다.   (   )

(4) 면의 모양이 정육각형인 정다면체는 정육면체이다.
(   )

(5) 정이십면체는 면의 모양이 정삼각형이다.   (   )

(6) 정다면체의 한 꼭짓점에 모인 각의 크기의 합은 360°이하이다.   (   )

3

다음 정다면체와 그 전개도를 선으로 연결하시오.

(1) •

• ㄱ.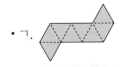

(2) •

• ㄴ.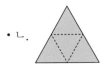

(3) •

• ㄷ.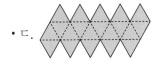

(4) •

• ㄹ.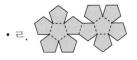

(5) •

• ㅁ.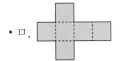

4

아래 그림의 전개도로 만든 정다면체에 대하여 다음 물음에 답하시오.

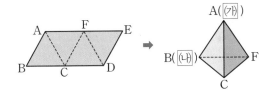

(1) 위의 그림에서 (가), (나)에 알맞은 것을 구하시오.

(2) 모서리 AB와 겹치는 모서리를 구하시오.

대표 예제 한번 더! 👆

5

다음 표의 빈칸에 들어갈 것으로 옳지 <u>않은</u> 것은?

정다면체	정사면체	정육면체	정팔면체	정십이면체	정이십면체
면의 개수	4개	①	8개	12개	20개
모서리의 개수	②	12개	12개	③	30개
꼭짓점의 개수	4개	8개	④	20개	⑤

① 6개   ② 6개   ③ 30개
④ 6개   ⑤ 24개

6

오른쪽 그림의 전개도로 만들어지는 입체도형의 꼭짓점의 개수를 a개, 모서리의 개수를 b개라 할 때, $b-a$의 값을 구하시오.

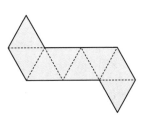

1

다음 |보기| 중 회전체인 것을 모두 고르시오.

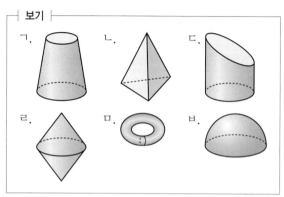

대표 예제 한번 더!

3

다음 |보기|의 입체도형에 대하여 아래 물음에 답하시오.

| 보기 |

ㄱ. 사각뿔   ㄴ. 원뿔   ㄷ. 삼각뿔

ㄹ. 사각기둥   ㅁ. 원기둥   ㅂ. 구

ㅅ. 정사면체   ㅇ. 원뿔대   ㅈ. 반구

(1) 다면체를 모두 고르시오.

(2) 회전체를 모두 고르시오.

2

다음 평면도형을 직선 l을 회전축으로 하여 1회전 시킬 때 생기는 회전체의 겨냥도를 그리시오.

(1)

(2)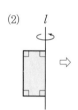

(3)

(4)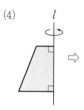

(5)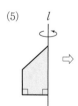

(6)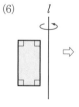

4

다음 중 평면도형을 직선 l을 회전축으로 하여 1회전 시켜 만든 입체도형으로 옳지 <u>않은</u> 것은?

①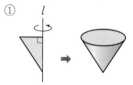

②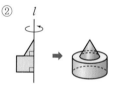

③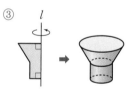

④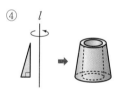

⑤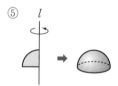

1

회전체에 대한 다음 설명 중 옳은 것은 ○표, 옳지 않은 것은 ×표를 ( ) 안에 쓰시오.

(1) 회전체를 회전축에 수직인 평면으로 자를 때 생기는 단면은 모두 원이다. ( )

(2) 회전체를 회전축을 포함하는 평면으로 자를 때 생기는 단면은 선대칭도형이고 모두 합동이다. ( )

(3) 구를 한 평면으로 자른 단면은 항상 원이다. ( )

(4) 원뿔을 회전축에 수직인 평면으로 자를 때 생기는 단면은 모두 합동인 원이다. ( )

(5) 원뿔대를 회전축을 포함하는 평면으로 자른 단면은 직사각형이다. ( )

2

다음 회전체를 회전축에 수직인 평면으로 자를 때 생기는 단면의 모양과 회전축을 포함하는 평면으로 자를 때 생기는 단면의 모양을 차례로 쓰시오.

(1) 원기둥

(2) 원뿔

(3) 원뿔대

(4) 구

3

다음 그림과 같은 회전체의 전개도에서 a, b의 값을 각각 구하시오.

(1)

 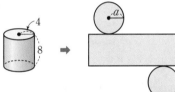

(2)

 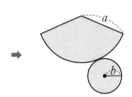

(3)

 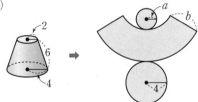

4

다음은 원기둥의 전개도에서 옆면인 직사각형의 가로의 길이를 구하는 과정이다. ☐ 안에 알맞은 것을 쓰시오.

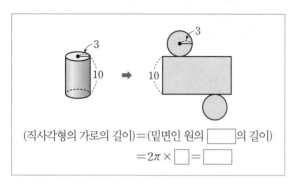

(직사각형의 가로의 길이)＝(밑면인 원의 ☐의 길이)

$$=2\pi \times \boxed{} = \boxed{}$$

5

다음은 원뿔의 전개도에서 옆면인 부채꼴의 호의 길이를 구하는 과정이다. ☐ 안에 알맞은 것을 쓰시오.

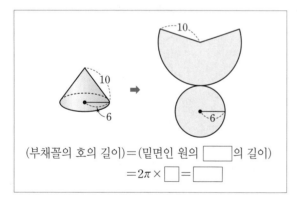

(부채꼴의 호의 길이)＝(밑면인 원의 ☐의 길이)

$$=2\pi \times \boxed{} = \boxed{}$$

대표 예제 한번 더! 👆

6

다음 중 회전체와 그 회전체를 회전축을 포함하는 평면으로 자를 때 생기는 단면의 모양을 바르게 짝 지은 것을 모두 고르면? (정답 2개)

① 반구 – 원   ② 구 – 반원

③ 원기둥 – 직사각형   ④ 원뿔 – 부채꼴

⑤ 원뿔대 – 사다리꼴

7

오른쪽 그림과 같은 사다리꼴을 직선 l을 회전축으로 하여 1회전 시킬 때 생기는 회전체를 회전축을 포함하는 평면으로 자른 단면의 넓이는?

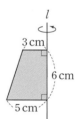

① $16\,\text{cm}^2$ ② $24\,\text{cm}^2$

③ $30\,\text{cm}^2$ ④ $40\,\text{cm}^2$

⑤ $48\,\text{cm}^2$

8

다음 그림은 원뿔대와 그 전개도이다. 전개도에서 옆면의 둘레의 길이를 구하시오.

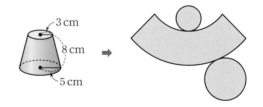

1

아래 그림과 같은 각기둥과 그 전개도에 대하여 다음을
구하시오.

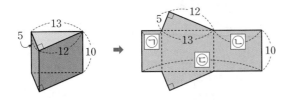

(1) ㉠~㉢에 알맞은 값

(2) 각기둥의 밑넓이

(3) 각기둥의 옆넓이

(4) 각기둥의 겉넓이

2

아래 그림과 같은 각기둥과 그 전개도에 대하여 다음을
구하시오.

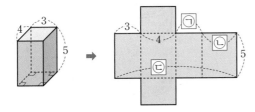

(1) ㉠~㉢에 알맞은 값

(2) 각기둥의 밑넓이

(3) 각기둥의 옆넓이

(4) 각기둥의 겉넓이

3

아래 그림과 같은 원기둥과 그 전개도에 대하여 다음을
구하시오.

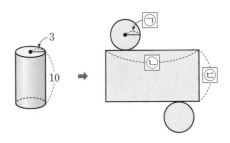

(1) ㉠~㉢에 알맞은 값

(2) 원기둥의 밑넓이

(3) 원기둥의 옆넓이

(4) 원기둥의 겉넓이

대표 예제 한번 더!

4

다음 그림과 같은 사각기둥의 겉넓이를 구하시오.

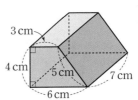

5

오른쪽 그림과 같은 원기둥의
겉넓이를 구하시오.

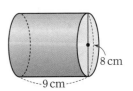

1

다음 입체도형의 부피를 구하시오.

(1) 밑넓이가 30이고, 높이가 6인 사각기둥

(2) 밑넓이가 25π이고, 높이가 4인 원기둥

(5)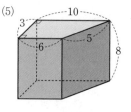

밑넓이: _____

높이: _____

부피: _____

(6)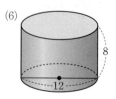

밑넓이: _____

높이: _____

부피: _____

2

주어진 그림과 같은 기둥에 대하여 다음을 구하시오.

(1)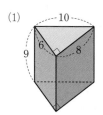

밑넓이: _____

높이: _____

부피: _____

(2)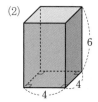

밑넓이: _____

높이: _____

부피: _____

(3)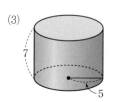

밑넓이: _____

높이: _____

부피: _____

(4)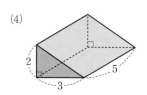

밑넓이: _____

높이: _____

부피: _____

3

아래 그림과 같이 원기둥의 가운데에 원기둥 모양의 구멍이 뚫린 입체도형에 대하여 다음을 구하시오.

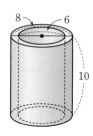

(1) 큰 기둥의 부피

(2) 작은 기둥의 부피

(3) 부피

• 정답 및 해설 77쪽

4

오른쪽 그림과 같은 사각기
둥의 부피는?

① 90 cm³

② 100 cm³

③ 105 cm³

④ 110 cm³

⑤ 115 cm³

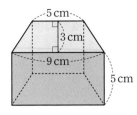

5

다음 그림과 같은 오각형을 밑면으로 하고 높이가 4 cm
인 오각기둥의 부피를 구하시오.

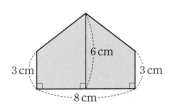

6

다음 그림과 같이 반원을 밑면으로 하는 기둥의 부피를
구하시오.

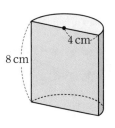

7

다음 그림과 같이 사각기둥의 가운데에 원기둥 모양의
구멍이 뚫린 입체도형의 부피를 구하시오.

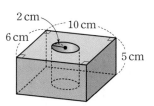

1

아래 그림과 같은 각뿔과 그 전개도에 대하여 다음을 구하시오. (단, 옆면은 모두 합동이다.)

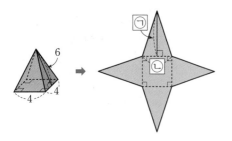

(1) ㉠, ㉡에 알맞은 값

(2) 각뿔의 밑넓이

(3) 각뿔의 옆넓이

(4) 각뿔의 겉넓이

2

아래 그림과 같은 원뿔과 그 전개도에 대하여 다음을 구하시오.

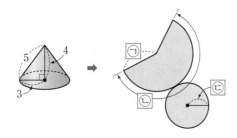

(1) ㉠~㉢에 알맞은 값

(2) 원뿔의 밑넓이

(3) 원뿔의 옆넓이

(4) 원뿔의 겉넓이

3

오른쪽 그림과 같은 사각뿔대에 대하여 다음을 구하시오.

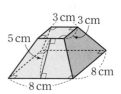

(1) 작은 밑면의 넓이

(2) 큰 밑면의 넓이

(3) 옆넓이

(4) 겉넓이

대표 예제 한번 더!

4

오른쪽 그림과 같은 전개도로 만들어지는 입체도형의 겉넓이를 구하시오.

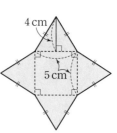

5

오른쪽 그림과 같은 원뿔대의 겉넓이는?

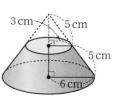

① $81\pi \text{ cm}^2$

② $90\pi \text{ cm}^2$

③ $99\pi \text{ cm}^2$

④ $108\pi \text{ cm}^2$

⑤ $117\pi \text{ cm}^2$

1

다음 입체도형의 부피를 구하시오.

(1) 밑넓이가 33이고, 높이가 10인 육각뿔

(2) 밑넓이가 24π이고, 높이가 6인 원뿔

(5)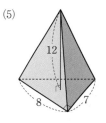

밑넓이: _____

높이: _____

부피: _____

(6)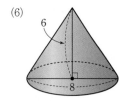

밑넓이: _____

높이: _____

부피: _____

2

주어진 그림과 같은 뿔에 대하여 다음을 구하시오.

(1)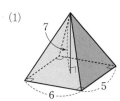

밑넓이: _____

높이: _____

부피: _____

(2)

밑넓이: _____

높이: _____

부피: _____

(3)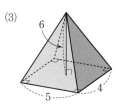

밑넓이: _____

높이: _____

부피: _____

(4)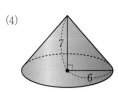

밑넓이: _____

높이: _____

부피: _____

3

오른쪽 그림과 같은 원뿔대에 대하여 다음을 구하시오.

(1) 큰 원뿔의 부피

(2) 작은 원뿔의 부피

(3) 원뿔대의 부피

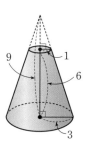

대표 예제 **한번 더!**

4

다음 그림과 같은 삼각뿔의 부피를 구하시오.

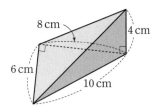

5

다음 그림은 원뿔과 원기둥을 붙여서 만든 입체도형이다. 이 입체도형의 부피를 구하시오.

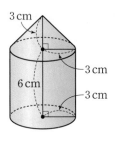

6

밑면인 원의 반지름의 길이가 $2\,cm$인 원뿔의 부피가 $12\pi\,cm^3$일 때, 이 원뿔의 높이를 구하시오.

7

다음 그림과 같이 밑면이 정사각형인 사각뿔대의 부피를 구하시오.

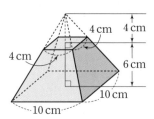

1

다음 □ 안에 알맞은 수를 쓰고, 구의 겉넓이를 구하시오.

(1)
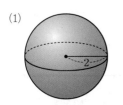

⇨ (구의 겉넓이)$=4\pi \times \boxed{}=\boxed{}$

(2)
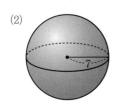

(3)
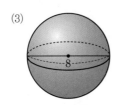

2

다음 □ 안에 알맞은 수를 쓰고, 반구의 겉넓이를 구하시오.

(1)

⇨ (반구의 겉넓이)$=\dfrac{1}{2} \times$ (구의 겉넓이)$+$(원의 넓이)

$=8\pi+\boxed{}=\boxed{}$

(2)
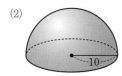

(3)

3

다음 □ 안에 알맞은 수를 쓰고, 구의 부피를 구하시오.

(1)
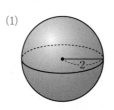

⇨ (구의 부피)$=\dfrac{4}{3}\pi \times \boxed{}=\boxed{}$

(2)
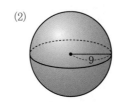

(3)
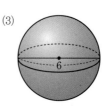

4

다음 □ 안에 알맞은 수를 쓰고, 반구의 부피를 구하시오.

(1)
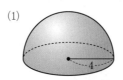

⇨ (반구의 부피)$=\dfrac{1}{2} \times$ (구의 부피)

$=\dfrac{1}{2} \times \boxed{}=\boxed{}$

(2)
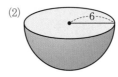

(3)
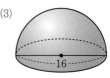

대표 예제 **한번 더!** 👆

5

오른쪽 그림과 같이 구의 중심을 지나는 평면으로 자른 단면의 넓이가 $16\pi \, \text{cm}^2$일 때, 구의 겉넓이는?

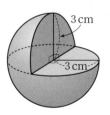

① $64\pi \, \text{cm}^2$　② $72\pi \, \text{cm}^2$
③ $80\pi \, \text{cm}^2$　④ $88\pi \, \text{cm}^2$
⑤ $92\pi \, \text{cm}^2$

6

다음 그림은 원뿔과 반구를 원기둥에 붙여서 만든 입체도형이다. 이 입체도형의 부피를 구하시오.

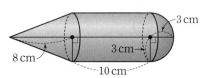

7

다음 그림은 반지름의 길이가 $3\,\text{cm}$인 구에서 구의 $\dfrac{1}{4}$을 잘라 내고 남은 입체도형이다. 이 입체도형의 겉넓이와 부피를 각각 구하시오.

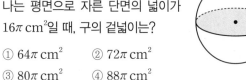

8

오른쪽 그림과 같이 원기둥 안에 구와 원뿔이 꼭 맞게 들어 있을 때, 다음 물음에 답하시오.

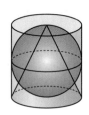

⑴ 원기둥, 구, 원뿔의 부피의 비를 가장 간단한 자연수의 비로 나타내시오.
⑵ 원기둥의 부피가 $48\pi \, \text{cm}^3$일 때, 구의 부피를 구하시오.

1

다음 자료의 평균을 구하시오.

(1) 2, 1, 4, 8, 5

(2) 3, 6, 12, 4, 10

(3) 1, 4, 9, 2, 5, 3

(4) 11, 2, 3, 9, 4, 7

2

다음 자료의 중앙값을 구하시오.

(1) 9, 4, 10, 3, 5

(2) 6, 9, 11, 2, 13, 7

(3) 7, 6, 4, 8, 7, 10, 7

(4) 11, 15, 19, 10, 13, 18, 17, 12

3

다음 자료의 최빈값을 구하시오.

(1) 1, 6, 7, 3, 4, 3

(2) 2, 4, 5, 9, 4, 2

(3) 2, 5, 7, 8, 1, 4

(4) 빨강, 노랑, 파랑, 노랑, 파랑, 파랑, 빨강, 노랑

4

다음 물음에 답하시오.

(1) 다음 자료의 평균이 5일 때, x의 값을 구하시오.

3,	4,	6,	x

(2) 다음 자료의 평균이 7일 때, x의 값을 구하시오.

8,	9,	12,	x,	1,	7

5

다음 물음에 답하시오.

(1) 다음 자료는 4개의 수를 작은 값부터 크기순으로 나열한 것이다. 이 자료의 중앙값이 10일 때, x의 값을 구하시오.

8,	x,	12,	15

(2) 다음 자료는 6개의 수를 작은 값부터 크기순으로 나열한 것이다. 이 자료의 중앙값이 20일 때, x의 값을 구하시오.

11,	14,	18,	x,	23,	26

6

다음 물음에 답하시오.

(1) 다음 자료의 최빈값이 1일 때, x의 값을 구하시오.

| x, | 9, | 5, | 1 |

(2) 다음 자료의 최빈값이 5일 때, x의 값을 구하시오.

| 5, | 2, | x, | 9, | 2, | 5 |

대표 예제 한번 더! ☞

7

다음은 어떤 도시의 하루 중 최고 기온을 일주일 동안 조사하여 나타낸 자료이다. 이 자료의 평균, 중앙값, 최빈값을 각각 구하시오.

(단위: ℃)

| 24, 22, 29, 25, 26, 27, 22 |

8

다음은 정아네 반 학생 6명이 일주일 동안 학교 인터넷 게시판에 올린 글의 개수를 조사하여 나타낸 자료이다. 물음에 답하시오.

(단위: 개)

| 3, 6, 2, 4, 7, 20 |

(1) 이 자료의 평균을 구하시오.

(2) 이 자료의 중앙값을 구하시오.

(3) 이 자료의 최빈값을 구하시오.

(4) 평균, 중앙값, 최빈값 중에서 이 자료의 대푯값으로 가장 적절한 것은 어느 것인지 말하시오.

9

다음은 어느 편의점에서 8일 동안 팔린 삼각김밥의 개수를 조사하여 나타낸 자료이다. 이 자료의 평균과 최빈값이 같을 때, x의 값을 구하시오.

(단위: 개)

| 10, 9, x, 11, 9, 7, 9, 5 |

1

다음은 어느 문화 센터의 방송 댄스반 회원 12명의 나이를 조사하여 나타낸 자료이다. 물음에 답하시오.

(단위: 세)

25	31	33	26	46	32
38	27	31	40	37	27

(1) 가장 작은 변량과 가장 큰 변량을 차례로 구하시오.

(2) 위의 자료에 대하여 다음 줄기와 잎 그림을 완성하시오.

(2|5는 25세)

줄기	잎
2	5

2

다음은 승희네 반 학생 15명의 키를 조사하여 나타낸 자료이다. 물음에 답하시오.

(단위: cm)

142	135	162	136	140
139	156	151	147	150
147	164	138	141	147

(1) 가장 작은 변량과 가장 큰 변량을 차례로 구하시오.

(2) 위의 자료에 대하여 다음 줄기와 잎 그림을 완성하시오.

(13|5는 135 cm)

줄기	잎
13	5

3

다음은 정훈이네 반 학생들의 한 달 동안의 운동 시간을 조사하여 나타낸 줄기와 잎 그림이다. 물음에 답하시오.

(1|0은 10시간)

줄기	잎
1	0 3 7
2	1 2 5 6 6 8
3	2 4 7 9
4	3 8

(1) 잎이 가장 많은 줄기와 잎이 가장 적은 줄기를 차례로 구하시오.

(2) 줄기 2에 해당하는 잎을 모두 구하시오.

(3) 정훈이네 반 전체 학생 수를 구하시오.

(4) 한 달 동안의 운동 시간이 30시간 이상인 학생 수를 구하시오.

(5) 운동 시간이 가장 긴 학생의 운동 시간은 몇 시간인지 구하시오.

대표 예제 한번 더!

4

다음은 소연이네 반 학생 20명의 음악 수행 평가 점수를 조사하여 나타낸 자료이다. 물음에 답하시오.

(단위: 점)

24	43	59	32	60	43	34	22	57	48
61	53	28	43	37	51	49	35	51	46

(1) 위의 자료에 대하여 다음 줄기와 잎 그림을 완성하시오.

(2|2는 22점)

줄기	잎
2	2
3	
4	
5	
6	

(2) 점수가 35점 이상 55점 미만인 학생 수를 구하시오.

(3) 소연이네 반 학생들의 점수는 몇 점대가 가장 많은지 구하시오.

(4) 점수가 높은 쪽에서 3번째인 학생의 점수를 구하시오.

5

아래는 미연이네 반 학생들의 통학 시간을 조사하여 나타낸 줄기와 잎 그림이다. 다음 중 옳은 것은?

(0|7은 7분)

줄기	잎
0	7 9
1	2 2 3 6 6 8
2	0 0 0 3 6 8 9 9 9
3	2 2 3 5 6 7 7
4	0 2 2 2 4 9

① 잎이 가장 많은 줄기는 3이다.

② 통학 시간이 20분 미만인 학생 수는 11명이다.

③ 통학 시간이 가장 짧은 학생과 가장 긴 학생의 통학 시간의 차는 40분이다.

④ 통학 시간이 35분인 미연이보다 통학 시간이 긴 학생은 10명이다.

⑤ 통학 시간이 13분인 학생은 통학 시간이 짧은 쪽에서 5번째이다.

•정답 및 해설 81쪽

1

다음은 도영이네 반 학생 16명의 국어 점수를 조사하여 나타낸 자료이다. 물음에 답하시오.

(단위: 점)

64	71	88	72	62	76	82	78
85	76	89	75	97	61	83	70

(1) 가장 작은 변량과 가장 큰 변량을 차례로 구하시오.

(2) 위의 자료에 대하여 계급의 크기를 10점으로 하는 다음 도수분포표를 완성하시오.

국어 점수(점)	학생 수(명)	
$60^{이상} \sim 70^{미만}$	///	3
합계		16

2

다음은 경수네 반 학생들의 한 학기 동안의 봉사 활동 시간을 조사하여 나타낸 자료이다. 물음에 답하시오.

(단위: 시간)

7	11	15	9	17	18	6	10	5	4
12	16	10	3	8	5	8	2	6	7
6	7	19	10	8	12	13	10	11	9

(1) 경수네 반 전체 학생 수를 구하시오.

(2) 위의 자료에 대하여 계급의 크기를 4시간으로 하는 다음 도수분포표를 완성하시오.

봉사 활동 시간(시간)	학생 수(명)
$0^{이상} \sim 4^{미만}$	
합계	

3

다음은 지성이네 반 학생 30명의 오래 매달리기 기록을 조사하여 나타낸 도수분포표이다. 물음에 답하시오.

오래 매달리기 기록(초)	학생 수(명)
$0^{이상} \sim 10^{미만}$	2
10 ~ 20	6
20 ~ 30	12
30 ~ 40	8
40 ~ 50	2
합계	30

(1) 계급의 크기와 계급의 개수를 차례로 구하시오.

(2) 도수가 가장 큰 계급을 구하시오.

(3) 오래 매달리기 기록이 17초인 학생이 속하는 계급을 구하시오.

(4) 오래 매달리기 기록이 30초 이상인 학생 수를 구하시오.

4

다음은 지윤이네 반 학생들의 하루 동안의 운동 시간을 조사하여 나타낸 도수분포표이다. 물음에 답하시오.

운동 시간(분)	학생 수(명)
$0^{이상} \sim 10^{미만}$	3
10 ~ 20	4
20 ~ 30	10
30 ~ 40	☐
40 ~ 50	7
합계	30

(1) ☐ 안에 알맞은 수를 구하시오.

(2) 하루 동안의 운동 시간이 28분인 학생이 속하는 계급의 도수를 구하시오.

(3) 도수가 가장 큰 계급을 구하시오.

(4) 하루 동안의 운동 시간이 30분 이상인 학생 수를 구하시오.

5

다음은 은성이네 반 학생들의 1년 동안의 박물관 방문 횟수를 조사하여 나타낸 도수분포표이다. 물음에 답하시오.

방문 횟수(회)	학생 수(명)
$5^{이상} \sim 10^{미만}$	5
10 ~ 15	7
15 ~ 20	4
20 ~ 25	3
25 ~ 30	1
합계	20

(1) 은성이네 반 전체 학생 수를 구하시오.

(2) 박물관 방문 횟수가 10회 이상 15회 미만인 학생 수를 구하시오.

(3) (1), (2)에서 박물관 방문 횟수가 10회 이상 15회 미만인 학생은 전체의 몇 %인지 구하시오.

(4) 박물관 방문 횟수가 20회 이상인 학생은 전체의 몇 %인지 구하시오.

대표 예제 한번 더!

6

다음은 어느 지역의 노래자랑에 참가한 사람들의 나이를 조사하여 나타낸 자료이다. 이 자료에 대한 도수분포표를 완성하고, 물음에 답하시오.

(단위: 세)

53	31	22
26	46	39
38	27	31
40	37	27
49	12	22
39	19	47

⇨

나이(세)	사람 수(명)
$10^{이상} \sim 20^{미만}$	2
20 ~ 30	
30 ~ 40	
40 ~ 50	
50 ~ 60	
합계	

(1) 도수가 가장 작은 계급을 구하시오.

(2) 참가한 사람들의 나이가 40세 이상인 사람 수를 구하시오.

7

아래는 어느 반 학생 40명의 하루 동안의 스마트폰 사용 시간을 조사하여 나타낸 도수분포표이다. 다음 중 옳지 않은 것을 모두 고르면? (정답 2개)

사용 시간(분)	학생 수(명)
$0^{이상} \sim 20^{미만}$	3
20 ~ 40	6
40 ~ 60	12
60 ~ 80	14
80 ~ 100	5
합계	40

① 계급의 크기는 20분이다.

② 스마트폰을 50분 사용한 학생이 속하는 계급은 50분 이상 60분 미만이다.

③ 도수가 가장 큰 계급의 계급값은 70분이다.

④ 스마트폰을 1시간 이상 사용한 학생 수는 19명이다.

⑤ 스마트폰 사용 시간이 5번째로 짧은 학생이 속하는 계급의 도수는 5명이다.

8

아래는 어느 과수원에서 수확한 사과 30개의 무게를 조사하여 나타낸 도수분포표이다. 다음 중 옳은 것은?

사과 무게(g)	개수(개)
$80^{이상} \sim 100^{미만}$	1
100 ~ 120	A
120 ~ 140	9
140 ~ 160	4
160 ~ 180	7
180 ~ 200	3
합계	30

① A의 값은 5이다.

② 계급의 크기는 10 g이다.

③ 도수가 가장 큰 계급은 100 g 이상 120 g 미만이다.

④ 무게가 160 g 이상인 사과의 개수는 7개이다.

⑤ 무게가 6번째로 가벼운 사과는 100 g 이상 120 g 미만인 계급에 속한다.

9

다음은 주은이네 반 학생 30명의 일주일 동안의 독서 시간을 조사하여 나타낸 도수분포표이다. 물음에 답하시오.

독서 시간(시간)	학생 수(명)
$0^{이상} \sim 2^{미만}$	7
2 ~ 4	9
4 ~ 6	
6 ~ 8	4
8 ~ 10	2
합계	30

(1) 독서 시간이 4시간 이상 6시간 미만인 학생 수를 구하시오.

(2) 독서 시간이 4시간 이상 8시간 미만인 학생은 전체의 몇 %인지 구하시오.

1

오른쪽은 어느 야구팀의 타자들이 일주일 동안 친 안타의 개수를 조사하여 나타낸 도수분포표이다. 이 도수분포표를 히스토그램으로 나타내시오.

안타 수(개)	타자 수(명)
2^{이상} ~ 4^{미만}	9
4 ~ 6	5
6 ~ 8	3
8 ~ 10	2
10 ~ 12	1
합계	20

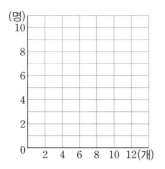

2

오른쪽은 어느 반 학생들의 키를 조사하여 나타낸 도수분포표이다. 이 도수분포표를 히스토그램으로 나타내시오.

키(cm)	학생 수(명)
140^{이상} ~ 150^{미만}	3
150 ~ 160	5
160 ~ 170	11
170 ~ 180	4
180 ~ 190	2
합계	25

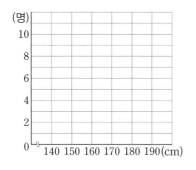

3

다음은 정세네 반 학생들의 과학 점수를 조사하여 나타낸 히스토그램이다. 물음에 답하시오.

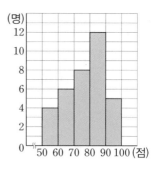

(1) 계급의 크기와 계급의 개수를 차례로 구하시오.

(2) 도수가 가장 큰 계급을 구하시오.

(3) 정세네 반 전체 학생 수를 구하시오.

(4) 정세의 과학 점수가 90점일 때, 정세가 속한 계급의 도수를 구하시오.

4

다음은 도진이네 반 학생들이 여름 방학 동안 등산을 한 시간을 조사하여 나타낸 히스토그램이다. 물음에 답하시오.

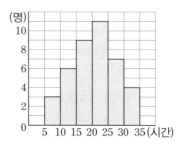

(1) 도진이네 반 전체 학생 수를 구하시오.

• 정답 및 해설 82쪽

(2) 도수가 가장 큰 계급을 구하시오.

(3) 등산 시간이 10시간 이상 20시간 미만인 학생은 전체의 몇 %인지 구하시오.

(4) 직사각형의 넓이의 합을 구하시오.

5

다음은 어느 반 학생 32명의 필통에 들어 있는 필기구의 개수를 조사하여 나타낸 히스토그램인데 일부가 찢어져 보이지 않는다. 물음에 답하시오.

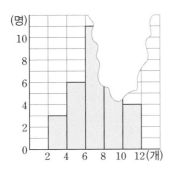

(1) 필기구의 개수가 8개 이상 10개 미만인 학생 수를 구하시오.

(2) 필기구의 개수가 8개 이상 10개 미만인 학생은 전체의 몇 %인지 구하시오.

(3) 필기구의 개수가 10번째로 많은 학생이 속하는 계급을 구하시오.

대표 예제 한번 더!

6

오른쪽은 소진이네 반 학생들의 볼링 점수를 조사하여 나타낸 히스토그램이다. 다음 중 옳지 <u>않은</u> 것은?

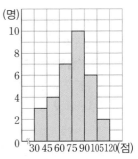

① 계급의 크기는 15점이다.
② 전체 학생 수는 32명이다.
③ 도수가 가장 작은 계급의 계급값은 112.5점이다.
④ 볼링 점수가 90점 이상인 학생은 전체의 25 %이다.
⑤ 볼링 점수가 7번째로 낮은 학생이 속하는 계급은 60점 이상 75점 미만이다.

7

오른쪽은 혜성이네 반 학생 40명의 하루 평균 수면 시간을 조사하여 나타낸 히스토그램인데 일부가 찢어져 보이지 않는다. 다음 중 옳지 <u>않은</u> 것은?

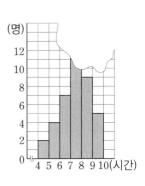

① 계급의 개수는 6개, 계급의 크기는 1시간이다.
② 평균 수면 시간이 7시간 이상 8시간 미만인 학생 수는 13명이다.
③ 평균 수면 시간이 5시간 이상 7시간 미만인 학생 수는 11명이다.
④ 평균 수면 시간이 8시간 이상인 학생은 전체의 30 %이다.
⑤ 평균 수면 시간이 7번째로 적은 학생이 속하는 계급의 도수는 7명이다.

1

오른쪽은 희주네 반 학생들의 하루 동안의 독서 시간을 조사하여 나타낸 도수분포표이다. 이 도수분포표를 히스토그램과 도수분포다각형으로 각각 나타내시오.

독서 시간(분)	학생 수(명)
$5^{이상} \sim 10^{미만}$	3
10 ~ 15	6
15 ~ 20	4
20 ~ 25	2
합계	15

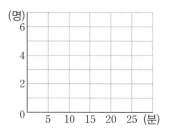

2

오른쪽은 어느 반 학생들의 원반 던지기 기록을 조사하여 나타낸 도수분포표이다. 이 도수분포표를 히스토그램과 도수분포다각형으로 각각 나타내시오.

기록(m)	학생 수(명)
$16^{이상} \sim 20^{미만}$	4
20 ~ 24	9
24 ~ 28	11
28 ~ 32	7
32 ~ 36	3
합계	34

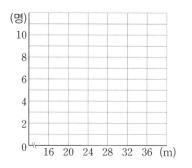

3

다음은 동욱이네 반 학생들의 윗몸 일으키기 횟수를 조사하여 나타낸 도수분포다각형이다. 물음에 답하시오.

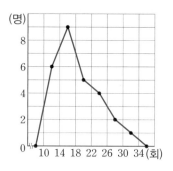

(1) 계급의 크기와 계급의 개수를 차례로 구하시오.

(2) 도수가 가장 작은 계급을 구하시오.

(3) 동욱이네 반 전체 학생 수를 구하시오.

(4) 윗몸 일으키기 횟수가 25회인 학생이 속하는 계급의 도수를 구하시오.

4

다음은 어느 반 학생들의 국어 점수를 조사하여 나타낸 도수분포다각형이다. 물음에 답하시오.

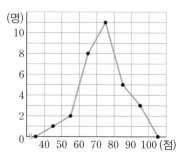

(1) 도수가 가장 큰 계급의 도수를 구하시오.

(2) 국어 점수가 80점 이상 90점 미만인 학생 수를 구하시오.

(3) 국어 점수가 50점 이상 80점 미만인 학생은 전체의 몇 %인지 구하시오.

(4) 도수분포다각형과 가로축으로 둘러싸인 부분의 넓이를 구하시오.

5

다음은 예인이네 반 학생 40명의 키를 조사하여 나타낸 도수분포다각형인데 일부가 찢어져 보이지 않는다. 물음에 답하시오.

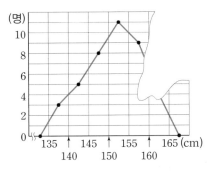

(1) 키가 160 cm 이상 165 cm 미만인 학생 수를 구하시오.

(2) 키가 160 cm 이상 165 cm 미만인 학생은 전체의 몇 %인지 구하시오.

대표 예제 한번 더!

6

아래는 어느 반 학생들의 100 m 달리기 기록을 조사하여 나타낸 도수분포다각형이다. 다음 중 옳지 <u>않은</u> 것은?

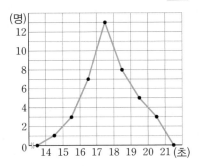

① 계급의 개수는 7개이다.
② 계급의 크기는 1초이다.
③ 기록이 18초 이상인 학생은 전체의 20 %이다.
④ 도수가 가장 큰 계급은 17초 이상 18초 미만이다.
⑤ 달리기를 5번째로 잘하는 학생이 속하는 계급은 16초 이상 17초 미만이다.

7

다음은 대형이네 반 학생 30명의 던지기 기록을 조사하여 나타낸 도수분포다각형인데 일부가 찢어져 보이지 않는다. 물음에 답하시오.

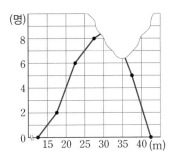

(1) 던지기 기록이 30 m 이상 35 m 미만인 학생은 전체의 몇 %인지 구하시오.

(2) 던지기 기록이 좋은 쪽에서 14번째인 학생이 속하는 계급을 구하시오.

1

다음은 어느 학교 독서반 학생 20명이 지난 학기 동안 읽은 책의 수를 조사하여 나타낸 상대도수의 분포표이다. 물음에 답하시오.

책의 수(권)	도수(명)	상대도수
$5^{이상} \sim 10^{미만}$	2	
10 ~ 15	4	
15 ~ 20	9	
20 ~ 25	3	
25 ~ 30	2	
합계	20	A

(1) 각 계급의 상대도수를 구하여 위의 표를 완성하시오.

(2) A의 값을 구하시오.

2

다음은 민주네 반 학생 50명의 수학 점수를 조사하여 나타낸 상대도수의 분포표이다. 물음에 답하시오.

수학 점수(점)	도수(명)	상대도수
$50^{이상} \sim 60^{미만}$	13	
60 ~ 70	17	
70 ~ 80	9	
80 ~ 90	4	
90 ~ 100	7	
합계	50	

(1) 각 계급의 상대도수를 구하여 위의 표를 완성하시오.

(2) 상대도수가 가장 큰 계급을 구하시오.

3

다음은 경준이네 반 학생들이 하루 동안 외운 영어 단어 개수를 조사하여 나타낸 상대도수의 분포표이다. ☐ 안에 알맞은 수를 쓰고, 물음에 답하시오.

개수(개)	도수(명)	상대도수
$0^{이상} \sim 5^{미만}$	1	
5 ~ 10	C	0.25
10 ~ 15	6	
15 ~ 20	D	
20 ~ 25	3	
25 ~ 30	2	0.1
합계	B	A

(1) A의 값

⇨ 상대도수의 총합은 항상 ☐이므로 $A=$ ☐

(2) B의 값

⇨ (도수의 총합)$=\dfrac{(그\ 계급의\ 도수)}{(어떤\ 계급의\ 상대도수)}$이므로

25개 이상 30개 미만인 계급의 도수와 상대도수를 이용하면

$B=\dfrac{☐}{0.1}=$ ☐

(3) C의 값

⇨ (어떤 계급의 도수)

　＝(도수의 총합)×(그 계급의 상대도수)

　이므로 $C=$ ☐ $\times 0.25=$ ☐

(4) D의 값

⇨ $D=$ ☐ $-(1+$ ☐ $+6+3+2)=$ ☐

(5) 각 계급의 상대도수를 구하여 위의 표를 완성하시오.

4

다음을 구하시오.

(1) 도수의 총합이 30명일 때, 상대도수가 0.2인 계급의 도수

(2) 도수가 10인 계급의 상대도수가 0.4일 때, 도수의 총합

대표 예제 한번 더! 👆

5

다음은 승훈이네 반 학생 40명의 영어 점수를 조사하여 나타낸 상대도수의 분포표이다. 물음에 답하시오.

영어 점수(점)	도수(명)	상대도수
$50^{이상} \sim 60^{미만}$	6	0.15
60 ~ 70	8	A
70 ~ 80	B	0.35
80 ~ 90	10	C
90 ~ 100	D	0.05
합계	40	E

(1) 위의 표에서 $A \sim E$의 값을 각각 구하시오.
(2) 영어 점수가 60점 이상 80점 미만인 학생은 전체의 몇 %인지 구하시오.

6

다음은 진우네 학교 학생들의 등교 시간을 조사하여 나타낸 상대도수의 분포표이다. 물음에 답하시오.

등교 시간(분)	도수(명)	상대도수
$0^{이상} \sim 10^{미만}$	A	0.3
10 ~ 20	9	0.18
20 ~ 30	B	C
30 ~ 40	4	
40 ~ 50	1	
합계	D	E

(1) 위의 표에서 $A \sim E$의 값을 각각 구하시오.
(2) 등교 시간이 10분 이상 30분 미만인 학생은 전체의 몇 %인지 구하시오.

7

다음은 기정이네 반 학생들의 미술 점수를 조사하여 나타낸 상대도수의 분포표인데 일부가 찢어져 보이지 않는다. 미술 점수가 70점 미만인 학생 수가 12명일 때, 미술 점수가 60점 미만인 학생 수를 구하시오.

미술 점수(점)	상대도수
$50^{이상} \sim 60^{미만}$	0.125
60 ~ 70	0.25

상대도수의 분포를 나타낸 그래프

1

오른쪽은 미주네 반 학생들의 여름 방학 동안의 봉사 활동 횟수를 조사하여 나타낸 상대도수의 분포표이다. 이 상대도수의 분포표를 도수분포다각형 모양의 그래프로 나타내시오.

횟수(회)	상대도수
$3^{이상}$ ~ $6^{미만}$	0.15
6 ~ 9	0.25
9 ~ 12	0.3
12 ~ 15	0.2
15 ~ 18	0.1
합계	1

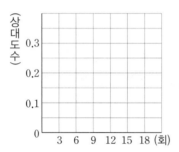

2

오른쪽은 선아네 반 학생들의 오래 매달리기 기록을 조사하여 나타낸 상대도수의 분포표이다. 이 상대도수의 분포표를 히스토그램 모양의 그래프로 나타내시오.

기록(초)	상대도수
$10^{이상}$ ~ $20^{미만}$	0.08
20 ~ 30	0.18
30 ~ 40	0.4
40 ~ 50	0.2
50 ~ 60	0.14
합계	1

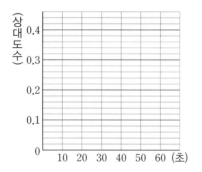

3

다음은 어느 중학교 야구부 학생 50명의 키에 대한 상대도수의 분포를 나타낸 그래프이다. 물음에 답하시오.

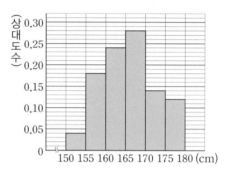

(1) 상대도수가 가장 큰 계급과 가장 작은 계급을 차례로 구하시오.

(2) 도수가 가장 큰 계급과 가장 작은 계급을 차례로 구하시오.

(3) 155 cm 이상 160 cm 미만인 계급의 상대도수를 구하시오.

(4) 155 cm 이상 160 cm 미만인 계급의 도수를 구하시오.

(5) 키가 160 cm 미만인 학생은 전체의 몇 %인지 구하시오.

4

다음은 지은이네 학교 학생 200명의 일주일 동안의 운동 시간에 대한 상대도수의 분포를 나타낸 그래프이다. 물음에 답하시오.

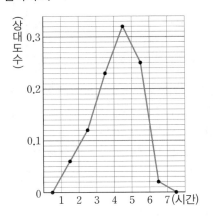

(1) 1시간 이상 3시간 미만인 계급의 상대도수의 합을 구하시오.

(2) 운동 시간이 1시간 이상 3시간 미만인 학생 수를 구하시오.

(3) 운동 시간이 5시간 이상인 학생은 전체의 몇 %인지 구하시오.

5

다음은 어느 중학교 1학년과 2학년의 영어 점수를 조사하여 나타낸 상대도수의 분포표이다. 물음에 답하시오.

영어 점수(점)	1학년		2학년	
	도수(명)	상대도수	도수(명)	상대도수
$50^{이상} \sim 60^{미만}$	30	0.15	30	0.12
60 ~ 70	40	0.2		0.22
70 ~ 80				
80 ~ 90	60		75	
90 ~ 100		0.1	10	0.04
합계	200	1		1

(1) 위의 상대도수의 분포표를 완성하시오.

(2) 1학년과 2학년의 상대도수가 같은 계급을 구하시오.

(3) (2)의 계급에 속하는 1학년 학생 수와 2학년 학생 수를 각각 구하시오.

(4) (2), (3)에서 어떤 계급의 상대도수가 같으면 그 계급의 도수도 같다고 할 수 있는지 말하시오.

6

다음은 어떤 중학교 1학년 A반과 B반 학생들의 일주일 동안의 인터넷 강의 시청 시간에 대한 상대도수의 분포를 나타낸 그래프이다. 물음에 답하시오.

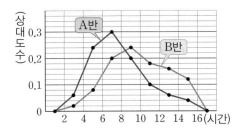

(1) A반과 B반 중에서 인터넷 강의 시청 시간이 6시간 이상 8시간 미만인 학생의 비율은 어느 반이 더 높은지 구하시오.
   ⇨ 6시간 이상 8시간 미만인 계급의 상대도수는
      A반: _____, B반: _____
      따라서 6시간 이상 8시간 미만인 학생의 비율은
      _____반 학생이 더 높다.

(2) A반과 B반 중에서 인터넷 강의 시청 시간이 대체적으로 더 긴 반을 구하시오.

7

다음은 A중학교와 B중학교 학생들의 일주일 동안의 독서 시간에 대한 상대도수의 분포를 나타낸 그래프이다. 물음에 답하시오.

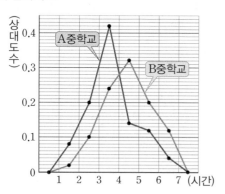

(1) A중학교의 상대도수가 B중학교의 상대도수보다 더 큰 계급을 모두 구하시오.

(2) A, B 두 중학교 중에서 독서 시간이 5시간 이상 6시간 미만인 학생의 비율은 어느 학교가 더 높은지 구하시오.

(3) A, B 두 중학교의 학생 수가 각각 250명, 300명일 때, 독서 시간이 3시간 이상 4시간 미만인 학생 수를 차례로 구하시오.

(4) A, B 두 중학교 중에서 독서 시간이 대체적으로 더 긴 학교를 구하시오.

대표 예제 한번 더!

8

오른쪽은 재민이네 동아리 학생 50명의 아침 식사 시간에 대한 상대도수의 분포를 나타낸 그래프이다. 다음 중 옳지 않은 것은?

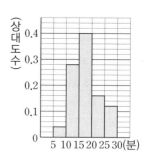

① 계급의 크기는 5분이다.
② 아침 식사 시간이 15분 미만인 학생은 16명이다.
③ 도수가 가장 큰 계급은 15분 이상 20분 미만이다.
④ 아침 식사 시간이 20분 이상 30분 미만인 학생은 전체의 26 %이다.
⑤ 아침 식사 시간이 8번째로 긴 학생이 속하는 계급은 20분 이상 25분 미만이다.

9

아래는 어느 중학교 1학년과 2학년 학생들의 몸무게에 대한 상대도수의 분포를 나타낸 그래프이다. 다음 중 옳지 않은 것을 모두 고르면? (정답 2개)

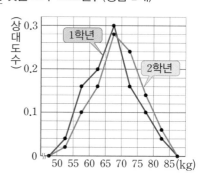

① 1학년에서 도수가 가장 큰 계급의 상대도수는 0.3이다.
② 65 kg 이상 70 kg 미만인 계급의 학생 수는 1학년이 2학년보다 더 많다.
③ 2학년 학생 중에서 몸무게가 75 kg 이상인 학생은 2학년 학생 전체의 14 %이다.
④ 1, 2학년 학생 중에서 몸무게가 85 kg 이상인 학생은 없다.
⑤ 1학년 학생 중에서 몸무게가 60 kg 미만인 학생 수가 60명이면 1학년 전체 학생 수는 300명이다.

수학이 쉬워지는 **완벽한 솔루션**

완쓸 개념

중등수학

1-2

정답 및 해설

1 기본 도형

개념 01 점, 선, 면 ·8~9쪽

개념 확인하기

1 (1) ○ (2) × (3) ×

2 (1) 점 A, 점 B, 점 C, 점 D, 점 E, 점 F, 점 G, 점 H
  (2) $\overline{AB}$, $\overline{BC}$, $\overline{CD}$, $\overline{DA}$, $\overline{AE}$, $\overline{BF}$, $\overline{CG}$, $\overline{DH}$, $\overline{EF}$, $\overline{FG}$, $\overline{GH}$, $\overline{HE}$

3 (1) 교점의 개수: 6개, 교선의 개수: 9개
  (2) 교점의 개수: 5개, 교선의 개수: 8개

대표 예제로 개념 익히기

예제1 ⑤ **1-1** ①, ⑤

예제2 20 **2-1** 13

2-2 교점의 개수: 8개, 교선의 개수: 13개

개념 02 직선, 반직선, 선분 ·10~11쪽

개념 확인하기

1 풀이 참조

2 (1) = (2) ≠ (3) = (4) =

대표 예제로 개념 익히기

예제1 (1) $\overrightarrow{AB}$ (2) $\overrightarrow{CA}$ (3) $\overrightarrow{AC}$ (4) $\overrightarrow{BA}$ (5) $\overline{AC}$

1-1 ①

1-2 $\overrightarrow{BA}$와 $\overrightarrow{CB}$, $\overrightarrow{AD}$와 $\overrightarrow{DA}$

예제2 (1) 3개 (2) 6개 (3) 3개

2-1 6개, 12개, 6개 **2-2** 10개

개념 03 두 점 사이의 거리 ·12~13쪽

개념 확인하기

1 (1) 5 cm (2) 6 cm (3) 8 cm

2 (1) $\frac{1}{2}$ (2) $\frac{1}{2}$, $\frac{1}{4}$ (3) 2, 4 (4) 6, 12

대표 예제로 개념 익히기

예제1 ③ **1-1** ⑤

예제2 9 cm

2-1 (개) 12 (내) 6 **2-2** 16 cm

개념 04 각 ·14~15쪽

개념 확인하기

1 (1) ∠BAC, ∠CAB, ∠A
  (2) ∠ABC, ∠CBA, ∠B
  (3) ∠ACB, ∠BCA, ∠C

2 풀이 참조

대표 예제로 개념 익히기

예제1 84°, 39° **1-1** 3

예제2 (1) 60 (2) 120 (3) 30

2-1 ① **2-2** 20°

개념 05 맞꼭지각 ·16~17쪽

개념 확인하기

1 (1) ∠BOD (2) ∠AOF (3) ∠COE
  (4) ∠DOE (5) ∠BOC (6) ∠BOF

2 (1) $\angle x=70°$, $\angle y=110°$ (2) $\angle x=65°$, $\angle y=65°$
  (3) $\angle x=25°$, $\angle y=75°$ (4) $\angle x=90°$, $\angle y=60°$

대표 예제로 개념 익히기

예제1 (1) 60 (2) 25

1-1 10 **1-2** 40

예제2 30°

2-1 25° **2-2** ④

개념 06 수직과 수선 ·18~19쪽

개념 확인하기

1 (1) $\overleftrightarrow{CD}$ (또는 $\overleftrightarrow{CO}$ 또는 $\overleftrightarrow{OD}$) (2) 점 O
  (3) $\overleftrightarrow{AB} \perp \overleftrightarrow{CD}$ (4) $\overline{CO}$ (5) $\overline{AB}$ (또는 $\overline{AO}$ 또는 $\overline{OB}$)

2 (1) 점 A (2) $\overline{AB}$ (3) 5 cm

대표 예제로 개념 익히기

예제1 ④, ⑤ **1-1** ㄱ, ㄷ

예제2 (1) 4 cm (2) 8 cm **2-1** 5, 6

개념 07 평면에서 두 직선의 위치 관계 ·20~21쪽

개념 확인하기

1 (1) × (2) × (3) ○ (4) ○

2 (1) $\overline{AD}$, $\overline{BC}$ (2) $\overline{AB}$, $\overline{CD}$ (3) $\overline{CD}$ (4) $\overline{BC}$

대표 예제로 개념 익히기

예제1 (1) 점 B, 점 E (2) 점 A, 점 C, 점 E
  (3) 점 A, 점 C, 점 D (4) 점 D

1-1 은영, 풀이 참조

1-2 (1) 점 A, 점 B (2) 점 A, 점 C
  (3) 점 A, 점 B, 점 C (4) 점 A

예제2 (1) 변 AB, 변 CD (2) 변 AD, 변 BC
  (3) $\overline{AD} /\!/ \overline{BC}$

2-1 ⑤

2-2 (1) $\overrightarrow{AB}$, $\overrightarrow{BC}$, $\overrightarrow{CD}$, $\overrightarrow{EF}$, $\overrightarrow{FG}$, $\overrightarrow{GH}$
  (2) $\overrightarrow{DE}$ (3) $\overrightarrow{BC}$와 $\overrightarrow{CD}$

• 22~23쪽

개념 08 공간에서 두 직선의 위치 관계

개념 확인하기

1 (1) $\overline{AB}$, $\overline{AD}$, $\overline{EF}$, $\overline{EH}$ (2) $\overline{BF}$, $\overline{CG}$, $\overline{DH}$
  (3) $\overline{BC}$, $\overline{FG}$, $\overline{DC}$, $\overline{HG}$

2 (1) 한 점에서 만난다. (2) 평행하다.
  (3) 꼬인 위치에 있다. (4) 평행하다.
  (5) 꼬인 위치에 있다.

대표 예제로 개념 익히기

예제1 ③
1-1 $\overline{IJ}$, $\overline{EK}$, $\overline{GL}$, $\overline{FL}$ **1-2** (1) 6개 (2) 6개
예제2 ③   **2-1** ②, ⑤

• 25~27쪽

개념 09 공간에서 직선과 평면의 위치 관계

개념 확인하기

1 (1) $\overline{AB}$, $\overline{CD}$, $\overline{EF}$, $\overline{GH}$ (2) $\overline{AB}$, $\overline{CD}$, $\overline{GH}$, $\overline{EF}$
  (3) $\overline{AD}$, $\overline{AE}$, $\overline{DH}$, $\overline{EH}$ (4) $\overline{BC}$, $\overline{BF}$, $\overline{CG}$, $\overline{FG}$
  (5) 면 ABFE, 면 DCGH (6) 면 BFGC, 면 EFGH
  (7) 면 AEHD, 면 EFGH

2 (1) 7 cm (2) 4 cm (3) 3 cm

3 (1) 면 ABCD, 면 ABFE, 면 EFGH, 면 DCGH
  (2) 면 ABCD, 면 ABFE, 면 EFGH, 면 DCGH
  (3) 면 BFGC

4 (1) 3개 (2) 2개 (3) 1개

대표 예제로 개념 익히기

예제1 ⑤
1-1 ㄱ, ㄹ   **1-2** 5
예제2 13   **2-1** 17
예제3 7   **3-1** ①, ⑤
예제4 (1) 면 ABFE, 면 EFGH, 면 AEH, 면 BFG
  (2) 면 AEH, 면 BFG
  (3) 면 ABGH, 면 BFG
  (4) $\overline{EF}$

4-1 7

• 28~29쪽

개념 10 동위각과 엇각

개념 확인하기

1 (1) $\angle e$ (2) $\angle h$ (3) $\angle c$ (4) $\angle b$ (5) $\angle e$ (6) $\angle d$

2 (1) 125 (2) $\angle e$, 55 (3) $\angle c$, 120 (4) 60

대표 예제로 개념 익히기

예제1 ①, ⑤   **1-1** ②, ④
예제2 ④   **2-1** ④

• 30~32쪽

개념 11 평행선의 성질

개념 확인하기

1 (1) $\angle x = 70°$, $\angle y = 70°$ (2) $\angle x = 55°$, $\angle y = 125°$
  (3) $\angle x = 90°$, $\angle y = 90°$

2 (1) ○ (2) ○ (3) ×

3 (1) $\angle x = 25°$, $\angle y = 55°$ (2) $\angle x = 27°$, $\angle y = 33°$

대표 예제로 개념 익히기

예제1 $\angle a = 145°$, $\angle b = 35°$, $\angle c = 35°$, $\angle d = 35°$
1-1 (1) 15 (2) 60   **1-2** 140°
예제2 35°   **2-1** $\angle x = 95°$, $\angle y = 135°$
예제3 (1) 80° (2) 60°
3-1 62°   **3-2** 90°
예제4 ④   **4-1** ①, ⑤

실전 문제로 단원 마무리하기 • 33~36쪽

1 ④	**2** ④	**3** ㄴ	**4** 24 cm	**5** ㄷ, ㄹ
6 (1) ㄱ, ㅁ (2) ㄷ, ㅂ (3) ㄴ			**7** 33°	**8** 70°
9 ⑤	**10** 점 A, 점 B		**11** ④, ⑤	**12** ⑤
13 ①, ③	**14** ⑤	**15** ②, ④	**16** ②, ⑤	
17 $\angle x = 80°$, $\angle y = 70°$			**18** 2°	**19** ⑤
19 4 cm	**20** 140°	**21** 9	**22** 74°	

OX 문제로 개념 점검! • 37쪽

❶ × ❷ ○ ❸ × ❹ × ❺ ○ ❻ ○ ❼ ○ ❽ ×
❾ × ❿ ○

---

2 작도와 합동

• 41~43쪽

개념 12 간단한 도형의 작도

개념 확인하기

1 ㄱ, ㄹ

2 (1) ○ (2) × (3) × (4) ○

3 P, $\overline{AB}$, P, $\overline{AB}$, Q   **4** A, B, C, $\overline{AB}$

5 Q, C, $\overline{AB}$, $\overline{AB}$, D

대표 예제로 개념 익히기

예제1 ④   **1-1** ㄷ, ㄹ
예제2 ㉢ → ㉠ → ㉡   **2-1** ㉢ → ㉡ → ㉠
예제3 (1) ㉠, ㉢, ㉡, ㉣, ㉤ (2) $\overline{OD}$, $\overline{PY}$
  (3) $\overline{YX}$ (4) $\angle YPX$ (또는 $\angle YPQ$)

3-1 ㄱ, ㄹ

예제4 (1) 평행 (2) ㉢, ㉣, ㉡, ㉠ (3) 동위각, 평행

4-1 ㄴ, ㄹ

개념 13 삼각형
·44~45쪽

개념 확인하기

1 (1) $\overline{BC}$ (2) $\overline{AB}$ (3) ∠C (4) ∠B

2 (1) 4 cm (2) 8 cm (3) 30° (4) 90°

3 (1) 10>4+5, × (2) 12<6+7, ○ (3) 5=2+3, ×

대표 예제로 개념 익히기

예제1 ①, ⑤   **1-1** ①, ④

예제2 8, 15, x, 1, 1, 15

2-1 $3<x<9$ **2-2** ③

개념 14 삼각형의 작도
·47~48쪽

개념 확인하기

1 (1) × (2) ○ (3) ○

2 a, ∠YCB, A

3 (1) 2개 (2) 무수히 많다.

4 (1) × (2) ○ (3) × (4) ○ (5) ○

대표 예제로 개념 익히기

예제1 ⑤   **1-1** ㄴ, ㄹ

예제2 ④

2-1 ㄱ, ㄹ   **2-2** ㄱ, ㄷ

개념 15 도형의 합동
·49~50쪽

개념 확인하기

1 (1) $\overline{PQ}$ (2) ∠P (3) $\overline{QR}$ (4) ∠Q (5) $\overline{RP}$ (6) ∠R

2 (1) $x=4$, $y=6$, $a=62$, $b=33$
   (2) $x=7$, $a=72$, $b=65$, $c=72$

대표 예제로 개념 익히기

예제1 ②

1-1 105   **1-2** ㄴ, ㄹ

예제2 ㄱ, ㄷ   **2-1** ②, ④

개념 16 삼각형의 합동 조건
·51~53쪽

개념 확인하기

1 (1) $\overline{FE}$, $\overline{CA}$, $\overline{ED}$ (2) $\overline{FE}$, ∠C, ∠E (3) $\overline{DF}$, ∠F

2 (1) ○ (2) ○ (3) × (4) ○

대표 예제로 개념 익히기

예제1 ㄱ과 ㅁ: SSS 합동, ㄷ과 ㄹ: SAS 합동,
     ㄴ과 ㅂ: ASA 합동

1-1 ④

예제2 (개) $\overline{AC}$ (내) △ADC (대) SSS

2-1 (1) 합동이다. (2) SSS 합동

2-2 풀이 참조

예제3 (개) ∠BOD (내) SAS

3-1 (1) △COB, SAS 합동 (2) 95°

예제4 (개) ∠DOC (내) ∠CDO (대) 양 끝 각 (래) ASA

4-1 ∠BOP, $\overline{OP}$, 90°, 90°, ASA

실전 문제로 단원 마무리하기
·54~56쪽

1 ②	**2** ③, ⑤	**3** 정삼각형	**4** 2개
5 ㄹ	**6** ②, ④	**7** ③, ⑤	**8** ③ **9** 2개
10 ②, ④	**11** ②	**12** ⑤	**13** 12 km
14 ⑤	**15** 8, 9		
16 (1) △AED≡△DFC (2) SAS 합동			

OX 문제로 개념 점검!
·57쪽

❶ × ❷ ○ ❸ × ❹ ○ ❺ × ❻ ○ ❼ × ❽ ○

3 평면도형의 성질

개념 17 다각형 / 정다각형
·60~61쪽

개념 확인하기

1 ㄴ, ㄹ, ㅁ

2 (1) 180°, 120° (2) 180°, 105°

3 (1) 변, 내각 (2) 정오각형

대표 예제로 개념 익히기

예제1 ②, ⑤   **1-1** ⑤

예제2 70°   **2-1** 200°

예제3 정구각형   **3-1** 정십이각형

개념 18 다각형의 대각선
·62~63쪽

개념 확인하기

1 풀이 참조

2 35, 70, 7, 10, 십각형

대표 예제로 개념 익히기

예제1 10

1-1 14개   **1-2** 25

예제2 ④

2-1 (1) 20개 (2) 27개 (3) 44개 (4) 65개

2-2 104개

개념 19 삼각형의 내각과 외각 ·64~66쪽

개념 확인하기

1 (1) $180°, 65°$ (2) $180°, 115°$ (3) $35°$ (4) $60°$

2 (1) $30°, 105°$ (2) $55°, 105°$ (3) $100°$ (4) $135°$

대표 예제로 개념 익히기

예제1 20

1-1 $105°$ **1-2** (1) $30°$ (2) $115°$

예제2 (1) $65°$ (2) $50°$

2-1 $50°$ **2-2** $60°$

예제3 $∠x=122°, ∠y=28°$

3-1 $80°$ **3-2** $140°$

예제4 $80°$ **4-1** $∠x=70°, ∠y=105°$

개념 20 다각형의 내각 ·67~68쪽

개념 확인하기

1 풀이 참조   **2** 풀이 참조

대표 예제로 개념 익히기

예제1 ②

1-1 ④   **1-2** $1620°$

예제2 ①

2-1 ③   **2-2** $140°$

개념 21 다각형의 외각 ·69~70쪽

개념 확인하기

1 (1) $360°$ (2) $360°$ (3) $360°$ (4) $360°$

2 풀이 참조

대표 예제로 개념 익히기

예제1 $80°$

1-1 $85°$ **1-2** $140°$

예제2 6개

2-1 ⑤   **2-2** $15°$

개념 22 원과 부채꼴 ·71~72쪽

개념 확인하기

1 풀이 참조

2 (1) $∠AOB$ (2) $∠AOC$ (3) $\overset{\frown}{BC}$ (4) $∠BOC$

3 (1) × (2) ○ (3) × (4) × (5) ○ (6) × (7) ×

대표 예제로 개념 익히기

예제1 ①, ④

1-1 (1) $180°$ (2) 현 (3) 반원

1-2 ⑤

예제2 정삼각형   **2-1** (1) $12\,cm$ (2) $60°$

개념 23 부채꼴의 성질 ·73~75쪽

개념 확인하기

1 (1) 4 (2) 120 (3) 8 (4) 100

2 (1) = (2) = (3) = (4) < (5) = (6) <

대표 예제로 개념 익히기

예제1 $x=20, y=12$

1-1 $x=10, y=160$

1-2 $∠AOC=20°, \overset{\frown}{AC}=3\,cm$

예제2 $12\,cm^2$

2-1 $36\,cm^2$ **2-2** $51\,cm^2$

예제3 $120°$ **3-1** $135°$

예제4 ㄴ, ㅁ

4-1 ⑤   **4-2** ④

개념 24 원의 둘레의 길이와 넓이 ·76~77쪽

개념 확인하기

1 (1) $l=10π, S=25π$ (2) $l=18π, S=81π$
   (3) $l=12π, S=36π$

2 (1) $2πr, 8, 8$ (2) $2πr, 15, 15$

대표 예제로 개념 익히기

예제1 (1) $12\,cm$ (2) $9π\,cm^2$

1-1 $6\,cm, 36π\,cm^2$ **1-2** $14π\,cm, 49π\,cm^2$

예제2 (1) 둘레의 길이: $(10π+20)\,cm$, 넓이: $50π\,cm^2$
   (2) 둘레의 길이: $24π\,cm$, 넓이: $24π\,cm^2$

2-1 둘레의 길이: $18π\,cm$, 넓이: $27π\,cm^2$

2-2 ①

개념 25 부채꼴의 호의 길이와 넓이 ·78~80쪽

개념 확인하기

1 (1) $l=\dfrac{4}{3}π, S=\dfrac{8}{3}π$ (2) $l=2π, S=3π$
   (3) $l=5π, S=15π$ (4) $l=12π, S=54π$

2 (1) $16π$ (2) $15π$

대표 예제로 개념 익히기

예제1 (1) $7π\,cm$ (2) $60°$

1-1 ②   **1-2** $40°$

예제2 $8π\,cm$

2-1 ④   **2-2** (1) $5\,cm$ (2) $144°$

예제3 (1) $(3π+8)\,cm$ (2) $6π\,cm^2$

3-1 $(7π+18)\,cm$ **3-2** ②

예제4 둘레의 길이: $12π\,cm$, 넓이: $(72π-144)\,cm^2$

4-1 $(72-18π)\,cm^2$

4-2 둘레의 길이: $(10π+20)\,cm$, 넓이: $50\,cm^2$

1 ③, ④ **2** 25 cm **3** 정십사각형 **4** 65°
5 ③ **6** (1) ∠BFG=65°, ∠BGF=90° (2) 25°
7 140° **8** 90개 **9** 360° **10** ⑤ **11** ④
12 ①, ③ **13** 180° **14** 36 cm² **15** 120°
16 3 cm **17** ㄱ, ㄹ **18** 98π cm² **19** 건우
20 (4π+16) cm, (48−8π) cm² **21** 21
22 60° **23** 3 cm **24** (1) 120° (2) 27π cm²

OX 문제로 개념 점검! •85쪽

❶ × ❷ × ❸ ○ ❹ × ❺ × ❻ ○ ❼ ○ ❽ ×
❾ ○

4 입체도형의 성질

개념 26 다면체 •89~91쪽

개념 확인하기

1 ㄱ, ㄷ, ㄹ
2 (1) × (2) ○ (3) × (4) ○ (5) ×
3 풀이 참조

대표 예제로 개념 익히기

예제1 4개 1-1 ③
예제2 (1) 오각형 (2) 사다리꼴 (3) 2개 (4) 7개
2-1 ④ **2-2** 33
2-3 27개, 18개
예제3 ㄴ, ㄷ, ㅂ
3-1 ② **3-2** ③, ④
예제4 팔각기둥
4-1 오각뿔대 **4-2** ①, ④

개념 27 정다면체 •93~94쪽

개념 확인하기

1 풀이 참조
2 (1) ○ (2) × (3) × (4) ○ (5) ×
3 (1) ○ (2) × (3) ○ (4) × (5) ○

대표 예제로 개념 익히기

예제1 ②, ④
1-1 ⑤ **1-2** 20
예제2 ㄱ, ㄹ **2-1** ④

개념 28 회전체 •95~96쪽

개념 확인하기

1 ㄱ, ㄹ, ㅁ
2 풀이 참조

대표 예제로 개념 익히기

예제1 ㄱ, ㄴ, ㅁ, ㅅ **1-1** ③, ⑤
예제2 (1) ㄴ (2) ㄷ (3) ㄱ **2-1** ⑤

개념 29 회전체의 성질과 전개도 •98~99쪽

개념 확인하기

1 (1) × (2) ○ (3) × (4) ×
2 풀이 참조
3 (1) $a=11$, $b=5$ (2) $a=10$, $b=3$
4 둘레, 6, 12π

대표 예제로 개념 익히기

예제1 (1) ㄴ (2) ㄱ (3) ㄷ
1-1 ②, ③ **1-2** ③
예제2 $x=2$, $y=4π$, $z=7$
2-1 80π **2-2** 4 cm

개념 30 기둥의 겉넓이 •100~101쪽

개념 확인하기

1 (1) ㉠: 3 ㉡: 5 ㉢: 16 (2) 15 (3) 112 (4) 142
2 (1) ㉠: 5 ㉡: 10π ㉢: 9 (2) 25π (3) 90π (4) 140π

대표 예제로 개념 익히기

예제1 212 cm²
1-1 72 cm² **1-2** 10 cm
예제2 378π cm²
2-1 (56π+80) cm² **2-2** (1) 3 (2) 78π cm²

개념 31 기둥의 부피 •102~103쪽

개념 확인하기

1 (1) 120 (2) 90π
2 (1) (밑넓이)=12, (높이)=6, (부피)=72
  (2) (밑넓이)=30, (높이)=8, (부피)=240
  (3) (밑넓이)=16π, (높이)=9, (부피)=144π
  (4) (밑넓이)=25π, (높이)=6, (부피)=150π

대표 예제로 개념 익히기

예제1 108 cm³
1-1 121 cm³ **1-2** 392 cm³
예제2 ③
2-1 384π cm³ **2-2** 320π cm³

개념 32 뿔의 겉넓이
·104~105쪽

개념 확인하기

1 (1) ㉠: 12 ㉡: 13 (2) 100 (3) 240 (4) 340

2 (1) ㉠: 6 ㉡: 8π (2) 16π (3) 24π (4) 40π

대표 예제로 개념 익히기

예제1 (1) 132 cm² (2) 27π cm²

1-1 9

1-2 (1) 6π cm (2) 3 cm (3) 36π cm²

예제2 (1) 16π cm² (2) 64π cm²

(3) 72π cm² (4) 152π cm²

2-1 (1) 9 cm² (2) 25 cm²

(3) 80 cm² (4) 114 cm²

개념 33 뿔의 부피
·106~107쪽

개념 확인하기

1 (1) 160 (2) 49π

2 (1) (밑넓이)=30, (높이)=11, (부피)=110

(2) (밑넓이)=15, (높이)=7, (부피)=35

(3) (밑넓이)=25π, (높이)=12, (부피)=100π

(4) (밑넓이)=36π, (높이)=9, (부피)=108π

대표 예제로 개념 익히기

예제1 ②

1-1 80π cm³ **1-2** 8 cm

예제2 84π cm³ **2-1** 28 cm³

개념 34 구의 겉넓이와 부피
·108~110쪽

개념 확인하기

1 (1) 9², 324π, 9³, 972π

(2) 겉넓이: 64π, 부피: $\frac{256}{3}\pi$

(3) 겉넓이: 100π, 부피: $\frac{500}{3}\pi$

2 (1) 18π, 9π, 27π, 18π (2) 108π, 144π

(3) 147π, $\frac{686}{3}\pi$

대표 예제로 개념 익히기

예제1 ④

1-1 12π cm² **1-2** 4배

예제2 63π cm³

2-1 288π cm³ **2-2** $\frac{256}{3}\pi$ cm³

예제3 겉넓이: 144π cm², 부피: 216π cm³

3-1 겉넓이: 68π cm², 부피: $\frac{224}{3}\pi$ cm³

예제4 (1) $\frac{16}{3}\pi$ cm³ (2) $\frac{32}{3}\pi$ cm³ (3) 16π cm³

(4) 1 : 2 : 3

4-1 288

실전 문제로 단원 마무리하기
·111~114쪽

1 3개	**2** 44	**3** ④	**4** ③, ⑤	**5** $\overline{CF}$
6 ⑤	**7** 구	**8** ③	**9** 24 cm²	
10 ③	**11** 1000π cm²			

12 겉넓이: (130+8π) cm², 부피: (100−5π) cm³

13 120° **14** ② **15** $\frac{45}{2}$ cm³

16 264π cm² **17** $\frac{49}{2}\pi$ cm²

18 $\frac{2416}{3}\pi$ cm³ **19** ②, ⑤ **20** 27개

21 풀이 참조 **22** 12 cm **23** 27개

OX 문제로 개념 점검!
·115쪽

❶ × ❷ ○ ❸ ○ ❹ × ❺ ○ ❻ × ❼ × ❽ ×

5 대푯값 / 자료의 정리와 해석

개념 35 대푯값
·118~120쪽

개념 확인하기

1 (1) 3 (2) 4 (3) 7 (4) 8

2 (1) 5 (2) 6 (3) 6 (4) 12.5

3 (1) 3 (2) 1, 2 (3) 없다. (4) 빨강

대표 예제로 개념 익히기

예제1 30회

1-1 90.5점 **1-2** 7

예제2 ②

2-1 5권 **2-2** 4명

예제3 25편

3-1 17 **3-2** ②

예제4 $x=6$, 중앙값: 5.5

4-1 10 **4-2** 12

개념 36 줄기와 잎 그림
·121~122쪽

개념 확인하기

1 (1) 2회, 36회 (2) 풀이 참조

2 (1) 잎이 가장 많은 줄기: 1, 잎이 가장 적은 줄기: 3

  (2) 0, 2, 3, 3, 5, 7   (3) 6명   (4) 35회

대표 예제로 개념 익히기

예제1 (1) 풀이 참조   (2) 10분대   (3) 5명

1-1 (1) 풀이 참조   (2) 3   (3) 5명   (4) 9명

예제2 (1) 20명   (2) 5명   (3) 157 cm

2-1 (1) 24명   (2) 42시간   (3) 4번째

개념37 도수분포표 ·123~125쪽

개념 확인하기

1 (1) 133 cm, 175 cm   (2) 풀이 참조

2 (1) 계급의 크기: 6분, 계급의 개수: 4개

  (2) 6분 이상 12분 미만   (3) 21분

  (4) 12분 이상 18분 미만   (5) 10명

대표 예제로 개념 익히기

예제1 풀이 참조   (1) 20시간 이상 25시간 미만   (2) 3명

1-1 (1) 풀이 참조   (2) 30세 이상 40세 미만   (3) 3명

예제2 ③, ⑤

2-1 (1) 10점   (2) 12명   (3) 80점 이상 90점 미만

예제3 (1) 6   (2) 180 cm 이상 190 cm 미만

  (3) 170 cm 이상 180 cm 미만

3-1 ②, ④

예제4 (1) 12   (2) 40 %   **4-1** (1) 6명   (2) 60 %

개념38 히스토그램 ·126~127쪽

개념 확인하기

1 풀이 참조

2 (1) 계급의 크기: 10점, 계급의 개수: 6개

  (2) 50명   (3) 70점 이상 80점 미만   (4) 11명

대표 예제로 개념 익히기

예제1 (1) 150분 이상 180분 미만   (2) 30명   (3) 20 %

1-1 ③, ④

예제2 (1) 13명   (2) 80점 이상 90점 미만

2-1 (1) 25명   (2) 10명

개념39 도수분포다각형 ·128~129쪽

개념 확인하기

1 풀이 참조

2 (1) 계급의 크기: 2초, 계급의 개수: 4개   (2) 30명

  (3) 도수가 가장 큰 계급: 8초 이상 10초 미만,

    도수가 가장 작은 계급: 12초 이상 14초 미만

  (4) 6초 이상 8초 미만

대표 예제로 개념 익히기

예제1 (1) 5개   (2) 28명   (3) 17명   (4) 7명

1-1 ③

예제2 (1) 11명   (2) 56 %

2-1 (1) 30명   (2) 10명   (3) 50 %

개념40 상대도수 ·130~131쪽

개념 확인하기

1 (1) 풀이 참조   (2) 1

2 (1) 0.2, 8   (2) 0.52, 25

대표 예제로 개념 익히기

예제1 (1) $A=8$, $B=0.26$, $C=50$, $D=0.14$, $E=1$

  (2) 32 %

1-1 (1) $A=5$, $B=0.45$, $C=3$, $D=0.15$ (2) 0.15

예제2 (1) 10   (2) 0.2   (3) 6

2-1 (1) 80명   (2) 8명

개념41 상대도수의 분포를 나타낸 그래프 ·132~134쪽

개념 확인하기

1 풀이 참조

2 (1) 165 cm 이상 170 cm 미만, 150 cm 이상 155 cm 미만

  (2) 165 cm 이상 170 cm 미만, 150 cm 이상 155 cm 미만

  (3) 0.2   (4) 12명   (5) 20 %

대표 예제로 개념 익히기

예제1 ⑤

1-1 (1) 0.4   (2) 20명

1-2 (1) 40명   (2) 10명   (3) 30 %

예제2 (1) 2배   (2) 200명   (3) B중학교

2-1 (1) 남학생   (2) 남학생

2-2 (1) 여학생: 0.12, 남학생: 0.15   (2) 남학생

실전 문제로 단원 마무리하기 ·135~138쪽

1 6   **2** ⑤   **3** 중앙값, 22   **4** 85

5 ③, ④ **6** 1반   **7** 1반, 2명   **8** ④

9 30명   **10** 6   **11** 20 %   **12** 12명   **13** ④

14 12명   **15** 16시간 이상 20시간 미만   **16** ㄴ, ㄷ

17 13회   **18** 39명   **19** 15개   **20** 14명

OX 문제로 개념 점검! ·139쪽

❶× ❷○ ❸× ❹× ❺○ ❻○ ❼○ ❽○
❾×

1 기본 도형

개념 01 점, 선, 면 ·3쪽

1 (1) ○ (2) × (3) ○ (4) ○ (5) ○ (6) × (7) ×
2 (1) 점 B (2) 점 A (3) 점 D (4) $\overline{BC}$ (5) $\overline{AD}$
3 (1) 8개, 12개 (2) 6개, 10개
4 ③   **5** 25

개념 02 직선, 반직선, 선분 ·4쪽

1 (1) $\overleftrightarrow{MN}$ (또는 $\overleftrightarrow{NM}$) (2) $\overrightarrow{MN}$
   (3) $\overrightarrow{NM}$ (4) $\overline{MN}$ (또는 $\overline{NM}$)
2 (1)~(5) 풀이 참조
3 (1) ≠ (2) = (3) ≠ (4) =
   (5) = (6) ≠ (7) = (8) ≠
4 ②, ⑤   **5** 18

개념 03 두 점 사이의 거리 ·5~6쪽

1 (1) 4 cm (2) 6 cm (3) 5 cm (4) 8 cm
2 (1) 16 cm (2) 8 cm (3) 14 cm (4) 12 cm
3 (1) $\frac{1}{2}$ (2) 2 (3) 2 (4) $\frac{1}{2}$ (5) $\frac{1}{4}$
4 (1) 2, 2 (2) $\frac{1}{2}$, 2 (3) 2
5 (1) 4 cm (2) 2 cm (3) 6 cm
6 (1) 4 cm (2) 3 cm (3) 7 cm
7 ④   **8** ③

개념 04 각 ·7쪽

1 (1) ∠ABC, ∠CBA (2) ∠ACB, ∠BCA
2 (1) 예각 (2) 직각 (3) 예각
   (4) 둔각 (5) 평각 (6) 둔각
3 (1) 예각 (2) 직각 (3) 평각
   (4) 예각 (5) 둔각 (6) 직각
4 100°, 134°
5 ④   **6** ⑤

개념 05 맞꼭지각 ·8~9쪽

1 (1) ∠DOE (2) ∠DOC (3) ∠COB
   (4) ∠DOB (5) ∠DOF
2 (1) 50° (2) 40° (3) 90° (4) 140° (5) 130°
3 (1) 42° (2) 95°
4 (1) ∠x=100°, ∠y=80° (2) ∠x=75°, ∠y=65°
   (3) ∠x=35°, ∠y=85°
5 ②   **6** ③

개념 06 수직과 수선 ·10쪽

1 (1) $\overline{AD}\perp\overline{PB}$ (2) 점 B (3) $\overline{PB}$
2 (1) 점 H (2) $\overline{AH}$ (3) 3 cm
3 ⑤   **4** ⑤

개념 07 평면에서 두 직선의 위치 관계 ·11~12쪽

1 (1) 점 B, 점 D (2) 점 A, 점 C, 점 E
2 (1) 점 C, 점 D, 점 E (2) 점 A, 점 B
3 (1) × (2) × (3) ○ (4) ○ (5) × (6) ○
4 (1) 모서리 AB, 모서리 AD, 모서리 AE
   (2) 점 A, 점 B
   (3) 점 E, 점 F, 점 G, 점 H
5 (1) $\overline{DE}$ (2) $\overline{BC}$ (3) $\overline{AF}$, $\overline{BC}$
   (4) $\overline{AF}$, $\overline{DE}$ (5) $\overline{CD}$, $\overline{DE}$
6 (1) × (2) ○ (3) × (4) ○ (5) ×
7 ②   **8** ③, ④

개념 08 공간에서 두 직선의 위치 관계 ·13~14쪽

1 (1) $\overline{AC}$, $\overline{AD}$, $\overline{BC}$, $\overline{BE}$ (2) $\overline{DE}$ (3) $\overline{DF}$
   (4) $\overline{CF}$, $\overline{DF}$, $\overline{EF}$ (5) $\overline{BE}$, $\overline{DE}$, $\overline{EF}$
2 (1) $\overline{DE}$, $\overline{GH}$, $\overline{JK}$ (2) $\overline{CD}$, $\overline{GL}$, $\overline{IJ}$
   (3) $\overline{BC}$, $\overline{EF}$, $\overline{HI}$
   (4) $\overline{CI}$, $\overline{DJ}$, $\overline{EK}$, $\overline{FL}$, $\overline{GL}$, $\overline{HI}$, $\overline{IJ}$, $\overline{KL}$
   (5) $\overline{AG}$, $\overline{BH}$, $\overline{CI}$, $\overline{FL}$, $\overline{AF}$, $\overline{BC}$, $\overline{CD}$, $\overline{EF}$
3 (1) 꼬인 위치에 있다. (2) 한 점에서 만난다.
   (3) 꼬인 위치에 있다. (4) 평행하다. (5) 평행하다.
4 ⑤   **5** 4

개념 09 공간에서 직선과 평면의 위치 관계 ·15~16쪽

1 (1) $\overline{EF}$, $\overline{FG}$, $\overline{EH}$, $\overline{GH}$ (2) $\overline{AE}$, $\overline{BF}$, $\overline{CG}$, $\overline{DH}$
   (3) 면 ABCD, 면 CGHD (4) 면 ABCD, 면 EFGH
   (5) 면 AEHD, 면 BFGC (6) 5 cm
2 (1) 6개 (2) 2개 (3) 2개 (4) 2개 (5) 6개 (6) 6개
3 (1) 3개 (2) 1개 (3) 5개 (4) 5개 (5) 2개
4 8   **5** 8
6 4쌍   **7** 4

개념 10 동위각과 엇각 ·17쪽

1 (1) ∠e (2) ∠f (3) ∠g (4) ∠a (5) ∠b (6) ∠d
2 (1) ∠g (2) ∠h (3) ∠b (4) ∠a
3 (1) 55 (2) 95 (3) ∠d, 85 (4) ∠b, 125 (5) ∠c, 55
4 ④

개념 11 **평행선의 성질** ·18~19쪽

1 (1) 120° (2) 70° (3) 40° (4) 65°

2 (1) $\angle x=110°$, $\angle y=110°$ (2) $\angle x=60°$, $\angle y=120°$
(3) $\angle x=145°$, $\angle y=35°$ (4) $\angle x=55°$, $\angle y=125°$

3 (1) $\angle x=20°$, $\angle y=64°$ (2) $\angle x=45°$, $\angle y=60°$
(3) $\angle x=55°$, $\angle y=65°$ (4) $\angle x=30°$, $\angle y=40°$
(5) $\angle x=40°$, $\angle y=32°$ (6) $\angle x=45°$, $\angle y=25°$

4 (1) $\angle x=32°$, $\angle y=23°$ (2) $\angle x=35°$, $\angle y=30°$

5 (1) ○ (2) × (3) × (4) ○

6 ④ **7** $x=48$, $y=76$

8 15° **9** ②

2 작도와 합동

개념 12 **간단한 도형의 작도** ·20~22쪽

1 (1) 눈금 없는 자 (2) 컴퍼스 (3) 컴퍼스

2 (1) ○ (2) × (3) ○ (4) ○ (5) × (6) ○

3 ❶ P ❷ $\overline{AB}$ ❸ P, $\overline{AB}$, Q, $\overline{PQ}$

4 ❶ 원, A, B ❷ $\overrightarrow{PQ}$, C ❸ B, 반지름
❹ C, D ❺ ∠DPQ (또는 ∠DPC)

5 ❶ P ❷ C, B ❸ $\overline{AB}$ (또는 $\overline{AC}$), R
❹ B, $\overline{BC}$ ❺ R, Q ❻ 평행

6 ㄴ, ㄷ **7** ⑤

8 ④ **9** ③

개념 13 **삼각형** ·23쪽

1 (1) 5 cm (2) 3 cm (3) 4 cm

2 (1) 60° (2) 77° (3) 43°

3 (1) × (2) × (3) ○ (4) ○

4 ①, ④

5 5, 17, 12, 7, 7, 17

개념 14 **삼각형의 작도** ·24~25쪽

1 (1) ○ (2) × (3) ○ (4) ○

2 (1) $\overline{BC}$ (2) c (3) b, A (4) $\overline{AC}$, △ABC

3 (1) ∠B (2) a, C (3) c, A (4) $\overline{AC}$

4 (1) $\overline{BC}$ (2) ∠YBC, ∠XCB (3) A

5 (1) ○ (2) × (3) × (4) ○
(5) ○ (6) × (7) ○ (8) ○

6 ④ **7** ②

8 ㄴ, ㄹ

개념 15 **도형의 합동** ·26쪽

1 (1) 점 E (2) 점 H (3) $\overline{EH}$
(4) $\overline{FG}$ (5) ∠F (6) ∠D

2 (1) 점 E (2) 25° (3) 100°
(4) 55° (5) 6 cm (6) 7 cm

3 (1) 65, 3, 5 (2) 8, 30, 60

4 ④ **5** ①, ④

개념 16 **삼각형의 합동 조건** ·27~29쪽

1 (1) SAS 합동 (2) ASA 합동 (3) SSS 합동
(4) SAS 합동 (5) ASA 합동

2 (1) $\overline{DF}$ (2) ∠E

3 (1) $\overline{DE}$ (2) ∠D, ∠F

4 (1) ○ (2) ○ (3) × (4) ○ (5) ×

5 $\overline{BD}$, △CDB, SSS

6 $\overline{BM}$, ∠BMP, $\overline{BM}$, ∠BMP, SAS

7 ∠DAC, $\overline{AC}$, ASA

8 ②

9 △ABD≡△CBD, SSS 합동

10 △ABD≡△CDB, SAS 합동

11 ④

3 평면도형의 성질

개념 17 **다각형 / 정다각형** ·30쪽

1 ㄴ, ㅂ

2 (1) 130° (2) 40°

3 (1) ○ (2) × (3) ○ (4) × (5) ×

4 ④

5 $x=65$, $y=80$

6 정십각형

개념 18 **다각형의 대각선** ·31쪽

1 (1) 1개 (2) 3개 (3) 5개 (4) 7개
(5) 10개 (6) $(n-3)$개

2 (1) 2개 (2) 9개 (3) 20개 (4) 35개
(5) 65개 (6) $\dfrac{n(n-3)}{2}$개

3 14, 28, 7, 7, 칠각형

4 90, 180, 12, 15, 십오각형

5 17 **6** ④

개념 19 삼각형의 내각과 외각
·32~33쪽

1 (1) 180°, 60° (2) 180°, 120°
  (3) 40° (4) 65° (5) 70° (6) 35°
2 (1) 45°, 115° (2) 30°, 120°
  (3) 120° (4) 100° (5) 80° (6) 93°
3 ③   **4** 65°
5 (1) 50° (2) 70°   **6** 70°

개념 20 다각형의 내각
·34쪽

1 (1) 540° (2) 720° (3) 1440° (4) 2340°
2 (1) 108° (2) 135° (3) 144° (4) 150°
3 ③   **4** ④

개념 21 다각형의 외각
·35쪽

1 (1) 360° (2) 360° (3) 360° (4) 360°
2 (1) 72° (2) 30° (3) 24° (4) $\dfrac{360°}{n}$
3 80°   **4** ④

개념 22 원과 부채꼴
·36쪽

1 (1)~(4) 풀이 참조
2 (1) $\overline{OA}$ (또는 $\overline{OB}$ 또는 $\overline{OC}$) (2) $\overline{BC}$ (3) $\overline{DE}$
  (4) $\overparen{AC}$ (5) ∠AOB
3 (1) ○ (2) × (3) × (4) ○ (5) ○
4 ⑤   **5** 10 cm

개념 23 부채꼴의 성질
·37~38쪽

1 (1) = (2) = (3) = (4) =
2 (1) 45 (2) 10 (3) 160 (4) 3
3 (1) 12 (2) 100 (3) 4 (4) 30
4 (1) ○ (2) × (3) ○ (4) × (5) ○ (6) ×
5 57   **6** ③
7 50°   **8** ④

개념 24 원의 둘레의 길이와 넓이
·39쪽

1 (1) $l=4\pi$, $S=4\pi$ (2) $l=12\pi$, $S=36\pi$
  (3) $l=14\pi$, $S=49\pi$ (4) $l=10\pi$, $S=25\pi$
  (5) $l=18\pi$, $S=81\pi$ (6) $l=24\pi$, $S=144\pi$
2 (1) $2\pi r$, 1, 1 (2) 8π, 4, 4
3 49π cm²
4 (1) 12π cm, 12π cm² (2) 14π cm, 12π cm²

개념 25 부채꼴의 호의 길이와 넓이
·40~41쪽

1 (1) 4π (2) $\dfrac{2}{3}\pi$ (3) 2π (4) 14π
2 (1) 9π (2) $\dfrac{3}{2}\pi$ (3) 6π (4) 20π
3 (1) 25π (2) 5π (3) 12π (4) 7π
4 ③
5 8 cm
6 $\left(\dfrac{8}{3}\pi+4\right)$ cm, $\dfrac{8}{3}\pi$ cm²
7 (1) 2π cm² (2) $(18\pi-36)$ cm²
8 (1) 8 cm² (2) $(36\pi-72)$ cm²
9 $(50\pi-100)$ cm²

4 입체도형의 성질

개념 26 다면체
·42~43쪽

1 (1) ○ (2) × (3) × (4) ○
2 (1) 5개, 오면체 (2) 4개, 사면체
  (3) 6개, 육면체 (4) 5개, 오면체
3 (1) 8개, 5개 (2) 9개, 6개 (3) 15개, 10개
4 풀이 참조
5 ⑤   **6** 23
7 ②   **8** ②

개념 27 정다면체
·44~45쪽

1 (1) ㄱ, ㄷ, ㅁ (2) ㄴ (3) ㄹ
  (4) ㄱ, ㄴ, ㄹ (5) ㄷ (6) ㅁ
2 (1) ○ (2) ○ (3) × (4) × (5) ○ (6) ×
3 (1) ㄹ (2) ㅁ (3) ㄱ (4) ㄷ (5) ㄴ
4 (1) ㈎ E, ㈏ D (2) $\overline{ED}$
5 ⑤   **6** 6

개념 28 회전체
·46쪽

1 ㄱ, ㄹ, ㅁ, ㅂ
2 (1)~(6) 풀이 참조
3 (1) ㄱ, ㄷ, ㄹ, ㅅ
  (2) ㄴ, ㅁ, ㅂ, ㅇ, ㅈ
4 ④

회전체의 성질과 전개도 ・47~48쪽

1 (1) ○ (2) ○ (3) ○ (4) × (5) ×

2 (1) 원, 직사각형 (2) 원, 이등변삼각형
　　(3) 원, 사다리꼴 (4) 원, 원

3 (1) $a=4$, $b=8$ (2) $a=8$, $b=3$ (3) $a=2$, $b=6$

4 둘레, 3, 6π　　**5** 둘레, 6, 12π

6 ③, ⑤　　　　　　　**7** ⑤

8 $(16\pi+16)$ cm

개념 30 **기둥의 겉넓이** ・49쪽

1 (1) ㉠: 5　㉡: 12　㉢: 30
　　(2) 30 (3) 300 (4) 360

2 (1) ㉠: 3　㉡: 4　㉢: 14
　　(2) 12 (3) 70 (4) 94

3 (1) ㉠: 3　㉡: 6π　㉢: 10
　　(2) 9π (3) 60π (4) 78π

4 162 cm²　　　　　**5** 104π cm²

개념 31 **기둥의 부피** ・50~51쪽

1 (1) 180 (2) 100π

2 (1) 24, 9, 216 (2) 16, 6, 96
　　(3) 25π, 7, 175π (4) 3, 5, 15
　　(5) 24, 8, 192 (6) 36π, 8, 288π

3 (1) 160π (2) 90π (3) 70π

4 ③　　　　　　　　**5** 144 cm³

6 64π cm³　　　　**7** $(300-20\pi)$ cm³

개념 32 **뿔의 겉넓이** ・52쪽

1 (1) ㉠: 6　㉡: 4
　　(2) 16 (3) 48 (4) 64

2 (1) ㉠: 5　㉡: 6π　㉢: 3
　　(2) 9π (3) 15π (4) 24π

3 (1) 9 cm² (2) 64 cm² (3) 110 cm² (4) 183 cm²

4 65 cm²　　　　　　**5** ②

개념 33 **뿔의 부피** ・53~54쪽

1 (1) 110 (2) 48π

2 (1) 30, 7, 70 (2) 9π, 8, 24π (3) 20, 6, 40
　　(4) 36π, 7, 84π (5) 28, 12, 112 (6) 16π, 6, 32π

3 (1) 27π (2) π (3) 26π

4 32 cm³　　　　　　**5** 63π cm³

6 9 cm　　　　　　　**7** 312 cm³

개념 34 **구의 겉넓이와 부피** ・55~56쪽

1 (1) 2^2, 16π (2) 196π (3) 64π

2 (1) 4π, 12π (2) 300π (3) 243π

3 (1) 2^3, $\dfrac{32}{3}\pi$ (2) 972π (3) 36π

4 (1) $\dfrac{256}{3}\pi$, $\dfrac{128}{3}\pi$ (2) 144π (3) $\dfrac{1024}{3}\pi$

5 ①

6 132π cm³

7 겉넓이: 36π cm², 부피: 27π cm³

8 (1) 3 : 2 : 1 (2) 32π cm³

5 대푯값 / 자료의 정리와 해석

개념 35 **대푯값** ・57~58쪽

1 (1) 4 (2) 7 (3) 4 (4) 6

2 (1) 5 (2) 8 (3) 7 (4) 14

3 (1) 3 (2) 2, 4 (3) 없다. (4) 노랑, 파랑

4 (1) 7 (2) 5

5 (1) 8 (2) 22

6 (1) 1 (2) 5

7 평균: 25 ℃, 중앙값: 25 ℃, 최빈값: 22 ℃

8 (1) 7개 (2) 5개 (3) 없다. (4) 중앙값

9 12

개념 36 **줄기와 잎 그림** ・59~60쪽

1 (1) 25세, 46세 (2) 풀이 참조

2 (1) 135 cm, 164 cm (2) 풀이 참조

3 (1) 2, 4 (2) 1, 2, 5, 6, 6, 8 (3) 15명
　　(4) 6명 (5) 48시간

4 (1) 풀이 참조 (2) 11명 (3) 40점대 (4) 59점

5 ⑤

개념 37 **도수분포표** ・61~63쪽

1 (1) 61점, 97점 (2) 풀이 참조

2 (1) 30명 (2) 풀이 참조

3 (1) 10초, 5개 (2) 20초 이상 30초 미만
　　(3) 10초 이상 20초 미만 (4) 10명

4 (1) 6 (2) 10명 (3) 20분 이상 30분 미만 (4) 13명

5 (1) 20명 (2) 7명 (3) 35 % (4) 20 %

6 풀이 참조   (1) 50세 이상 60세 미만   (2) 5명

7 ②, ⑤   **8** ⑤

9 (1) 8명   (2) 40 %

개념 **38** **히스토그램**   •64~65쪽

1 풀이 참조   **2** 풀이 참조

3 (1) 10점, 5개   (2) 80점 이상 90점 미만

  (3) 35명   (4) 5명

4 (1) 40명   (2) 20시간 이상 25시간 미만

  (3) 37.5 %   (4) 200

5 (1) 8명   (2) 25 %   (3) 8개 이상 10개 미만

6 ⑤   **7** ④

개념 **39** **도수분포다각형**   •66~67쪽

1 풀이 참조   **2** 풀이 참조

3 (1) 4회, 6개   (2) 30회 이상 34회 미만

  (3) 27명   (4) 4명

4 (1) 11명   (2) 5명   (3) 70 %   (4) 300

5 (1) 4명   (2) 10 %

6 ③

7 (1) 30 %   (2) 30 m 이상 35 m 미만

개념 **40** **상대도수**   •68~69쪽

1 (1) 풀이 참조   (2) 1

2 (1) 풀이 참조   (2) 60점 이상 70점 미만

3 (1) 1, 1   (2) 2, 20   (3) 20, 5

  (4) 20, 5, 3   (5) 풀이 참조

4 (1) 6   (2) 25

5 (1) $A=0.2$, $B=14$, $C=0.25$, $D=2$, $E=1$

  (2) 55 %

6 (1) $A=15$, $B=21$, $C=0.42$, $D=50$, $E=1$

  (2) 60 %

7 4명

개념 **41** **상대도수의 분포를 나타낸 그래프**   •70~72쪽

1 풀이 참조   **2** 풀이 참조

3 (1) 165 cm 이상 170 cm 미만,

    150 cm 이상 155 cm 미만

  (2) 165 cm 이상 170 cm 미만,

    150 cm 이상 155 cm 미만

  (3) 0.18   (4) 9명   (5) 22 %

4 (1) 0.18   (2) 36명   (3) 27 %

---

5 (1) 풀이 참조

  (2) 80점 이상 90점 미만

  (3) 1학년: 60명, 2학년: 75명

  (4) 어떤 계급의 상대도수가 같다고 하여 그 계급의 도수
    도 같다고 할 수 없다.

6 (1) 0.3, 0.2, A   (2) B반

7 (1) 1시간 이상 2시간 미만,

    2시간 이상 3시간 미만,

    3시간 이상 4시간 미만

  (2) B중학교

  (3) 105명, 72명

  (4) B중학교

8 ④   **9** ②, ③

정답 및 해설

1 기본 도형

개념 **01** 점, 선, 면 ·8~9쪽

·개념 확인하기

1 답 (1) ○ (2) × (3) ×
(2) 교점은 선과 선 또는 선과 면이 만나서 생기는 점이다.
(3) 평면과 곡면의 교선은 곡선이다.

2 답 (1) 점 A, 점 B, 점 C, 점 D, 점 E, 점 F, 점 G, 점 H
　　(2) $\overline{AB}$, $\overline{BC}$, $\overline{CD}$, $\overline{DA}$, $\overline{AE}$, $\overline{BF}$, $\overline{CG}$, $\overline{DH}$, $\overline{EF}$, $\overline{FG}$, $\overline{GH}$, $\overline{HE}$

(1) 오른쪽 정육면체에서 교점은 꼭짓점이므로
점 A, 점 B, 점 C, 점 D, 점 E, 점 F,
점 G, 점 H이다.

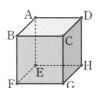

(2) 오른쪽 정육면체에서 교선은 모서리이므
로 $\overline{AB}$, $\overline{BC}$, $\overline{CD}$, $\overline{DA}$, $\overline{AE}$, $\overline{BF}$, $\overline{CG}$,
$\overline{DH}$, $\overline{EF}$, $\overline{FG}$, $\overline{GH}$, $\overline{HE}$이다.

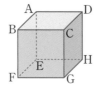

3 답 (1) 교점의 개수: 6개, 교선의 개수: 9개
　　(2) 교점의 개수: 5개, 교선의 개수: 8개

(1) 삼각기둥에서 교점의 개수는 꼭짓점의 개수와 같으므로 6개
이고, 교선의 개수는 모서리의 개수와 같으므로 9개이다.
(2) 사각뿔에서 교점의 개수는 꼭짓점의 개수와 같으므로 5개이
고, 교선의 개수는 모서리의 개수와 같으므로 8개이다.

대표 예제로 **개념 익히기**

예제 **1** 답 ⑤
⑤ 교선은 직선 또는 곡선으로 나타난다.

1-1 답 ①, ⑤
② 삼각뿔, 원기둥은 입체도형이다.
③ 선과 면이 만나면 교점이 생긴다.
④ 교점은 선과 선 또는 선과 면이 만날 때 생긴다.
따라서 옳은 것은 ①, ⑤이다.

예제 **2** 답 20
교점의 개수는 꼭짓점의 개수와 같으므로 8개이다.
∴ $a=8$
교선의 개수는 모서리의 개수와 같으므로 12개이다.
∴ $b=12$
∴ $a+b=8+12=20$

2-1 답 13
교선의 개수는 모서리의 개수와 같으므로
㈎ 도형에서 교선은 9개이다. 　　∴ $a=9$
교점의 개수는 꼭짓점의 개수와 같으므로
㈏ 도형에서 교점은 4개이다. 　　∴ $b=4$
∴ $a+b=9+4=13$

2-2 답 교점의 개수: 8개, 교선의 개수: 13개
주어진 입체도형의 꼭짓점의 개수가 8개이므로 교점의 개수는
8개이고, 모서리의 개수가 13개이므로 교선의 개수는 13개이다.

개념 **02** 직선, 반직선, 선분 ·10~11쪽

·개념 확인하기

1 답

도형	그림	기호
직선 AB	A　　B	$\overleftrightarrow{AB}$(또는 $\overleftrightarrow{BA}$)
반직선 AB	A　　B	$\overrightarrow{AB}$
반직선 BA	A　　B	$\overrightarrow{BA}$
선분 AB	A　　B	$\overline{AB}$(또는 $\overline{BA}$)

2 답 (1) = (2) ≠ (3) = (4) =
(2) $\overrightarrow{BA}$와 $\overrightarrow{BC}$는 시작점은 같지만 뻗어 나가는 방향이 다르므로
서로 다른 반직선이다.

대표 예제로 **개념 익히기**

예제 **1** 답 (1) $\overleftrightarrow{AB}$ (2) $\overrightarrow{CA}$ (3) $\overrightarrow{AC}$ (4) $\overline{BA}$ (5) $\overleftrightarrow{AC}$

1-1 답 ①
① $\overrightarrow{AB}$와 $\overrightarrow{AC}$는 시작점과 뻗어 나가는 방향이 모두 같으므로
같은 반직선이다.
② $\overrightarrow{BC}$와 $\overrightarrow{AC}$는 뻗어 나가는 방향은 같지만 시작점이 다르므로
다른 반직선이다.
③ $\overrightarrow{CA}$와 $\overrightarrow{AC}$는 시작점과 뻗어 나가는 방향이 모두 다르므로 다
른 반직선이다.
따라서 $\overrightarrow{AC}$와 같은 것은 ①이다.

1-2 답 $\overrightarrow{BA}$와 $\overrightarrow{CB}$, $\overline{AD}$와 $\overline{DA}$

세 점 A, B, C는 한 직선 위에 있으므로 $\overrightarrow{BA}$와 $\overrightarrow{CB}$는 서로 같다.
또 양 끝 점이 같은 $\overline{AD}$와 $\overline{DA}$는 서로 같다.

예제 2 답 ⑴ 3개 ⑵ 6개 ⑶ 3개

⑴ 세 점 A, B, C 중 두 점을 지나는 서로 다른 직선은 $\overleftrightarrow{AB}$, $\overleftrightarrow{BC}$, $\overleftrightarrow{AC}$의 3개이다.

⑵ 세 점 A, B, C 중 두 점을 지나는 서로 다른 반직선은 $\overrightarrow{AB}$, $\overrightarrow{AC}$, $\overrightarrow{BA}$, $\overrightarrow{BC}$, $\overrightarrow{CA}$, $\overrightarrow{CB}$의 6개이다.

⑶ 세 점 A, B, C 중 두 점을 지나는 서로 다른 선분은 $\overline{AB}$, $\overline{BC}$, $\overline{AC}$의 3개이다.

2-1 답 6개, 12개, 6개

네 점 A, B, C, D 중 두 점을 지나는 서로 다른
직선은 $\overleftrightarrow{AB}$, $\overleftrightarrow{AC}$, $\overleftrightarrow{AD}$, $\overleftrightarrow{BC}$, $\overleftrightarrow{BD}$, $\overleftrightarrow{CD}$의 6개,
반직선은 $\overrightarrow{AB}$, $\overrightarrow{AC}$, $\overrightarrow{AD}$, $\overrightarrow{BA}$, $\overrightarrow{BC}$, $\overrightarrow{BD}$, $\overrightarrow{CA}$, $\overrightarrow{CB}$, $\overrightarrow{CD}$, $\overrightarrow{DA}$, $\overrightarrow{DB}$, $\overrightarrow{DC}$의 12개,
선분은 $\overline{AB}$, $\overline{AC}$, $\overline{AD}$, $\overline{BC}$, $\overline{BD}$, $\overline{CD}$의 6개이다.

2-2 답 10개

5개의 점 A, B, C, D, E 중 두 점을 지나는 서로 다른 직선은 $\overleftrightarrow{AB}$, $\overleftrightarrow{AC}$, $\overleftrightarrow{AD}$, $\overleftrightarrow{AE}$, $\overleftrightarrow{BC}$, $\overleftrightarrow{BD}$, $\overleftrightarrow{BE}$, $\overleftrightarrow{CD}$, $\overleftrightarrow{CE}$, $\overleftrightarrow{DE}$의 10개이다.

개념 03 두 점 사이의 거리

•12~13쪽

•개념 확인하기

1 답 ⑴ 5 cm ⑵ 6 cm ⑶ 8 cm

⑴ 두 점 A, B 사이의 거리는 선분 AB의 길이이므로 5 cm이다.

⑵ 두 점 B, C 사이의 거리는 선분 BC의 길이이므로 6 cm이다.

⑶ 두 점 A, C 사이의 거리는 선분 AC의 길이이므로 8 cm이다.

2 답 ⑴ $\frac{1}{2}$ ⑵ $\frac{1}{2}$, $\frac{1}{4}$ ⑶ 2, 4 ⑷ 6, 12

⑵ $\overline{AN}=\overline{NM}=\boxed{\dfrac{1}{2}}\overline{AM}=\dfrac{1}{2}\times\dfrac{1}{2}\overline{AB}=\boxed{\dfrac{1}{4}}\overline{AB}$

⑶ $\overline{AB}=\boxed{2}\overline{AM}=2\times2\overline{AN}=\boxed{4}\overline{AN}$

⑷ $\overline{AN}=3$ cm이므로
$\overline{MB}=\overline{AM}=2\overline{AN}=2\times3=\boxed{6}$ (cm)
$\overline{AB}=2\overline{AM}=2\times2\overline{AN}=4\overline{AN}=4\times3=\boxed{12}$ (cm)

대표 예제로 개념 익히기

예제 1 답 ③

③ 점 N은 $\overline{MB}$의 중점이므로
$\overline{NB}=\dfrac{1}{2}\overline{MB}=\dfrac{1}{2}\times\dfrac{1}{2}\overline{AB}$
$=\dfrac{1}{4}\overline{AB}$

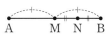

1-1 답 ⑤

⑤ $\overline{AM}=\overline{MN}=\overline{NB}$이므로
$\overline{BM}=2\overline{AM}$ ∴ $\overline{AM}=\dfrac{1}{2}\overline{BM}$

예제 2 답 9 cm

두 점 M, N이 각각 $\overline{AB}$, $\overline{BC}$의 중점이므로

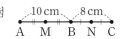

$\overline{MN}=\overline{MB}+\overline{BN}=\dfrac{1}{2}\overline{AB}+\dfrac{1}{2}\overline{BC}$
$=\dfrac{1}{2}\times10+\dfrac{1}{2}\times8=5+4=9$ (cm)

2-1 답 ⑺ 12 ⑻ 6

$\overline{AD}=24$ cm이고, 점 C는 $\overline{AD}$의 중점이므로

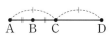

$\overline{AC}=\dfrac{1}{2}\overline{AD}=\dfrac{1}{2}\times24=\boxed{12}$ (cm)

이때 점 B는 $\overline{AC}$의 중점이므로
$\overline{AB}=\dfrac{1}{2}\overline{AC}=\dfrac{1}{2}\times12=\boxed{6}$ (cm)

2-2 답 16 cm

두 점 M, N이 각각 $\overline{AB}$, $\overline{AM}$의 중점이므로

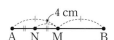

$\overline{NM}=\dfrac{1}{2}\overline{AM}=\dfrac{1}{2}\times\dfrac{1}{2}\overline{AB}=\dfrac{1}{4}\overline{AB}$
∴ $\overline{AB}=4\overline{NM}=4\times4=16$ (cm)

개념 04 각

•14~15쪽

•개념 확인하기

1 답 ⑴ ∠BAC, ∠CAB, ∠A
⑵ ∠ABC, ∠CBA, ∠B
⑶ ∠ACB, ∠BCA, ∠C

(1)

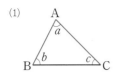

⇨ $\angle a = \angle BAC = \angle CAB = \angle A$

(2)

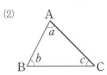

⇨ $\angle b = \angle ABC = \angle CBA = \angle B$

(3)

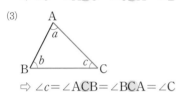

⇨ $\angle c = \angle ACB = \angle BCA = \angle C$

2 답

각	60°	150°	30°	90°	180°	45°	120°
예각	○		○			○	
직각				○			
둔각		○					○
평각					○		

《 대표 예제로 개념 익히기 》

예제 1 답 84°, 39°

예각은 크기가 0°보다 크고 90°보다 작은 각이므로 84°, 39°이다.

1-1 답 3

예각은 45°, 29°, 18°, 60°, 72°, 79°의 6개이므로 $x=6$
둔각은 125°, 160°, 152°의 3개이므로 $y=3$
∴ $x-y=6-3=3$

예제 2 답 (1) 60 (2) 120 (3) 30

(1) $x+30=90$ ∴ $x=60$
(2) $(x+15)+45=180$이므로
   $x+60=180$ ∴ $x=120$
(3) $35+90+(2x-5)=180$이므로
   $2x+120=180$, $2x=60$ ∴ $x=30$

2-1 답 ①

$(3x-15)+(x+25)=90$이므로
$4x+10=90$, $4x=80$ ∴ $x=20$

2-2 답 20°

$40+2x+(6x+60)=180$이므로
$8x+100=180$
$8x=80$ ∴ $x=10$
∴ $\angle BOC=2x°=2\times10°=20°$

·개념 확인하기

1 답 (1) ∠BOD (2) ∠AOF (3) ∠COE
      (4) ∠DOE (5) ∠BOC (6) ∠BOF

2 답 (1) $\angle x=70°$, $\angle y=110°$ (2) $\angle x=65°$, $\angle y=65°$
      (3) $\angle x=25°$, $\angle y=75°$ (4) $\angle x=90°$, $\angle y=60°$

(1) $\angle x=70°$(맞꼭지각)
   $70°+\angle y=180°$
   ∴ $\angle y=110°$
(2) $\angle x+115°=180°$
   ∴ $\angle x=65°$
   $\angle y=\angle x=65°$(맞꼭지각)
(3) $\angle x=25°$(맞꼭지각)
   $80°+\angle x+\angle y=180°$이므로
   $80°+25°+\angle y=180°$
   ∴ $\angle y=75°$
(4) $\angle x=90°$(맞꼭지각)
   $\angle x+30°+\angle y=180°$이므로
   $90°+30°+\angle y=180°$
   ∴ $\angle y=60°$

《 대표 예제로 개념 익히기 》

예제 1 답 (1) 60 (2) 25

맞꼭지각의 크기는 서로 같으므로
(1) $2x-20=x+40$ ∴ $x=60$
(2) $x+35=3x-15$, $2x=50$ ∴ $x=25$

1-1 답 10

맞꼭지각의 크기는 서로 같으므로
$2x+30=4x+10$
$2x=20$ ∴ $x=10$

1-2 답 40

맞꼭지각의 크기는 서로 같으므로
$(x+10)+90=3x+20$
$x+100=3x+20$
$2x=80$ ∴ $x=40$

예제 2 답 30°

맞꼭지각의 크기는 서로 같으므로
$2\angle x+3\angle x+\angle x=180°$
$6\angle x=180°$ ∴ $\angle x=30°$

2-1 답 $25°$

맞꼭지각의 크기는 서로 같으므로

$(3∠x-10°)+∠x+90°=180°$

$4∠x+80°=180°$

$4∠x=100°$ $\quad ∴ ∠x=25°$

2-2 답 ④

맞꼭지각의 크기는 서로 같으므로

$(∠x+10°)+(3∠x-20°)+(∠x+40°)=180°$

$5∠x+30°=180°, 5∠x=150°$ $\quad ∴ ∠x=30°$

$∴ ∠y=∠x+40°=30°+40°=70°$

개념 06 수직과 수선 ·18~19쪽

· 개념 확인하기

1 답 ⑴ $\overleftrightarrow{CD}$ (또는 $\overleftrightarrow{CO}$ 또는 $\overleftrightarrow{OD}$) ⑵ 점 O

⑶ $\overleftrightarrow{AB}⊥\overleftrightarrow{CD}$ ⑷ $\overline{CO}$ ⑸ $\overleftrightarrow{AB}$ (또는 $\overleftrightarrow{AO}$ 또는 $\overleftrightarrow{OB}$)

2 답 ⑴ 점 A ⑵ $\overline{AB}$ ⑶ $5\,cm$

⑶ (점 A와 $\overline{BC}$ 사이의 거리)$=\overline{AB}=5\,cm$

대표 예제로 개념 익히기

예제 1 답 ④, ⑤

① $\overleftrightarrow{AB}$와 $\overleftrightarrow{CD}$는 서로 수직으로 만나므로 $\overleftrightarrow{AB}⊥\overleftrightarrow{CD}$이다.

② $∠BHD=180°-90°=90°$

④ $\overleftrightarrow{AB}$가 $\overleftrightarrow{CD}$의 수직이등분선인지는 알 수 없다.

⑤ 점 A에서 $\overleftrightarrow{CD}$에 내린 수선의 발은 점 H이다.

따라서 옳지 않은 것은 ④, ⑤이다.

1-1 답 ㄱ, ㄷ

ㄴ. $\overleftrightarrow{AC}$는 $\overleftrightarrow{BD}$의 수선이다.

ㄹ. 점 A에서 $\overline{BC}$에 내린 수선의 발은 점 B이다.

따라서 옳은 것은 ㄱ, ㄷ이다.

예제 2 답 ⑴ $4\,cm$ ⑵ $8\,cm$

⑴ 점 A와 $\overline{BC}$ 사이의 거리는 $\overline{AB}$의 길이와 같으므로 $4\,cm$이다.

⑵ 점 D와 $\overline{AB}$ 사이의 거리는 $\overline{BC}$의 길이와 같으므로 $8\,cm$이다.

2-1 답 5.6

점 A와 $\overline{BC}$ 사이의 거리는 $\overline{AB}$의 길이와 같으므로 $12\,cm$이다.

$∴ a=12$

점 B와 $\overline{AC}$ 사이의 거리는 $\overline{BD}$의 길이와 같으므로 $9.6\,cm$이다.

$∴ b=9.6$

점 C와 $\overline{AB}$ 사이의 거리는 $\overline{BC}$의 길이와 같으므로 $16\,cm$이다.

$∴ c=16$

$∴ a+b-c=12+9.6-16=5.6$

개념 07 평면에서 두 직선의 위치 관계 ·20~21쪽

· 개념 확인하기

1 답 ⑴ $\times$ ⑵ $\times$ ⑶ $\bigcirc$ ⑷ $\bigcirc$

⑴ 점 A는 직선 l 위에 있지 않다.

⑵ 점 B는 직선 l 위에 있다.

2 답 ⑴ $\overline{AD}$, $\overline{BC}$ ⑵ $\overline{AB}$, $\overline{CD}$ ⑶ $\overline{CD}$ ⑷ $\overline{BC}$

⑴ $\overline{AB}$와 한 점 A에서 만나는 변은 $\overline{AD}$이고, 한 점 B에서 만나는 변은 $\overline{BC}$이다.

⑵ $\overline{AD}$와 한 점 A에서 만나는 변은 $\overline{AB}$이고, 한 점 D에서 만나는 변은 $\overline{CD}$이다.

⑶, ⑷ 평행사변형의 마주 보는 변은 각각 평행하므로 $\overline{AB}$와 평행한 변은 $\overline{CD}$이고, $\overline{AD}$와 평행한 변은 $\overline{BC}$이다.

대표 예제로 개념 익히기

예제 1 답 ⑴ 점 B, 점 E ⑵ 점 A, 점 C, 점 E

⑶ 점 A, 점 C, 점 D ⑷ 점 D

오개념 바로잡기

⑶ 점 D와 직선 l의 위치 관계

$\overset{(\times)}{}$ 점 D는 직선 l 위에 있다.

$\overset{(\bigcirc)}{}$ 점 D는 직선 l 위에 있지 않다.

➡ 점이 직선 위에 있다는 것은 '직선이 점을 지난다.'는 의미야. 이를 '점이 직선보다 위쪽에 있다.'와 헷갈리지 않도록 주의하자!

1-1 답 은영, 풀이 참조

두 점 A, D는 직선 l 위에 있고

두 점 B, C는 직선 m 위에 있으므로

네 점 A, B, C, D에 대하여 잘못 설명한 학생은 은영이다.

바르게 고치면

은영: 점 A는 직선 l 위에 있어.

(또는 점 A는 직선 m 위에 있지 않아.)

1-2 답 (1) 점 A, 점 B (2) 점 A, 점 C
　　　(3) 점 A, 점 B, 점 C (4) 점 A

예제 2 답 (1) 변 AB, 변 CD (2) 변 AD, 변 BC
　　　(3) $\overline{AD}\,/\!/\,\overline{BC}$

(1) 변 BC와 한 점 B에서 만나는 변은 변 AB이고, 한 점 C에서
　 만나는 변은 변 CD이다.
(3) 사다리꼴에서 두 변 AB, CD를 연장하면 서로 만나고, 두 변
　 AD와 BC는 연장해도 서로 만나지 않으므로 평행하다.
　 즉, $\overline{AD}\,/\!/\,\overline{BC}$이다.

2-1 답 ⑤
⑤ $\overleftrightarrow{BC}$와 한 점에서 만나는 직선은 $\overleftrightarrow{AB}$, $\overleftrightarrow{CD}$의 2개이다.

2-2 답 (1) $\overleftrightarrow{AB}$, $\overleftrightarrow{BC}$, $\overleftrightarrow{CD}$, $\overleftrightarrow{EF}$, $\overleftrightarrow{FG}$, $\overleftrightarrow{GH}$
　　　(2) $\overleftrightarrow{DE}$ (3) $\overleftrightarrow{BC}$와 $\overleftrightarrow{CD}$

오른쪽 그림에서
(1) $\overleftrightarrow{AH}$와 만나는 직선은 $\overleftrightarrow{AB}$, $\overleftrightarrow{BC}$,
　 $\overleftrightarrow{CD}$, $\overleftrightarrow{EF}$, $\overleftrightarrow{FG}$, $\overleftrightarrow{GH}$이다.
(2) $\overleftrightarrow{AH}$는 $\overleftrightarrow{DE}$와 평행하므로 만나지
　 않는다.
(3) 점 C에서 만나는 직선은 $\overleftrightarrow{BC}$와
　 $\overleftrightarrow{CD}$이다.

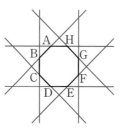

개념 08 공간에서 두 직선의 위치 관계 ·22~23쪽

·개념 확인하기

1 답 (1) $\overline{AB}$, $\overline{AD}$, $\overline{EF}$, $\overline{EH}$ (2) $\overline{BF}$, $\overline{CG}$, $\overline{DH}$
　　　(3) $\overline{BC}$, $\overline{FG}$, $\overline{DC}$, $\overline{HG}$

(1) 모서리 AE는 점 A에서 모서리 AB, AD와 만나고, 점 E에서
　 모서리 EF, EH와 만난다.
(2) 모서리 AE와 평행한 모서리는 만나지 않아야 하므로 모서리
　 BF, CG, DH이다.
(3) 모서리 AE와 꼬인 위치에 있는 모서리는 만나지도 않고 평
　 행하지도 않아야 하므로 모서리 BC, FG, DC, HG이다.

2 답 (1) 한 점에서 만난다. (2) 평행하다.
　　　(3) 꼬인 위치에 있다. (4) 평행하다.
　　　(5) 꼬인 위치에 있다.

대표 예제로 개념 익히기

예제 1 답 ③
③ $\overline{BC}$와 꼬인 위치에 있는 모서리는 $\overline{BC}$와 만나지도 평행
　 하지도 않은 모서리인 $\overline{AD}$이다.

1-1 답 $\overline{IJ}$, $\overline{EK}$, $\overline{GL}$, $\overline{FL}$

1-2 답 (1) 6개 (2) 6개
(1) $\overline{BH}$와 만나는 모서리는
　 $\overline{AB}$, $\overline{BC}$, $\overline{BF}$, $\overline{DH}$, $\overline{EH}$, $\overline{GH}$의 6개이다.
(2) $\overline{BH}$와 꼬인 위치에 있는 모서리는
　 $\overline{AE}$, $\overline{AD}$, $\overline{CD}$, $\overline{CG}$, $\overline{EF}$, $\overline{FG}$의 6개이다.

예제 2 답 ③
① 모서리 AE와 모서리 DH는 평행하므로 만나지 않는다.
③ 모서리 AB와 평행한 모서리는
　 $\overline{CD}$, $\overline{FE}$, $\overline{GH}$의 3개이다.
④ 모서리 AD와 꼬인 위치에 있는 모서리는
　 $\overline{BF}$, $\overline{CG}$, $\overline{EF}$, $\overline{HG}$의 4개이다.
⑤ 모서리 DH와 한 점에서 만나는 모서리는
　 $\overline{AD}$, $\overline{CD}$, $\overline{EH}$, $\overline{GH}$의 4개이다.
따라서 옳지 않은 것은 ③이다.

2-1 답 ②, ⑤
① 모서리 AB와 모서리 AD는 한 점에서 만난다.
③ 모서리 AB와 모서리 DE는 평행하다.
④ 모서리 AD와 모서리 CF는 평행하다.
⑤ 모서리 BE와 평행한 모서리는 $\overline{AD}$, $\overline{CF}$의 2개이다.
따라서 옳은 것은 ②, ⑤이다.

개념 09 공간에서 직선과 평면의 위치 관계 ·25~27쪽

·개념 확인하기

1 답 (1) $\overline{AB}$, $\overline{CD}$, $\overline{EF}$, $\overline{GH}$ (2) $\overline{AB}$, $\overline{CD}$, $\overline{GH}$, $\overline{EF}$
　　　(3) $\overline{AD}$, $\overline{AE}$, $\overline{DH}$, $\overline{EH}$ (4) $\overline{BC}$, $\overline{BF}$, $\overline{CG}$, $\overline{FG}$
　　　(5) 면 ABFE, 면 DCGH (6) 면 BFGC, 면 EFGH
　　　(7) 면 AEHD, 면 EFGH

(1) 면 BFGC는 점 B에서 $\overline{AB}$와, 점 C에서
　 $\overline{CD}$와, 점 F에서 $\overline{EF}$와, 점 G에서 $\overline{GH}$
　 와 만난다.

(2) 직육면체는 각 면이 직사각형이므로
　 면 BFGC와 수직인 모서리는
　 $\overline{AB}$, $\overline{CD}$, $\overline{GH}$, $\overline{EF}$이다.

(3) 면 BFGC와 평행한 모서리는 면 BFGC
　 와 만나지 않는 모서리이므로
　 $\overline{AD}$, $\overline{AE}$, $\overline{DH}$, $\overline{EH}$이다.

(4) 면 BFGC에 포함되는 모서리는 면 BFGC 위에 있는 모서리이므로 $\overline{BC}$, $\overline{BF}$, $\overline{CG}$, $\overline{FG}$이다.

(5) $\overline{BC}$와 수직인 면은 $\overline{BC}$의 양 끝 점 B, C와 각각 만나는 면 ABFE, 면 DCGH이다.

(6) $\overline{AD}$와 평행한 면은 $\overline{AD}$와 만나지 않는 면이므로 면 BFGC, 면 EFGH이다.

(7) $\overline{EH}$를 포함하는 면은 $\overline{EH}$를 한 변으로 갖는 면이므로 면 AEHD, 면 EFGH이다.

2 답 (1) 7 cm (2) 4 cm (3) 3 cm

(1) 점 A와 면 EFGH 사이의 거리는 $\overline{AE}$의 길이와 같으므로 7 cm이다.

(2) 점 B와 면 CGHD 사이의 거리는 $\overline{BC}$의 길이와 같으므로 4 cm이다.

(3) 점 C와 면 AEHD 사이의 거리는 $\overline{CD}$의 길이와 같으므로 3 cm이다.

3 답 (1) 면 ABCD, 면 ABFE, 면 EFGH, 면 DCGH
(2) 면 ABCD, 면 ABFE, 면 EFGH, 면 DCGH
(3) 면 BFGC

(1) 면 AEHD는
$\overline{AD}$에서 면 ABCD와,
$\overline{AE}$에서 면 ABFE와,
$\overline{EH}$에서 면 EFGH와,
$\overline{DH}$에서 면 DCGH와 만난다.

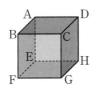

(2) 면 AEHD와 수직인 면은 면 ABCD, 면 ABFE, 면 EFGH, 면 DCGH이다.

(3) 면 AEHD와 평행한 면은 면 AEHD와 만나지 않는 면이므로 면 BFGC이다.

4 답 (1) 3개 (2) 2개 (3) 1개

(1) 면 ABC와 한 모서리에서 만나는 면은 $\overline{AB}$, $\overline{BC}$, $\overline{CA}$와 각각 만나는 면 ABED, 면 BEFC, 면 ADFC의 3개이다.

(2) 면 ABED와 수직인 면은 면 ABC, 면 DEF의 2개이다.

(3) 면 DEF와 평행한 면은 만나지 않아야 하므로 면 ABC의 1개이다.

── 대표 예제로 **개념 익히기** ──

예제 1 답 ⑤

⑤ 면 AEHD와 모서리 CD는 한 점에서 만나지만 수직은 아니다.

1-1 답 ㄱ, ㄹ

ㄱ. 면 ABCD와 수직인 모서리는 $\overline{AE}$, $\overline{BF}$, $\overline{CG}$, $\overline{DH}$의 4개이다.

ㄴ. 면 ABCD에 포함된 모서리는 $\overline{AB}$, $\overline{BC}$, $\overline{CD}$, $\overline{AD}$의 4개이다.

ㄷ. 모서리 BC와 평행한 면은 면 AEHD, 면 EFGH의 2개이다.

ㄹ. 모서리 EH와 수직인 면은 면 ABFE, 면 CGHD의 2개이다.

따라서 옳은 것은 ㄱ, ㄹ이다.

1-2 답 5

모서리 DF와 평행한 면은 면 ABC의 1개이므로
$a=1$
모서리 CF와 수직인 면은 면 ABC, 면 DEF의 2개이므로
$b=2$
모서리 DE를 포함하는 면은 면 ABED, 면 DEF의 2개이므로
$c=2$
$\therefore a+b+c=1+2+2=5$

예제 2 답 13

점 A와 면 BCFE 사이의 거리는 $\overline{AB}$의 길이와 같으므로 8 cm이다.
$\therefore x=8$
점 B와 면 DEF 사이의 거리는 $\overline{BE}$의 길이와 같으므로 5 cm이다.
$\therefore y=5$
$\therefore x+y=8+5=13$

2-1 답 17

점 A와 면 EFGH 사이의 거리는 $\overline{AE}$의 길이와 같으므로 13 cm이다.
$\therefore a=13$
점 E와 면 CGHD 사이의 거리는 $\overline{EH}$의 길이와 같으므로 4 cm이다.
$\therefore b=4$
$\therefore a+b=13+4=17$

예제 3 답 7

면 ABCDEF와 수직인 면은 면 ABHG, 면 BHIC, 면 CIJD, 면 DJKE, 면 FLKE, 면 AGLF의 6개이므로
$x=6$
면 BHIC와 평행한 면은 면 FLKE의 1개이므로
$y=1$
$\therefore x+y=6+1=7$

3-1 답 ①, ⑤

예제 4 답 (1) 면 ABFE, 면 EFGH, 면 AEH, 면 BFG
⑵ 면 AEH, 면 BFG
⑶ 면 ABGH, 면 BFG
⑷ $\overline{EF}$

⑴ 면 ABGH는 $\overline{AB}$에서 면 ABFE와, $\overline{BG}$에서 면 BFG와 $\overline{GH}$에서 면 EFGH와, $\overline{AH}$에서 면 AEH와 만난다.

4-1 답 7

면 ABCD와 평행한 면은 면 EFGH의 1개이므로
$a=1$
면 BFGC와 수직인 면은 면 ABCD, 면 BFEA, 면 EFGH, 면 DCGH의 4개이므로
$b=4$
면 CGHD와 평행한 모서리는 $\overline{AB}$, $\overline{EF}$의 2개이므로
$c=2$
$\therefore a+b+c=1+4+2=7$

개념 10 동위각과 엇각 ·28~29쪽

·개념 확인하기

1 답 (1) $\angle e$ (2) $\angle h$ (3) $\angle c$ (4) $\angle b$ (5) $\angle e$ (6) $\angle d$

2 답 (1) 125 (2) $\angle e$, 55 (3) $\angle c$, 120 (4) 60
(1) $\angle a$의 동위각: $\angle d=\boxed{125}$° (맞꼭지각)
(2) $\angle b$의 동위각: $\boxed{\angle e}=180°-125°=\boxed{55}$°
(3) $\angle d$의 엇각: $\boxed{\angle c}=180°-60°=\boxed{120}$°

(대표 예제로 개념 익히기)

예제 1 답 ①, ⑤
② $\angle c$와 $\angle g$는 동위각이다.
④ $\angle h$와 $\angle f$는 맞꼭지각이다.
따라서 엇각끼리 짝 지은 것은 ①, ⑤이다.

1-1 답 ②, ④
① $\angle a$의 동위각은 $\angle d$, $\angle g$이다.
③ $\angle d$의 동위각은 $\angle a$, $\angle h$이다.
④ $\angle b$와 $\angle d$는 맞꼭지각으로 그 크기가 같다.
⑤ $\angle e$의 크기와 $\angle f$의 크기가 같은지는 알 수 없다.
따라서 옳은 것은 ②, ④이다.

참고 세 직선이 세 점에서 만나는 경우는 다음 그림과 같이 두 부분으로 나누어 가린 후, 동위각과 엇각을 찾는다.

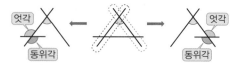

✎ 오개념 바로잡기

② $\angle a$의 엇각 찾기

(×) $\angle a$의 엇각은 $\angle e$, $\angle f$이다.

(○) $\angle a$의 엇각은 $\angle b$, $\angle i$이다.

➡ 여러 직선이 만나는 경우, 동위각과 엇각의 위치를 단순히 엇갈린 위치에 있는 각이라고 생각하지 않도록 주의해야 해!

예제 2 답 ④
① $\angle a$의 동위각은 $\angle d$이고 맞꼭지각의 크기는 서로 같으므로 $\angle d=115°$
② $\angle b$의 동위각은 $\angle e$이고 $\angle e+115°=180°$이므로 $\angle e=65°$
③ $\angle c$의 엇각은 $\angle d$이고 맞꼭지각의 크기는 서로 같으므로 $\angle d=115°$
④ $\angle d$의 엇각은 $\angle c$이고 $\angle c+85°=180°$이므로 $\angle c=95°$
⑤ $\angle e$의 동위각은 $\angle b$이고 맞꼭지각의 크기는 서로 같으므로 $\angle b=85°$

2-1 답 ④
$\angle a$의 동위각은 $\angle d$이고
$\angle d+65°=180°$이므로 $\angle d=115°$
$\angle d$의 엇각은 $\angle c$이고
$\angle c+40°=180°$이므로 $\angle c=140°$
$\therefore \angle d+\angle c=115°+140°=255°$

개념 11 평행선의 성질 ·30~32쪽

·개념 확인하기

1 답 (1) $\angle x=70°$, $\angle y=70°$
(2) $\angle x=55°$, $\angle y=125°$
(3) $\angle x=90°$, $\angle y=90°$

(1) 오른쪽 그림에서 ∠x는 70°의 동위각
이므로 ∠$x=70$°
이때 ∠x와 ∠y는 맞꼭지각이므로
∠$y=$∠$x=70$°

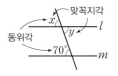

(2) 오른쪽 그림에서 ∠y는 125°의 엇각이므로
∠$y=125$°
이때 ∠$x+$∠$y=180$°이므로
∠$x=180$°$-$∠$y=180$°-125°$=55$°

(3) 오른쪽 그림에서 ∠x는 90°의 동위각이
므로 ∠$x=90$°
이때 ∠x와 ∠y는 맞꼭지각이므로
∠$y=$∠$x=90$°

2 답 (1) ○ (2) ○ (3) ×

(1) 동위각의 크기가 같으므로 두 직선 l, m은 평행하다.
(2) 엇각의 크기가 같으므로 두 직선 l, m은 평행하다.
(3) 엇각의 크기가 같지 않으므로 두 직선 l, m은 평행하지 않다.

3 답 (1) ∠$x=25$°, ∠$y=55$°
(2) ∠$x=27$°, ∠$y=33$°

(1) $l /\!/ n$이므로 ∠$x=25$° (엇각)
$n /\!/ m$이므로 ∠$y=55$° (엇각)

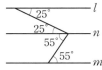

(2) $l /\!/ n$이므로 ∠$x=27$° (엇각)
$n /\!/ m$이므로
∠$y=60$°-27°$=33$° (엇각)

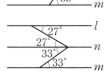

(대표 예제로 **개념 익히기**)

예제 **1** 답 ∠$a=145$°, ∠$b=35$°, ∠$c=35$°, ∠$d=35$°

$l /\!/ m$이므로
∠$b=35$° (동위각), ∠$c=35$° (엇각)
또 ∠$d=35$° (맞꼭지각)
∠$a+$∠$b=180$°이므로 ∠$a+35$°$=180$°
∴ ∠$a=145$°

1-1 답 (1) 15 (2) 60

(1) $l /\!/ m$이므로 오른쪽 그림에서
$3x+(x+120)=180$
$4x+120=180$
$4x=60$ ∴ $x=15$

(2) $l /\!/ m$이므로 오른쪽 그림에서
$55+x+65=180$
$x+120=180$
∴ $x=60$

1-2 답 140°

$l /\!/ m$이므로 ∠$x=70$° (동위각)
$p /\!/ q$이므로 ∠$y=70$° (동위각)
∴ ∠$x+$∠$y=70$°$+70$°$=140$°

예제 **2** 답 35°

$l /\!/ m$이고, 오른쪽 그림에서
삼각형의 세 각의 크기의 합이 180°이므로
80°$+65$°$+$∠$x=180$°
∴ ∠$x=35$°

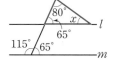

2-1 답 ∠$x=95$°, ∠$y=135$°

오른쪽 그림에서 삼각형의 세 각의 크기
의 합이 180°이므로
∠$x+45$°$+40$°$=180$°
∠$x+85$°$=180$°
∴ ∠$x=95$°
$l /\!/ m$이므로
∠$y=180$°-45°$=135$°

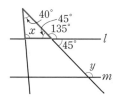

예제 **3** 답 (1) 80° (2) 60°

(1) 오른쪽 그림과 같이 두 직선 l, m과
평행한 직선 n을 그으면
∠$x=20$°$+60$°$=80$°

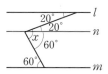

(2) 오른쪽 그림과 같이 두 직선 l, m과
평행한 두 직선 p, q를 그으면
∠$x=35$°$+25$°$=60$°

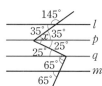

3-1 답 62°

오른쪽 그림과 같이 두 직선 l, m과
평행한 직선 n을 그으면
∠$x=120$°-58°$=62$°

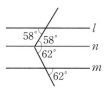

3-2 답 90°

오른쪽 그림과 같이 두 직선 l, m과
평행한 두 직선 p, q를 그으면
∠$x=40$°$+50$°$=90$°

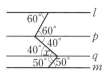

예제 **4** 답 ④

① 동위각의 크기가 같지 않으므로 두 직선
l, m은 평행하지 않다.

② 두 직선 l, m이 평행한지 평행하지 않은지 알 수 없다.

③ 동위각의 크기가 같지 않으므로 두 직선
l, m은 평행하지 않다.

④ 엇각의 크기가 같으므로 두 직선 l, m은
평행하다.

⑤ 동위각의 크기가 같지 않으므로 두 직선 l, m은 평행하지 않다.
따라서 두 직선 l, m이 평행한 것은 ④이다.

4-1 탑 ①, ⑤

① 엇각의 크기가 같지 않으므로 두 직선
l, m은 평행하지 않다.

② 엇각의 크기가 같으므로 두 직선 l, m은
평행하다.

③ 동위각의 크기가 같으므로 두 직선 l, m
은 평행하다.

④ 동위각의 크기가 같으므로 두 직선 l, m은 평행하다.

⑤ 동위각의 크기가 같지 않으므로 두 직선
l, m은 평행하지 않다.

따라서 두 직선 l, m이 평행하지 않은 것은 ①, ⑤이다.

실전 문제로 단원 마무리하기 •33~36쪽

1 ④	**2** ④	**3** L	**4** 24 cm	**5** ㄷ, ㄹ
6 (1) ㄱ, ㅁ (2) ㄷ, ㅂ (3) ㄴ	**7** 33°	**8** 70°
9 ⑤	**10** 점 A, 점 B	**11** ④, ⑤	**12** ⑤
13 ①, ③	**14** ⑤	**15** ②, ④	**16** ②, ⑤
17 $\angle x = 80°$, $\angle y = 70°$	**18** 2°	**19** ⑤

서술형

| **20** 4 cm | **21** 140° | **22** 9 | **23** 74° |

1 탑 ④

④ 점 A에서 점 B에 이르는 가장 짧은 거리는 $\overline{AB}$이다.

---

2 탑 ④

④ 두 반직선이 같으려면 시작점과 뻗어 나가는 방향이 모두 같아야 하므로 $\overrightarrow{RP} \neq \overrightarrow{RS}$

3 탑 L

직선 l과 같은 도형은 $\overleftrightarrow{BC}$, $\overleftrightarrow{DC}$, $\overleftrightarrow{AD}$이고 $\overrightarrow{AB}$와 같은 도형은
$\overrightarrow{AD}$, $\overrightarrow{AC}$이다.
따라서 직선 l 또는 $\overrightarrow{AB}$와 같은 도형이 있는 칸을 모두 색칠하면 오른쪽과 같으므로 나타나는 알파벳은 'L'이다.

$\overrightarrow{AD}$	$\overline{AB}$	$\overline{DA}$
$\overleftrightarrow{BC}$	$\overline{BA}$	$\overrightarrow{DC}$
$\overleftrightarrow{DC}$	$\overrightarrow{AC}$	$\overleftrightarrow{AD}$

4 탑 24 cm

두 점 M, N이 각각 $\overline{AB}$, $\overline{BC}$의 중점
이므로
$\overline{AB} = 2\overline{MB}$, $\overline{BC} = 2\overline{BN}$

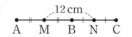

$\therefore \overline{AC} = \overline{AB} + \overline{BC} = 2\overline{MB} + 2\overline{BN} = 2(\overline{MB} + \overline{BN})$
$\qquad = 2\overline{MN} = 2 \times 12 = 24\,(cm)$

5 탑 ㄷ, ㄹ

ㄴ. $\overline{AP} = \dfrac{1}{2}\overline{AM} = \dfrac{1}{2} \times \dfrac{1}{3}\overline{AB} = \dfrac{1}{6}\overline{AB}$

ㄷ. $\overline{PM} = \dfrac{1}{2}\overline{AM} = \dfrac{1}{2} \times \dfrac{1}{2}\overline{AN} = \dfrac{1}{4}\overline{AN}$

ㄹ. $\overline{PN} = \overline{PM} + \overline{MN} = \dfrac{1}{2}\overline{AM} + \overline{AM} = \dfrac{3}{2}\overline{AM}$

따라서 옳지 않은 것은 ㄷ, ㄹ이다.

6 탑 (1) ㄱ, ㅁ (2) ㄷ, ㅂ (3) ㄴ

ㄱ. $\angle AOB$: 예각   ㄴ. $\angle AOC$: 직각
ㄷ. $\angle AOD$: 둔각   ㄹ. $\angle AOE$: 평각
ㅁ. $\angle BOC$: 예각   ㅂ. $\angle BOE$: 둔각

7 탑 33°

$(\angle x + 24°) + \angle x = 90°$이므로
$2\angle x + 24° = 90°$, $2\angle x = 66°$
$\therefore \angle x = 33°$

8 탑 70°

맞꼭지각의 크기는 서로 같으므로
$\angle x + (2\angle x - 90°) + 60° = 180°$
$3\angle x - 30° = 180°$, $3\angle x = 210°$
$\therefore \angle x = 70°$

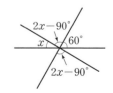

9 답 ⑤

① ∠ACB=90°이므로 $\overline{AC}$는 $\overline{BC}$의 수선이다.

② ∠ADC=90°이므로 $\overline{CD}\perp\overline{AB}$이다.

④ (점 A와 $\overline{BC}$ 사이의 거리)=$\overline{AC}$=6 cm

⑤ (점 C와 $\overline{AB}$ 사이의 거리)=$\overline{CD}$=4.8 cm

따라서 옳지 않은 것은 ⑤이다.

10 답 점 A, 점 B

오른쪽 그림에서 네 점 A, B, C, D로부터 x축까지의 거리는 각각 2, 4, 5, 7이고, y축까지의 거리는 각각 3, 7, 1, 5이다.

따라서 x축과의 거리가 가장 가까운 점은 점 A이고, y축과의 거리가 가장 먼 점은 점 B이다.

11 답 ④, ⑤

①, ②, ③ 음표 머리가 직선 l 위에 있지 않다.

따라서 음표 머리가 직선 l 위에 있는 것은 ④, ⑤이다.

12 답 ⑤

⑤ 평행하지도 않고 만나지도 않는 위치 관계는 꼬인 위치이고, 꼬인 위치는 공간에서 두 직선의 위치 관계이다.

13 답 ①, ③

① $l\perp m$, $l\perp n$이면 $m/\!/n$이다.

③ $l\perp m$, $m/\!/n$이면 $l\perp n$이다.

14 답 ⑤

①, ②, ③, ④ 한 점에서 만난다.

⑤ 꼬인 위치에 있다.

따라서 위치 관계가 나머지 넷과 다른 하나는 ⑤이다.

✏️ 오개념 바로잡기

$\overline{BC}$와 꼬인 위치에 있는 모서리 모두 구하기

(×)→ $\overline{AE}$, $\overline{ED}$, $\overline{AF}$, $\overline{EJ}$, $\overline{DI}$, $\overline{FG}$, $\overline{JF}$, $\overline{JI}$, $\overline{IH}$

(○)→ $\overline{AE}$, $\overline{ED}$를 각각 연장한 직선은 $\overline{BC}$를 연장한 직선과 한 점에서 만난다.

따라서 $\overline{BC}$와 꼬인 위치에 있는 모서리는 $\overline{AF}$, $\overline{EJ}$, $\overline{DI}$, $\overline{FG}$, $\overline{JF}$, $\overline{JI}$, $\overline{IH}$

➡ 입체도형이나 평면도형에서 모서리끼리의 위치 관계는 각 모서리를 연장시켜 생각해야 해!

한 점에서 만난다.

15 답 ②, ④

① 점 A는 면 EFGH 위에 있지 않다.

③ 면 AEHD와 모서리 CD는 한 점에서 만난다.

⑤ 점 C와 모서리 GH를 지나는 면은 면 CGHD이다.

따라서 옳은 것은 ②, ④이다.

16 답 ②, ⑤

② ∠b의 엇각은 ∠h이다.

④ ∠c=180°−∠d
   =180°−70°=110°

⑤ ∠h=180°−∠g
   =180°−95°=85°

따라서 옳지 않은 것은 ②, ⑤이다.

17 답 ∠x=80°, ∠y=70°

오른쪽 그림에서 $l/\!/m$이므로

30°+∠y=100°

∴ ∠y=70°

평각의 크기는 180°이므로

∠x+30°+∠y=180°

∠x+30°+70°=180°

∠x+100°=180°

∴ ∠x=80°

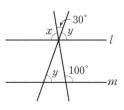

[다른 풀이]

오른쪽 그림에서 $l/\!/m$이므로

∠x=180°−100°=80°

삼각형에서 세 각의 크기의 합이 180°이므로

∠y+80°+30°=180°

∠x+110°=180°

∴ ∠y=70°

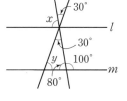

18 답 2°

평행하게 들어오는 햇빛을 각각 l, m이라 하면

$l/\!/m$에서 동위각의 크기가 같으므로

180°−42°=138°

삼각형의 세 각의 크기의 합은 180°이므로

138°+40°+∠x=180°

178°+∠x=180°

∴ ∠x=2°

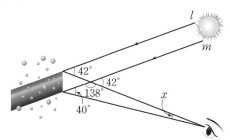

19 답 ⑤

① 엇각의 크기가 같으므로 두 직선 l, m은 평행하다.

② 동위각의 크기가 같으므로 두 직선 l, m은 평행하다.

③ 엇각의 크기가 같으므로 두 직선 l, m은 평행하다.
④ 동위각의 크기가 같으므로 두 직선 l, m은 평행하다.

⑤ 동위각의 크기가 같지 않으므로 두 직선 l, m은 평행하지 않다.

따라서 두 직선 l, m이 평행하지 않은 것은 ⑤이다.

20 답 4 cm

$\overline{AD}=2\overline{AB}$이므로

$\overline{BD}=\dfrac{1}{2}\overline{AD}=\dfrac{1}{2}\times24=12\,(cm)$ ⋯ (i)

$\therefore \overline{BC}=\dfrac{1}{3}\overline{BD}=\dfrac{1}{3}\times12=4\,(cm)$ ⋯ (ii)

채점 기준	배점
(i) $\overline{BD}$의 길이 구하기	50 %
(ii) $\overline{BC}$의 길이 구하기	50 %

21 답 140°

$\angle x+\angle y=180°$이고

$\angle x : \angle y=7 : 2$이므로

$\angle x=180°\times\dfrac{7}{7+2}=180°\times\dfrac{7}{9}=140°$ ⋯ (i)

맞꼭지각의 크기는 서로 같으므로

$\angle z=\angle x=140°$ ⋯ (ii)

채점 기준	배점
(i) $\angle x$의 크기 구하기	60 %
(ii) $\angle z$의 크기 구하기	40 %

22 답 9

모서리 AF와 꼬인 위치에 있는 모서리는
$\overline{CD}$, $\overline{CG}$, $\overline{GH}$, $\overline{DH}$, $\overline{EH}$의 5개이므로
$a=5$ ⋯ (i)
면 CFG와 평행한 모서리는
$\overline{AE}$, $\overline{EH}$, $\overline{DH}$, $\overline{AD}$의 4개이므로
$b=4$ ⋯ (ii)
$\therefore a+b=5+4=9$ ⋯ (iii)

채점 기준	배점
(i) a의 값 구하기	40 %
(ii) b의 값 구하기	40 %
(iii) $a+b$의 값 구하기	20 %

23 답 74°

오른쪽 그림과 같이 두 직선 l, m과 평행한 두 직선 p, q를 그으면 ⋯ (i) 엇각의 크기가 같으므로

$\angle x=40°+34°=74°$ ⋯ (ii)

채점 기준	배점
(i) 두 직선 l, m과 평행한 두 직선 긋기	50 %
(ii) $\angle x$의 크기 구하기	50 %

OX 문제로 개념 점검! ·37쪽

❶ × ❷ ○ ❸ × ❹ × ❺ ○ ❻ ○ ❼ ○ ❽ ×
❾ × ❿ ○

❶ 직육면체에서 교점은 8개, 교선은 12개이다.

❸ $\overrightarrow{AB}$와 $\overrightarrow{BA}$는 시작점과 뻗어 나가는 방향이 모두 다르므로 다른 반직선이다.

❹ 직각의 크기는 평각의 크기의 $\dfrac{1}{2}$이다.

❽ 공간에서 평행한 두 평면에 각각 포함된 두 직선은 평행하거나 꼬인 위치에 있다.

❾ 서로 다른 두 직선이 한 직선과 만날 때 두 직선이 평행하면 동위각의 크기는 항상 같다.

2 작도와 합동

• 41~43쪽

개념12 간단한 도형의 작도

• 개념 확인하기

1 답 ㄱ, ㄹ

2 답 (1) ○ (2) × (3) × (4) ○
(2) 두 점을 연결하는 선분을 그릴 때는 눈금 없는 자를 사용한다.
(3) 두 선분의 길이를 비교할 때는 컴퍼스를 사용한다.

3 답 P, $\overline{AB}$, P, $\overline{AB}$, Q

4 답 A, B, C, $\overline{AB}$

5 답 Q, C, $\overline{AB}$, $\overline{AB}$, D

대표 예제로 **개념 익히기**

예제 1 답 ④
④ 컴퍼스로 각의 크기를 측정할 수 없다.

1-1 답 ㄷ, ㄹ
ㄱ. 작도에서 각의 크기를 잴 수는 없다.
ㄴ. 선분의 길이를 옮길 때는 컴퍼스를 사용한다.
따라서 눈금 없는 자의 용도는 ㄷ, ㄹ이다.

예제 2 답 ㉢ → ㉠ → ㉡

2-1 답 ㉢ → ㉡ → ㉠

예제 3 답 (1) ㉠, ㉢, ㉡, ㉣, ㉣ (2) $\overline{OD}$, $\overline{PY}$
(3) $\overline{YX}$ (4) ∠YPX (또는 ∠YPQ)

3-1 답 ㄱ, ㄹ
ㄱ. 점 C는 점 P를 중심으로 하고 반지름의 길이가 $\overline{OA}$인 원 위에 있으므로 $\overline{OA}=\overline{PC}$
ㄴ. 점 D는 점 C를 중심으로 하고 반지름의 길이가 $\overline{AB}$인 원 위에 있으므로 $\overline{AB}=\overline{DC}$이고, $\overline{AB}=\overline{CP}$인지는 알 수 없다.
ㄷ. $\overline{OX}=\overline{OY}$인지는 알 수 없다.
ㄹ. ∠XOY와 크기가 같은 ∠DPC를 작도한 것이므로 ∠XOY=∠DPC
따라서 옳은 것은 ㄱ, ㄹ이다.

예제 4 답 (1) 평행 (2) ㉢, ㉣, ㉥, ㉡ (3) 동위각, 평행

4-1 답 ㄴ, ㄹ
ㄱ. 반지름의 길이가 같은 원 위에 있으므로 $\overline{QB}=\overline{QA}=\overline{PC}=\overline{PD}$이고, $\overline{QB}=\overline{CD}$인지는 알 수 없다.
ㄴ. 점 D는 점 C를 중심으로 하고 반지름의 길이가 $\overline{AB}$인 원 위에 있으므로 $\overline{AB}=\overline{CD}$
ㄷ. ∠CPD=∠PCD인지는 알 수 없다.
ㄹ. 엇각의 크기가 같으면 두 직선이 평행함을 이용하여 작도한 것이므로 ∠BQA=∠CPD
따라서 옳은 것은 ㄴ, ㄹ이다.

개념13 삼각형

• 44~45쪽

• 개념 확인하기

1 답 (1) $\overline{BC}$ (2) $\overline{AB}$ (3) ∠C (4) ∠B

2 답 (1) 4 cm (2) 8 cm (3) 30° (4) 90°
(1) $\overline{QR}=4$ cm
(2) $\overline{PQ}=8$ cm
(3) ∠P=30°
(4) ∠R=180°−(30°+60°)=90°

3 답 (1) 10>4+5, × (2) 12<6+7, ○ (3) 5=2+3, ×

대표 예제로 **개념 익히기**

예제 1 답 ①, ⑤
① 6=2+4 (×) ② 6<4+5 (○) ③ 10<5+8 (○)
④ 9<9+9 (○) ⑤ 20>9+10 (×)
따라서 삼각형의 세 변의 길이가 될 수 없는 것은 ①, ⑤이다.

1-1 답 ①, ④
① 4<2+3 (○) ② 11>4+5 (×) ③ 13>6+6 (×)
④ 7<7+3 (○) ⑤ 15=7+8 (×)
따라서 삼각형의 세 변의 길이가 될 수 있는 것은 ①, ④이다.

예제 2 답 8, 15, x, 1, 1, 15

2-1 답 $3<x<9$
(i) 가장 긴 변의 길이가 x cm일 때
$x<3+6$이므로 $x<9$
(ii) 가장 긴 변의 길이가 6 cm일 때
$6<3+x$이므로 $x>3$
따라서 (i), (ii)에서 구하는 x의 값의 범위는 $3<x<9$

삼각형의 세 변의 길이 중 미지수 x가 있을 때, x의 값의 범위 구하기

$\xrightarrow{(\times)}$ 6 cm가 가장 긴 변의 길이이므로
$6<3+x$에서 $x>3$

$\xrightarrow{(\bigcirc)}$ x cm가 가장 긴 변의 길이일 수도 있고,
6 cm가 가장 긴 변의 길이일 수도 있으므로
$3<x<9$

➡ 삼각형의 세 변의 길이 중 한 변의 길이가 미지수 x로 주어질 때, x가 가장 긴 변의 길이일 수도 있고 아닐 수도 있음에 주의하자!

2-2 답 ③

(ⅰ) 가장 긴 변의 길이가 x cm일 때
$x<2+5$이므로 $x<7$

(ⅱ) 가장 긴 변의 길이가 5 cm일 때
$5<2+x$이므로 $x>3$

따라서 (ⅰ), (ⅱ)에서 구하는 x의 값의 범위는 $3<x<7$이므로 x의 값으로 알맞은 것은 ③이다.

[다른 풀이]

가장 긴 변의 길이가 나머지 두 변의 길이의 합보다 작아야 하므로

① $5>2+2$ ($\times$)　② $5=2+3$ ($\times$)　③ $6<2+5$ ($\bigcirc$)

④ $7=2+5$ ($\times$)　⑤ $10>2+5$ ($\times$)

따라서 x의 값으로 알맞은 것은 ③이다.

개념 **14** 삼각형의 작도

•47~48쪽

•개념 확인하기

1 답 (1) $\times$　(2) $\bigcirc$　(3) $\bigcirc$

(1) 두 변인 $\overline{AB}$, $\overline{AC}$의 길이와 그 끼인각이 아닌 $\angle B$의 크기가 주어졌으므로 $\triangle ABC$를 하나로 작도할 수 없다.

(2) 한 변인 $\overline{AB}$의 길이와 그 양 끝 각인 $\angle A$, $\angle B$의 크기가 주어졌으므로 $\triangle ABC$를 하나로 작도할 수 있다.

(3) 두 변인 $\overline{AC}$, $\overline{BC}$의 길이와 그 끼인각인 $\angle C$의 크기가 주어졌으므로 $\triangle ABC$를 하나로 작도할 수 있다.

2 답 a, $\angle YCB$, A

3 답 (1) 2개　(2) 무수히 많다.

(1) 오른쪽 그림과 같이 점 B를 중심으로 반지름의 길이가 6 cm인 원을 그리면 $\angle A$의 한 변과 두 점에서 만나므로 주어진 조건으로는 2개의 삼각형이 그려진다.

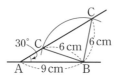

(2) 세 각의 크기가 주어지면 모양은 같고 크기가 다른 삼각형이 무수히 많이 그려진다.

4 답 (1) $\times$　(2) $\bigcirc$　(3) $\times$　(4) $\bigcirc$　(5) $\bigcirc$

(1) 세 각의 크기가 주어지면 모양은 같고 크기가 다른 삼각형이 무수히 많이 그려진다.

(2) (가장 긴 변의 길이)<(나머지 두 변의 길이의 합)이므로 삼각형이 하나로 정해진다.

(3) 두 변의 길이와 그 끼인각이 아닌 다른 한 각의 크기가 주어졌으므로 삼각형이 하나로 정해지지 않는다.

(4) 두 변의 길이와 그 끼인각의 크기가 주어졌으므로 삼각형이 하나로 정해진다.

(5) 한 변의 길이와 그 양 끝 각의 크기가 주어졌으므로 삼각형이 하나로 정해진다.

대표 예제로 **개념 익히기**

예제 1 답 ⑤

두 변인 $\overline{AB}$, $\overline{AC}$의 길이와 그 끼인각인 $\angle A$의 크기가 주어졌으므로 $\triangle ABC$는 다음 (ⅰ) 또는 (ⅱ)의 과정으로 작도할 수 있다.

(ⅰ) $\angle A$를 작도한 후 $\overline{AB}$, $\overline{AC}$를 작도하고, $\overline{BC}$를 작도한다.

(ⅱ) $\overline{AB}$ (또는 $\overline{AC}$)를 작도한 후 $\angle A$를 작도하고 $\overline{AC}$ (또는 $\overline{AB}$)를 작도한 후 $\overline{BC}$를 작도한다.

따라서 가장 마지막에 작도하는 것은 ⑤이다.

1-1 답 ㄴ, ㄹ

한 변의 길이와 그 양 끝 각의 크기가 주어졌을 때, 삼각형은 다음과 같은 순서로 작도한다.

ㄴ. 한 각을 작도한 후 한 변을 작도하고 다른 한 각을 작도한다.

ㄹ. 한 변을 작도한 후 두 각을 작도한다.

따라서 $\triangle ABC$의 작도 순서로 옳은 것은 ㄴ, ㄹ이다.

예제 2 답 ④

① $\overline{CA}>\overline{AB}+\overline{BC}$이므로 삼각형이 그려지지 않는다.

② $\angle A$는 $\overline{AB}$와 $\overline{BC}$의 끼인각이 아니므로 삼각형이 하나로 정해지지 않는다.

③ $\angle B$는 $\overline{BC}$와 $\overline{CA}$의 끼인각이 아니므로 삼각형이 하나로 정해지지 않는다.

④ 한 변의 길이와 그 양 끝 각의 크기가 주어졌으므로 $\triangle ABC$가 하나로 정해진다.

⑤ 세 각의 크기가 주어지면 모양은 같고 크기가 다른 삼각형이 무수히 많이 그려진다.

따라서 $\triangle ABC$가 하나로 정해지는 것은 ④이다.

① $\overline{AB}=5$ cm, $\overline{BC}=6$ cm, $\overline{CA}=12$ cm일 때, $\triangle ABC$는 하나로 정해지는지 판단하기

$\xrightarrow{(\times)}$ 세 변의 길이가 주어졌으므로 삼각형이 하나로 정해진다.

$\xrightarrow{(\bigcirc)}$ $12>5+6$이므로 삼각형이 그려지지 않는다.

➡ 세 변의 길이가 주어진 경우
(가장 긴 변의 길이)<(나머지 두 변의 길이의 합)
일 때만 삼각형이 그려지므로 세 변의 길이 사이의 관계도 반드시 확인해야 함에 주의하자!

2-1 답 ㄱ, ㄹ

ㄱ. $\overline{AC}<\overline{AB}+\overline{BC}$이므로 삼각형이 하나로 정해진다.

ㄴ. 세 각의 크기가 주어지면 모양은 같고 크기가 다른 삼각형이 무수히 많이 그려진다.

ㄷ. ∠C는 $\overline{AB}$와 $\overline{BC}$의 끼인각이 아니므로 삼각형이 하나로 정해지지 않는다.

ㄹ. ∠C$=180°-(60°+50°)=70°$이므로 한 변의 길이와 그 양 끝 각의 크기가 주어졌다. 즉, △ABC가 하나로 정해진다.

따라서 △ABC가 하나로 정해지는 것은 ㄱ, ㄹ이다.

2-2 답 ㄱ, ㄷ

ㄱ. 세 변의 길이가 주어졌으므로 △ABC가 하나로 정해진다.

ㄴ. ∠A는 $\overline{AB}$와 $\overline{BC}$의 끼인각이 아니므로 삼각형이 하나로 정해지지 않는다.

ㄷ. 두 변의 길이와 그 끼인각의 크기가 주어졌으므로 △ABC가 하나로 정해진다.

ㄹ. ∠C는 $\overline{AB}$와 $\overline{BC}$의 끼인각이 아니므로 삼각형이 하나로 정해지지 않는다.

따라서 필요한 나머지 한 조건으로 알맞은 것은 ㄱ, ㄷ이다.

개념 15 도형의 합동

•49~50쪽

•개념 확인하기

1 답 (1) $\overline{PQ}$ (2) ∠P (3) $\overline{QR}$ (4) ∠Q (5) $\overline{RP}$ (6) ∠R

2 답 (1) $x=4$, $y=6$, $a=62$, $b=33$
  (2) $x=7$, $a=72$, $b=65$, $c=72$

(1) $\overline{AB}=\overline{PQ}=4\,cm$ ∴ $x=4$
  $\overline{AC}=\overline{PR}=6\,cm$ ∴ $y=6$
  ∠Q$=$∠B$=62°$ ∴ $a=62$
  ∠R$=$∠C$=180°-(85°+62°)=33°$
  ∴ $b=33$

(2) $\overline{GF}=\overline{CB}=7\,cm$ ∴ $x=7$
  ∠B$=$∠F$=65°$ ∴ $b=65$
  ∠A$=360°-(65°+88°+135°)=72°$
  ∴ $a=72$
  ∠E$=$∠A$=72°$ ∴ $c=72$

예제 1 답 ②

① $\overline{FG}=\overline{BC}=8\,cm$

② $\overline{AD}$의 길이는 알 수 없다.

③ ∠F$=$∠B$=120°$

④, ⑤ ∠A$=$∠E$=95°$이므로
  ∠C$=360°-(95°+120°+75°)=70°$

따라서 옳지 않은 것은 ②이다.

1-1 답 105

△ABC≡△FED이므로
$\overline{BC}=\overline{ED}=8\,cm$ ∴ $x=8$
또 ∠E$=$∠B$=45°$이고
△FED에서
∠F$=180°-($∠D$+$∠E$)=180°-(38°+45°)=97°$
∴ $y=97$
∴ $x+y=8+97=105$

1-2 답 ㄴ, ㄹ

ㄱ. $\overline{AB}=\overline{DE}$ 　ㄴ. ∠B$=$∠E

ㄷ. 점 C의 대응점은 점 F이다.

ㄹ. △ABC≡△DEF이므로 완전히 포개어진다.

따라서 옳은 것은 ㄴ, ㄹ이다.

예제 2 답 ㄱ, ㄷ

ㄴ. 다음 그림의 두 사각형은 네 변의 길이가 같지만 서로 합동이 아니다.

ㄹ. 다음 그림의 두 사각형은 넓이가 같지만 서로 합동이 아니다.

따라서 두 도형이 서로 합동인 것은 ㄱ, ㄷ이다.

2-1 답 ②, ④

② 다음 그림의 두 사각형은 둘레의 길이가 같지만 서로 합동이 아니다.

④ 다음 그림의 두 부채꼴은 반지름의 길이가 같지만 서로 합동이 아니다.

• 개념 확인하기

1 답 (1) $\overline{FE}$, $\overline{CA}$, $\overline{ED}$ (2) $\overline{FE}$, ∠C, ∠E (3) $\overline{DF}$, ∠F

2 답 (1) ○ (2) ○ (3) × (4) ○

(1) 대응하는 세 변의 길이가 각각 같으므로
   △ABC≡△DEF (SSS 합동)
(2) 대응하는 두 변의 길이가 각각 같고, 그 끼인각의 크기가 같
   으므로
   △ABC≡△DEF (SAS 합동)
(4) ∠B=∠E, ∠A=∠D이므로
   ∠C=180°−(∠A+∠B)
     =180°−(∠D+∠E)
     =∠F
   따라서 대응하는 한 변의 길이가 같고, 그 양 끝 각의 크기가
   각각 같으므로
   △ABC≡△DEF (ASA 합동)

대표 예제로 개념 익히기

예제 **1** 답 ㄱ과 ㅁ: SSS 합동, ㄷ과 ㄹ: SAS 합동,
     ㄴ과 ㅂ: ASA 합동

ㄱ, ㅁ. △ABC와 △EFD에서
   $\overline{AB}=\overline{EF}$, $\overline{BC}=\overline{FD}$, $\overline{AC}=\overline{ED}$
   ∴ △ABC≡△EFD (SSS 합동)
ㄷ, ㄹ. △ABC와 △EDF에서
   $\overline{AB}=\overline{ED}$, $\overline{AC}=\overline{EF}$, ∠A=∠E
   ∴ △ABC≡△EDF (SAS 합동)
ㄴ, ㅂ. △ABC와 △EDF에서
   $\overline{AC}=\overline{EF}$, ∠A=∠E, ∠C=∠F
   ∴ △ABC≡△EDF (ASA 합동)

1-1 답 ④

|보기|의 삼각형에서 나머지 한 각의 크기는
180°−(60°+80°)=40°이므로 |보기|의 삼각형은 ④의 삼각형
과 SAS 합동이다.

✎ 오개념 바로잡기

④ 주어진 삼각형과 합동인지 확인하기
   (×) 두 변의 길이는 |보기|의 삼각형과 각각 같지만 그 끼인각
   의 크기가 주어지지 않았으므로 합동이 아니다.
   (○) |보기|의 삼각형에서 나머지 한 각의 크기는
   180°−(60°+80°)=40°이므로 대응하는 두 변의 길이가
   각각 같고, 그 끼인각의 크기가 같으므로 SAS 합동이다.

→ 합동인 삼각형을 찾을 때 두 각의 크기가 주어진 경우, 삼각
   형의 세 각의 크기의 합은 180°임을 이용하면 나머지 한 각의
   크기를 구할 수 있어.

예제 **2** 답 ㈎ $\overline{AC}$ ㈏ △ADC ㈐ SSS

2-1 답 (1) 합동이다. (2) SSS 합동

(1), (2) △ABD와 △CBD에서
   사각형 ABCD는 마름모이므로
   $\overline{AB}=\overline{CB}$, $\overline{AD}=\overline{CD}$
   $\overline{BD}$는 공통
   따라서 대응하는 세 변의 길이가 각각 같으므로
   △ABD≡△CBD (SSS 합동)

2-2 답 풀이 참조

△ABD와 △DCA에서
$\overline{AB}=\overline{DC}$, $\overline{BD}=\overline{CA}$, $\overline{AD}$는 공통
따라서 대응하는 세 변의 길이가 각각 같으므로
△ABD≡△DCA (SSS 합동)

예제 **3** 답 ㈎ ∠BOD ㈏ SAS

3-1 답 (1) △COB, SAS 합동 (2) 95°

(1) △AOD와 △COB에서
   $\overline{OA}=\overline{OC}$, ∠O는 공통,
   $\overline{OD}=\overline{OC}+\overline{CD}=\overline{OA}+\overline{AB}=\overline{OB}$
   따라서 대응하는 두 변의 길이가 각각 같고, 그 끼인각의 크
   기가 같으므로
   △AOD≡△COB (SAS 합동)
(2) △AOD≡△COB이므로
   ∠OCB=∠OAD
       =180°−(50°+35°)=95°

예제 **4** 답 ㈎ ∠DOC ㈏ ∠CDO ㈐ 양 끝 각 ㈑ ASA

4-1 답 ∠BOP, $\overline{OP}$, 90°, 90°, ASA

실전 문제로 단원 마무리하기 ·54~56쪽

1 ②	2 ③, ⑤	3 정삼각형	4 2개
5 ㄹ	6 ②, ④	7 ③, ⑤	8 ③	9 2개
10 ②, ④	11 ②	12 ⑤	13 12 km	14 ⑤

서술형

15 8, 9 16 (1) △AED≡△DFC (2) SAS 합동

1 답 ②

② 선분의 길이를 잴 때는 컴퍼스를 사용한다.

2 답 ③, ⑤

① 두 점 C, D는 점 P를 중심으로 $\overline{OB}$의 길이를 반지름으로 하는 원 위에 있으므로 $\overline{OB}=\overline{PC}$

② 점 D는 점 C를 중심으로 $\overline{AB}$의 길이를 반지름으로 하는 원 위에 있으므로 $\overline{AB}=\overline{CD}$

③ $\overline{OY}=\overline{PQ}$인지는 알 수 없다.

⑤ 작도 순서는 ㉡ → ㉤ → ㉠ → ㉣ → ㉢이다.

따라서 옳지 않은 것은 ③, ⑤이다.

3 답 정삼각형

점 B와 점 C는 점 A를 중심으로 하는 원 위에 있으므로 선분 AB의 길이와 선분 AC의 길이는 같다.

또 점 A와 점 C는 점 B를 중심으로 하는 원 위에 있으므로 선분 AB의 길이와 선분 BC의 길이는 같다.

따라서 삼각형 ABC는 세 변의 길이가 같으므로 정삼각형이다.

4 답 2개

(i) 가장 긴 변의 길이가 9 cm일 때

9=4+5이므로 삼각형을 만들 수 없다.

(ii) 가장 긴 변의 길이가 11 cm일 때

11>4+5, 11<4+9, 11<5+9

이므로 세 변의 길이가

4 cm, 9 cm, 11 cm인 경우와 5 cm, 9 cm, 11 cm인 경우에 각각 삼각형을 만들 수 있다.

따라서 (i), (ii)에서 만들 수 있는 서로 다른 삼각형의 개수는 2개이다.

5 답 ㄹ

ㄱ. 한 변의 길이와 그 양 끝 각의 크기가 주어진 경우이다.

ㄴ. 두 변의 길이와 그 끼인각의 크기가 주어진 경우이다.

ㄷ. ∠C=180°−(∠A+∠B)이므로 한 변의 길이와 그 양 끝 각의 크기가 주어진 경우와 같다.

ㄹ. ∠B는 $\overline{BC}$와 $\overline{AC}$의 끼인각이 아니므로 △ABC가 하나로 정해지지 않는다.

따라서 △ABC가 하나로 정해지기 위해 필요한 나머지 한 조건이 아닌 것은 ㄹ이다.

6 답 ②, ④

① $\overline{BC}>\overline{AB}+\overline{CA}$이므로 삼각형이 만들어지지 않는다.

② 두 변의 길이와 그 끼인각의 크기가 주어졌으므로 △ABC가 하나로 정해진다.

③ ∠A+∠B=180°이므로 삼각형이 만들어지지 않는다.

④ ∠C=180°−(60°+55°)=65°

즉, 한 변의 길이와 그 양 끝 각의 크기가 주어졌으므로 △ABC가 하나로 정해진다.

⑤ 세 각의 크기가 주어지면 모양은 같고 크기가 다른 삼각형이 무수히 많이 그려진다.

따라서 △ABC가 하나로 정해지는 것은 ②, ④이다.

7 답 ③, ⑤

③ 합동인 두 도형은 모양과 크기가 같다.

⑤ 오른쪽 그림의 두 도형은 넓이가 같지만 합동이 아니다.

8 답 ③

① ∠E의 대응각은 ∠A이므로

∠E=∠A=85°

② ∠E=85°이므로 사각형 EFGH에서

∠H=360°−(85°+90°+65°)

=120°

③ $\overline{AB}$의 대응변은 $\overline{EF}$이므로 $\overline{AB}=\overline{EF}$이다.

그런데 $\overline{EF}$의 길이가 주어져 있지 않았으므로 $\overline{AB}$의 길이는 알 수 없다.

④ 두 사각형은 합동이므로 넓이가 같다.

따라서 옳지 않은 것은 ③이다.

참고

두 도형이 ┌ 합동이면 ⇨ 넓이가 같다. (○)
└ 넓이가 같으면 ⇨ 합동이다. (×)

9 답 2개

주어진 그림의 색종이를 모양과 크기를 바꾸지 않고 완전히 포개려면 그 삼각형과 합동이어야 한다.

ㄱ.
합동이 아니다.

ㄴ.
ASA 합동

ㄷ.
합동이 아니다.

ㄹ.
ASA 합동

따라서 모양과 크기를 바꾸지 않고 완전히 포갤 수 있는 것은 ㄴ, ㄹ의 2개이다.

10 답 ②, ④

② $\overline{AC}=\overline{DE}$이면 대응하는 세 변의 길이가 각각 같으므로

△ABC≡△DFE (SSS 합동)

④ ∠B=∠F이면 대응하는 두 변의 길이가 각각 같고, 그 끼인각의 크기가 같으므로

△ABC≡△DFE (SAS 합동)

11 답 ②

△ABC와 △CDA에서

$\overline{AB}=\overline{CD}=9\,cm$,

$\overline{BC}=\overline{DA}=8\,cm$,

$\overline{AC}$는 공통

∴ △ABC≡△CDA (SSS 합동)

따라서 △ABC와 △CDA는 대응변의 길이와 대응각의 크기가 각각 같다.

② $\overline{AC}$와 $\overline{BC}$는 대응변이 아니므로 $\overline{AC}=\overline{BC}$인지는 알 수 없다.

12 답 ⑤

⑤ ㈐ SAS

13 답 12 km

△AED와 △CEB에서

∠EDA=∠EBC,

$\overline{ED}=\overline{EB}$,

∠AED=∠CEB (맞꼭지각)

∴ △AED≡△CEB (ASA 합동)

따라서 $\overline{AE}=\overline{CE}=8\,km$이므로

$\overline{AB}=\overline{AE}+\overline{EB}$

$\quad=8+4=12\,(km)$

따라서 두 지점 A, B 사이의 거리는 12 km이다.

14 답 ⑤

△ADF, △BED, △CFE에서

$\overline{AD}=\overline{BE}=\overline{CF}$ $\qquad\cdots$ ㉠

이므로

$\overline{BD}=\overline{AB}-\overline{AD}$,

$\overline{CE}=\overline{BC}-\overline{BE}$,

$\overline{AF}=\overline{CA}-\overline{CF}$에서

$\overline{AF}=\overline{BD}=\overline{CE}$ (①) $\qquad\cdots$ ㉡

또 △ABC의 세 각의 크기는 모두 60°로 같으므로

∠A=∠B=∠C=60° $\qquad\cdots$ ㉢

㉠, ㉡, ㉢에서

△ADF≡△BED≡△CFE (SAS 합동)

② $\overline{DF}$와 $\overline{FE}$는 대응변이므로

$\overline{DF}=\overline{FE}$

③ $\overline{DF}$, $\overline{ED}$, $\overline{FE}$는 대응변이므로

$\overline{DF}=\overline{ED}=\overline{FE}$

즉, △DEF는 정삼각형이므로

∠FDE=60°

④ △DEF는 정삼각형이고,

∠AFD=∠CEF이므로

∠AFE=∠AFD+60°

$\quad=$∠CEF+60°

$\quad=$∠DEC

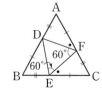

⑤ △ADF와 △BED에서

∠ADE=∠ADF+60°이고,

∠FDB=∠EDB+60°이다.

이때 ∠ADF=∠EDB인지는 알 수 없으므로 ∠ADE=∠FDB인지도 알 수 없다.

따라서 옳지 않은 것은 ⑤이다.

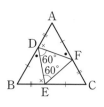

15 답 8, 9

삼각형의 세 변의 길이 사이의 관계에 의하여

$x+5$가 가장 긴 변의 길이이므로

$x+5<(x-2)+x$

∴ $x>7$ $\qquad\cdots$ (i)

따라서 x의 값이 될 수 있는 한 자리의 자연수는 8, 9이다. $\qquad\cdots$ (ii)

채점 기준	배점
(i) x의 값을 구하는 식 세우기	60 %
(ii) x의 값이 될 수 있는 한 자리의 자연수 구하기	40 %

16 답 (1) △AED≡△DFC (2) SAS 합동

(1) △AED와 △DFC에서

$\overline{AE}=\overline{DF}$

사각형 ABCD는 정사각형이므로

$\overline{AD}=\overline{DC}$, ∠DAE=∠CDF=90°

따라서 대응하는 두 변의 길이가 각각 같고, 그 끼인각의 크기가 같으므로

△AED≡△DFC $\qquad\cdots$ (i)

(2) (1)에서 이용한 합동 조건은 SAS 합동이다. $\qquad\cdots$ (ii)

채점 기준	배점
(i) △AED와 합동인 삼각형을 찾아 기호 ≡를 사용하여 나타내기	60 %
(ii) 합동 조건 말하기	40 %

OX 문제로 개념 점검! ·57쪽

❶✕ ❷○ ❸✕ ❹○ ❺✕ ❻○ ❼✕ ❽○

❶ 작도는 눈금 없는 자와 컴퍼스만을 사용하여 도형을 그리는 것이다.

❸ △ABC와 △DEF가 서로 합동일 때, 이것을 기호로 △ABC≡△DEF와 같이 나타낸다.

❺ 세 각의 크기가 주어지면 모양은 같고 크기가 다른 삼각형이 무수히 많이 그려지므로 삼각형은 하나로 정해지지 않는다.

❼ 두 삼각형에서 대응하는 두 변의 길이가 각각 같고, 그 끼인각의 크기가 같으면 이 두 삼각형은 서로 합동이다.

3 평면도형의 성질

· 60~61쪽

개념 17 다각형 / 정다각형

· 개념 확인하기

1 답 ㄴ, ㄹ, ㅁ

다각형은 3개 이상의 선분으로 둘러싸인 평면도형이다.

ㄴ. 곡선으로 둘러싸여 있으므로 다각형이 아니다.

ㄹ. 입체도형이므로 다각형이 아니다.

ㅁ. 선분으로 둘러싸여 있지 않으므로 다각형이 아니다.

2 답 (1) $180°$, $120°$ (2) $180°$, $105°$

3 답 (1) 변, 내각 (2) 정오각형

대표 예제로 개념 익히기

예제 1 답 ②, ⑤

① 곡선으로 둘러싸여 있으므로 다각형이 아니다.

③, ④ 입체도형이므로 다각형이 아니다.

따라서 다각형인 것은 ②, ⑤이다.

1-1 답 ⑤

⑤ 원은 평면도형이지만 다각형은 아니다.

예제 2 답 $70°$

다각형에서 한 내각과 그 외각의 크기의 합은 $180°$이므로

$\angle x = 180° - 30° = 150°$, $\angle y = 180° - 100° = 80°$

$\therefore \angle x - \angle y = 150° - 80° = 70°$

2-1 답 $200°$

($\angle A$의 외각의 크기) $= 180° - 105° = 75°$

($\angle C$의 외각의 크기) $= 180° - 55° = 125°$

따라서 $\angle A$의 외각의 크기와 $\angle C$의 외각의 크기의 합은

$75° + 125° = 200°$

예제 3 답 정구각형

㈎를 만족시키는 다각형은 구각형이다.

㈏를 만족시키는 다각형은 정다각형이다.

따라서 조건을 모두 만족시키는 다각형은 정구각형이다.

3-1 답 정십이각형

㈎, ㈏를 만족시키는 다각형은 정다각형이고, ㈐를 만족시키는 다각형은 십이각형이다.

따라서 조건을 모두 만족시키는 다각형은 정십이각형이다.

개념 18 다각형의 대각선

· 62~63쪽

· 개념 확인하기

1 답 풀이 참조

다각형	삼각형	사각형	오각형	육각형	칠각형	…	n각형
꼭짓점의 개수	3개	4개	5개	6개	7개	…	n개
한 꼭짓점에서 그을 수 있는 대각선의 개수	0개	1개	2개	3개	4개	…	$(n-3)$개
대각선의 개수	0개	2개	5개	9개	14개	…	$\dfrac{n(n-3)}{2}$개

2 답 35, 70, 7, 10, 십각형

대표 예제로 개념 익히기

예제 1 답 10

육각형의 한 꼭짓점에서 그을 수 있는 대각선의 개수는

$6 - 3 = 3$(개)이므로 $a = 3$

십각형의 한 꼭짓점에서 그을 수 있는 대각선의 개수는

$10 - 3 = 7$(개)이므로 $b = 7$

$\therefore a + b = 3 + 7 = 10$

1-1 답 14개

주어진 다각형을 n각형이라 하면

$n - 3 = 11$

$\therefore n = 14$

따라서 주어진 다각형은 십사각형이고, 그 변의 개수는 14개이다.

1-2 답 25

십오각형의 한 꼭짓점에서 그을 수 있는 대각선의 개수는

$15 - 3 = 12$(개)이므로 $a = 12$

이때 생기는 삼각형의 개수는

$15 - 2 = 13$(개)이므로 $b = 13$

$\therefore a + b = 12 + 13 = 25$

예제 2 답 ④

대각선의 개수가 54개인 다각형을 n각형이라 하면

$\dfrac{n(n-3)}{2} = 54$에서

$n(n-3) = 108$

$n(n-3) = 12 \times 9$

$\therefore n = 12$

따라서 구하는 다각형은 십이각형이다.

다른 풀이

각 다각형의 대각선의 개수를 구하면

① $\dfrac{6 \times (6-3)}{2} = 9$(개) ② $\dfrac{10 \times (10-3)}{2} = 35$(개)

③ $\dfrac{11 \times (11-3)}{2} = 44$(개) ④ $\dfrac{12 \times (12-3)}{2} = 54$(개)

⑤ $\dfrac{14 \times (14-3)}{2} = 77$(개)

2-1 답 (1) 20개 (2) 27개 (3) 44개 (4) 65개

(1) 팔각형의 대각선의 개수는 $\dfrac{8 \times (8-3)}{2} = 20$(개)

(2) 구각형의 대각선의 개수는 $\dfrac{9 \times (9-3)}{2} = 27$(개)

(3) 십일각형의 대각선의 개수는 $\dfrac{11 \times (11-3)}{2} = 44$(개)

(4) 십삼각형의 대각선의 개수는 $\dfrac{13 \times (13-3)}{2} = 65$(개)

2-2 답 104개

한 꼭짓점에서 그을 수 있는 대각선의 개수가 13개인 다각형을 n각형이라 하면

$n-3 = 13$ ∴ $n=16$

따라서 주어진 다각형은 십육각형이고, 그 대각선의 개수는

$\dfrac{16 \times (16-3)}{2} = 104$(개)

개념 19 삼각형의 내각과 외각 ·64~66쪽

·개념 확인하기

1 답 (1) 180°, 65° (2) 180°, 115° (3) 35° (4) 60°

(3) $55° + \angle x + 90° = 180°$ ∴ $\angle x = 35°$

(4) $95° + 25° + \angle x = 180°$ ∴ $\angle x = 60°$

2 답 (1) 30°, 105° (2) 55°, 105° (3) 100° (4) 135°

(3) $\angle x = 65° + 35° = 100°$

(4) $\angle x = 35° + 100° = 135°$

대표 예제로 개념 익히기

예제 1 답 20

$2x + 3x + 4x = 180$이므로

$9x = 180$ ∴ $x = 20$

1-1 답 105°

△ABC에서 $\angle ACB = 180° - (50° + 85°) = 45°$

∴ $\angle DCE = \angle ACB = 45°$ (맞꼭지각)

따라서 △CED에서

$\angle x = 180° - (45° + 30°) = 105°$

다른 풀이

삼각형의 내각과 외각의 관계에 의하여

$50° + 85° = \angle x + 30°$ ∴ $\angle x = 105°$

참고 오른쪽 그림과 같이 크기가 $\angle x$인 맞꼭지각을 한 내각으로 하는 두 삼각형에 대하여 삼각형의 세 내각의 크기의 합은 180°이므로

$\angle a + \angle b = 180° - \angle x$,

$\angle c + \angle d = 180° - \angle x$

따라서 $\angle a + \angle b = \angle c + \angle d$이다.

1-2 답 (1) 30° (2) 115°

(1) △ABC에서 $\angle BAC = 180° - (35° + 85°) = 60°$

 ∴ $\angle BAD = \dfrac{1}{2} \angle BAC = \dfrac{1}{2} \times 60° = 30°$

(2) △ABD에서 $\angle x = 180° - (35° + 30°) = 115°$

다른 풀이

(2) $\angle DAC = \dfrac{1}{2} \angle BAC = \dfrac{1}{2} \times 60° = 30°$

 따라서 △ADC에서 삼각형의 내각과 외각의 관계에 의하여

 $\angle x = 30° + 85° = 115°$

예제 2 답 (1) 65° (2) 50°

(1) △ADC에서 $\angle DAC + \angle DCA = 180° - 115° = 65°$

(2) △ABC에서

 $\angle x = 180° - (\angle BAC + \angle BCA)$

 $= 180° - \{(40° + \angle DAC) + (25° + \angle DCA)\}$

 $= 180° - \{(\angle DAC + \angle DCA) + 65°\}$

 $= 180° - (65° + 65°) = 50°$

2-1 답 50°

△DBC에서 $\angle DBC + \angle DCB = 180° - 100° = 80°$

따라서 △ABC에서

$\angle x = 180° - (\angle ABC + \angle ACB)$

 $= 180° - \{(20° + \angle DBC) + (30° + \angle DCB)\}$

 $= 180° - \{(\angle DBC + \angle DCB) + 50°\}$

 $= 180° - (80° + 50°) = 50°$

2-2 답 60°

△DBC에서 $\bullet + \times = 180° - 120° = 60°$

따라서 △ABC에서

$\angle x = 180° - 2(\bullet + \times)$

 $= 180° - 2 \times 60°$

 $= 180° - 120° = 60°$

예제 3 답 $\angle x = 122°$, $\angle y = 28°$

△ABC에서 $\angle x = 68° + 54° = 122°$

따라서 △BDE에서

$\angle y = 180° - (\angle x + 30°)$

 $= 180° - (122° + 30°) = 28°$

3-1 답 80°

△BCD에서 ∠ADE=25°+35°=60°

따라서 △ADE에서

∠x=180°-(40°+60°)=80°

3-2 답 140°

∠ACB=180°-110°=70°

△ABC에서 $\overline{AB}=\overline{AC}$이므로

∠ABC=∠ACB=70°

∴ ∠x=∠ABC+∠ACB

=70°+70°=140°

참고 이등변삼각형의 두 밑각의 크기는 같다.

예제 4 답 80°

오른쪽 그림의 △DBC에서

$\overline{DB}=\overline{DC}$이므로

∠DCB=∠B=40°

∴ ∠ADC=40°+40°=80°

따라서 △CAD에서 $\overline{CA}=\overline{CD}$이므로

∠x=∠ADC=80°

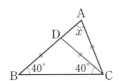

4-1 답 ∠x=70°, ∠y=105°

오른쪽 그림의 △ABC에서

$\overline{AB}=\overline{AC}$이므로

∠ACB=∠B=35°

∴ ∠x=35°+35°=70°

△CDA에서 $\overline{CA}=\overline{CD}$이므로

∠CDA=∠x=70°

따라서 △DBC에서

∠y=35°+70°=105°

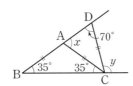

개념 **20** 다각형의 내각

·67~68쪽

·개념 확인하기

1 답 풀이 참조

다각형	한 꼭짓점에서 대각선을 모두 그었을 때 만들어지는 삼각형의 개수	내각의 크기의 합
칠각형	7-2=5(개)	180°×5=900°
팔각형	8-2=6(개)	180°×6=1080°
구각형	9-2=7(개)	180°×7=1260°
⋮	⋮	⋮
n각형	(n-2)개	180°×(n-2)

2 답 풀이 참조

정다각형	한 내각의 크기
(1) 정육각형	$\dfrac{180°×(6-2)}{6}=\boxed{120°}$
(2) 정구각형	$\dfrac{180°×(9-2)}{9}=140°$
(3) 정십각형	$\dfrac{180°×(10-2)}{10}=144°$
(4) 정십팔각형	$\dfrac{180°×(18-2)}{18}=160°$
(5) 정이십각형	$\dfrac{180°×(20-2)}{20}=162°$

(대표 예제로 **개념 익히기**)

예제 1 답 ②

내각의 크기의 합이 1260°인 다각형을 n각형이라 하면

180°×(n-2)=1260°에서

n-2=7

∴ n=9

따라서 주어진 다각형은 구각형이고, 그 변의 개수는 9개이다.

1-1 답 ④

내각의 크기의 합이 1080°인 다각형을 n각형이라 하면

180°×(n-2)=1080°에서

n-2=6

∴ n=8

따라서 주어진 다각형은 팔각형이고, 그 꼭짓점의 개수는 8개이다.

1-2 답 1620°

한 꼭짓점에서 그을 수 있는 대각선의 개수가 8개인 다각형을 n각형이라 하면

n-3=8

∴ n=11

따라서 주어진 다각형은 십일각형이고, 그 내각의 크기의 합은

180°×(11-2)=1620°

예제 2 답 ①

한 내각의 크기가 135°인 정다각형을 정n각형이라 하면

$\dfrac{180°×(n-2)}{n}$=135°에서

180°×(n-2)=135°×n

180°×n-360°=135°×n

45°×n=360°

∴ n=8

따라서 주어진 정다각형은 정팔각형이고, 그 꼭짓점의 개수는 8개이다.

2-1 답 ③

한 내각의 크기가 $144°$인 정다각형을 정n각형이라 하면
$\dfrac{180° \times (n-2)}{n} = 144°$에서
$180° \times (n-2) = 144° \times n$
$180° \times n - 360° = 144° \times n$
$36° \times n = 360°$
$\therefore n = 10$
따라서 구하는 정다각형은 정십각형이다.

2-2 답 $140°$

대각선의 개수가 27개인 정다각형을 정n각형이라 하면
$\dfrac{n(n-3)}{2} = 27$에서
$n(n-3) = 54$, $n(n-3) = 9 \times 6$
$\therefore n = 9$
따라서 주어진 정다각형은 정구각형이고, 한 내각의 크기는
$\dfrac{180° \times (9-2)}{9} = 140°$

개념 21 다각형의 외각

• 69~70쪽

• 개념 확인하기

1 답 (1) $360°$ (2) $360°$ (3) $360°$ (4) $360°$

2 답 풀이 참조

정다각형	한 외각의 크기
(1) 정육각형	$\dfrac{360°}{\boxed{6}} = \boxed{60°}$
(2) 정구각형	$\dfrac{360°}{9} = 40°$
(3) 정십각형	$\dfrac{360°}{10} = 36°$
(4) 정십팔각형	$\dfrac{360°}{18} = 20°$
(5) 정이십각형	$\dfrac{360°}{20} = 18°$

《 대표 예제로 개념 익히기 》

예제 1 답 $80°$

다각형의 외각의 크기의 합은 항상 $360°$이므로
$\angle x + 60° + 65° + 80° + 75° = 360°$
$\angle x + 280° = 360°$
$\therefore \angle x = 80°$

1-1 답 $85°$

다각형의 외각의 크기의 합은 항상
$360°$이므로 오른쪽 그림에서
$40° + 90° + 70° + 65° + (180° - \angle x)$
$= 360°$
$445° - \angle x = 360°$
$\therefore \angle x = 85°$

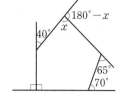

다른 풀이

오각형의 내각의 크기의 합은
$180° \times (5-2) = 540°$이므로
오른쪽 그림에서
$\angle x + 140° + 90° + 110° + 115° = 540°$
$\angle x + 455° = 540°$
$\therefore \angle x = 85°$

1-2 답 $140°$

다각형의 외각의 크기의 합은 항상 $360°$이므로
$\angle x + 55° + (180° - 115°) + \angle y + (180° - 120°) + (180° - 140°)$
$= 360°$
에서
$\angle x + \angle y + 220° = 360°$
$\therefore \angle x + \angle y = 140°$

예제 2 답 6개

한 외각의 크기가 $40°$인 정다각형을 정n각형이라 하면
$\dfrac{360°}{n} = 40°$
$\therefore n = 9$
따라서 주어진 정다각형은 정구각형이고, 한 꼭짓점에서 그을 수 있는 대각선의 개수는
$9 - 3 = 6$(개)

2-1 답 ⑤

한 외각의 크기가 $20°$인 정다각형을 정n각형이라 하면
$\dfrac{360°}{n} = 20°$
$\therefore n = 18$
따라서 구하는 정다각형은 정십팔각형이다.

2-2 답 $15°$

내각의 크기의 합이 $3960°$인 정다각형을 정n각형이라 하면
$180° \times (n-2) = 3960°$에서
$n - 2 = 22$
$\therefore n = 24$
따라서 주어진 정다각형은 정이십사각형이고, 한 외각의 크기는
$\dfrac{360°}{24} = 15°$

원과 부채꼴 •71~72쪽

1 답

2 답 (1) ∠AOB (2) ∠AOC (3) $\overparen{BC}$ (4) ∠BOC

(2) $\overparen{AC}$에 대한 중심각은 두 반지름 OA, OC로
 이루어진 각이므로 ∠AOC이다.

3 답 (1) × (2) ○ (3) × (4) ×
 (5) ○ (6) × (7) ×

(1) 원 위의 두 점을 연결한 원의 일부분을 호라 한다.

(3) 원 위의 두 점을 이은 선분은 현이다.

(4) 호와 현으로 이루어진 도형은 활꼴이다.

(6) 한 원에서 부채꼴과 활꼴이 같아질 때, 이 부채꼴의 중심각의
 크기는 180°이다.

(7) 두 반지름과 호로 이루어진 도형은 부채꼴이다.

대표 예제로 개념 익히기

예제 1 답 ①, ④

② 반원은 부채꼴이면서 활꼴이다.

③ 부채꼴은 두 반지름과 호로 이루어져 있다.

⑤ 활꼴은 호와 현으로 이루어져 있다.

따라서 옳은 것은 ①, ④이다.

1-1 답 (1) 180° (2) 현 (3) 반원

1-2 답 ⑤

⑤ $\overparen{BC}$와 $\overline{OB}$, $\overline{OC}$로 이루어진 도형은 부채꼴이다.

예제 2 답 정삼각형

$\overline{OA}=\overline{OB}=\overline{AB}$이므로
 △OAB는 정삼각형이다.

2-1 답 (1) 12 cm (2) 60°

(1) 원 O에서 가장 긴 현은 지름이므로 그 길이는
 $6\times2=12\,(\text{cm})$

(2) 오른쪽 그림에서 원 O의 두 반지름인
 $\overline{OA}$, $\overline{OB}$의 길이는 모두 6 cm이고
 $\overline{AB}=6$ cm이므로
 $\overline{OA}=\overline{OB}=\overline{AB}$
 즉, △AOB는 정삼각형이다.
 따라서 부채꼴 AOB의 중심각의 크기는
 ∠AOB=(정삼각형의 한 내각의 크기)=60°

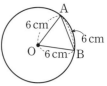

부채꼴의 성질 •73~75쪽

1 답 (1) 4 (2) 120 (3) 8 (4) 100

(1) $30:60=2:x$이므로 $30x=120$
 ∴ $x=4$

(2) $40:x=6:18$이므로 $6x=720$
 ∴ $x=120$

(3) $40:160=x:32$이므로 $160x=1280$
 ∴ $x=8$

(4) $50:x=8:16$이므로 $8x=800$
 ∴ $x=100$

2 답 (1) = (2) = (3) = (4) < (5) = (6) <

(6) $2\times(△AOB의 넓이)$
 $=(△AOB의 넓이)+(△BOC의 넓이)$
 $=(△AOC의 넓이)+(△ACB의 넓이)$
 ∴ (△AOC의 넓이) < $2\times(△AOB의 넓이)$

대표 예제로 개념 익히기

예제 1 답 $x=20$, $y=12$

$x:120=6:36$이므로 $36x=720$
 ∴ $x=20$

$40:120=y:36$이므로 $120y=1440$
 ∴ $y=12$

개념 바로잡기

중심각의 크기 또는 호의 길이를 구하는 비례식 세우기

(×) → $x:120=36:6$ ∴ $x=720$

(○) → $x:120=6:36$ ∴ $x=20$

➡ 비례식을 세울 때는 구하려는 것을 확인하고, 중심각의 크기
 와 호의 길이의 순서에 주의하여 바르게 세워야 해!

1-1 답 $x=10$, $y=160$

$20:100=2:x$이므로 $20x=200$

$\therefore x=10$

$20:y=2:16$이므로 $2y=320$

$\therefore y=160$

1-2 답 $\angle AOC=20°$, $\overarc{AC}=3\,cm$

$\triangle AOB$에서 $\overline{OA}=\overline{OB}$이므로

$\angle OAB=\dfrac{1}{2}\times(180°-140°)=20°$

이때 $\overline{AB}/\!/\overline{CD}$이므로

$\angle AOC=\angle OAB=20°$ (엇각)

한편 $\angle AOC:\angle AOB=\overarc{AC}:21$이므로

$20:140=\overarc{AC}:21$

$140\overarc{AC}=420$ $\quad\therefore \overarc{AC}=3\,(cm)$

참고 지름 또는 반지름과 평행한 선이 주어진 한 원에서

❶ 반지름의 길이가 같음을 이용하여 이등변삼각형을 찾아 이등변삼각형의 두 밑각의 크기는 같음을 이용한다.

❷ 평행선에서 동위각과 엇각의 크기가 각각 같음을 이용하여 크기가 같은 각을 찾는다.

예제 2 답 $12\,cm^2$

부채꼴 COD의 넓이를 $x\,cm^2$라 하면

$90:30=36:x$이므로

$90x=1080$ $\quad\therefore x=12$

따라서 부채꼴 COD의 넓이는 $12\,cm^2$이다.

2-1 답 $36\,cm^2$

$\angle AOB=\dfrac{1}{3}\angle COD$이므로

$\angle COD=3\angle AOB$

$\therefore$ (부채꼴 COD의 넓이)$=3\times$(부채꼴 AOB의 넓이)

$\qquad\qquad\qquad\qquad\qquad=3\times12=36\,(cm^2)$

2-2 답 $51\,cm^2$

$\angle AOB:\angle COD=\overarc{AB}:\overarc{CD}=15:9=5:3$

이때 부채꼴 COD의 넓이를 $x\,cm^2$라 하면

$5:3=85:x$이므로

$5x=255$ $\quad\therefore x=51$

따라서 부채꼴 COD의 넓이는 $51\,cm^2$이다.

예제 3 답 $120°$

$\overline{AB}=\overline{CD}=\overline{DE}=\overline{EF}$이므로

$\angle AOB=\angle COD=\angle DOE=\angle EOF=40°$

$\therefore \angle COF=3\angle AOB$

$\qquad\qquad=3\times40°=120°$

3-1 답 $135°$

$\overline{AB}=\overline{BC}$이므로 $\angle AOB=\angle BOC$

이때 $\angle AOB+\angle BOC+\angle AOC=360°$이므로

$2\angle BOC+90°=360°$

$2\angle BOC=270°$

$\therefore \angle BOC=135°$

예제 4 답 ㄴ, ㅁ

ㄱ, ㄹ. 오른쪽 그림에서

$2\overline{AB}>\overline{CD}$,

$2\times$(삼각형 AOB의 넓이)

$>$(삼각형 COD의 넓이)

ㄴ, ㅁ. 부채꼴의 호의 길이와 넓이는 각각

중심각의 크기에 정비례하므로

$2\overarc{AB}=\overarc{CD}$,

$2\times$(부채꼴 AOB의 넓이)$=$(부채꼴 COD의 넓이)

ㄷ. $\angle AOB=50°$라 하면

$\angle COD=2\angle AOB$

$\qquad\quad=2\times50°=100°$

$\triangle OAB$에서 $\overline{OA}=\overline{OB}$이므로

$\angle OAB=\dfrac{1}{2}\times(180°-50°)=65°$

$\triangle OCD$에서 $\overline{OC}=\overline{OD}$이므로

$\angle OCD=\dfrac{1}{2}\times(180°-100°)=40°$

$\therefore \angle OAB\neq2\angle OCD$

따라서 옳은 것은 ㄴ, ㅁ이다.

4-1 답 ⑤

⑤ 현의 길이는 중심각의 크기에 정비례하지 않는다.

4-2 답 ④

①, ⑤ 현의 길이, 삼각형의 넓이는 각각 중심각의 크기에 정비례하지 않는다.

즉, $\overline{AB}<5\overline{BC}$, $\triangle AOB<5\triangle BOC$

② $\angle AOC=150°+30°=180°$이므로

$\overarc{ABC}:\overarc{BC}=180:30=6:1$

③, ④ $\triangle OBC$에서 $\overline{OB}=\overline{OC}$이므로

$\angle OCB=\dfrac{1}{2}\times(180°-30°)=75°$

$\triangle OAB$에서 $\overline{OA}=\overline{OB}$이므로

$\angle OAB=\dfrac{1}{2}\times(180°-150°)=15°$

$\triangle ABC$에서

$\angle ABC=180°-(15°+75°)=90°$

따라서 옳은 것은 ④이다.

·개념 확인하기

1 답 (1) $l=10\pi$, $S=25\pi$
　　　(2) $l=18\pi$, $S=81\pi$
　　　(3) $l=12\pi$, $S=36\pi$

(1) 원 O의 반지름의 길이가 5이므로
　　$l=2\pi\times5=10\pi$, $S=\pi\times5^2=25\pi$

(2) 원 O의 반지름의 길이가 9이므로
　　$l=2\pi\times9=18\pi$, $S=\pi\times9^2=81\pi$

(3) 원 O의 반지름의 길이가 $12\times\dfrac{1}{2}=6$이므로
　　$l=2\pi\times6=12\pi$, $S=\pi\times6^2=36\pi$

2 답 (1) $2\pi r$, 8, 8　(2) $2\pi r$, 15, 15

대표 예제로 개념 익히기

예제 1 답 (1) 12 cm　(2) 9π cm^2

(1) 원의 반지름의 길이를 r cm라 하면
　　$2\pi r=24\pi$　∴ $r=12$
　　따라서 원의 반지름의 길이는 12 cm이다.

(2) 원의 반지름의 길이를 r cm라 하면
　　$2\pi r=6\pi$　∴ $r=3$
　　따라서 원의 반지름의 길이는 3 cm이고, 넓이는
　　$\pi\times3^2=9\pi$ (cm^2)

1-1 답 6 cm, 36π cm^2

원의 반지름의 길이를 r cm라 하면
$2\pi r=12\pi$　∴ $r=6$
따라서 원의 반지름의 길이는 6 cm이고,
넓이는 $\pi\times6^2=36\pi$ (cm^2)이다.

1-2 답 14π cm, 49π cm^2

원의 반지름의 길이가 $14\times\dfrac{1}{2}=7$ (cm)이므로
둘레의 길이는 $2\pi\times7=14\pi$ (cm)이고,
넓이는 $\pi\times7^2=49\pi$ (cm^2)이다.

오개념 바로잡기

지름의 길이가 14 cm인 원의 넓이 구하기

$\xrightarrow{(\times)}$ $\pi\times14^2=196\pi$ (cm^2)

$\xrightarrow{(\bigcirc)}$ 반지름의 길이는 7 cm이므로 $\pi\times7^2=49\pi$ (cm^2)

➡ (원의 둘레의 길이)$=2\pi r$, (원의 넓이)$=\pi r^2$에서
r은 원의 반지름의 길이이므로 원의 지름의 길이가 주어진
경우는 반지름의 길이를 구한 후 공식을 이용해야 해!

예제 2 답 (1) 둘레의 길이: $(10\pi+20)$ cm, 넓이: 50π cm^2
　　　　　(2) 둘레의 길이: 24π cm, 넓이: 24π cm^2

(1) (색칠한 부분의 둘레의 길이)$=(2\pi\times10)\times\dfrac{1}{2}+10\times2$
　　　　　　　　　　　　　　　$=10\pi+20$ (cm)
　　(색칠한 부분의 넓이)$=(\pi\times10^2)\times\dfrac{1}{2}=50\pi$ (cm^2)

(2) (색칠한 부분의 둘레의 길이)$=2\pi\times7+2\pi\times5$
　　　　　　　　　　　　　　　$=14\pi+10\pi=24\pi$ (cm)
　　(색칠한 부분의 넓이)$=\pi\times7^2-\pi\times5^2$
　　　　　　　　　　　　$=49\pi-25\pi=24\pi$ (cm^2)

2-1 답 둘레의 길이: 18π cm, 넓이: 27π cm^2

(색칠한 부분의 둘레의 길이)$=2\pi\times6+2\pi\times3$
　　　　　　　　　　　　　$=12\pi+6\pi=18\pi$ (cm)
(색칠한 부분의 넓이)$=\pi\times6^2-\pi\times3^2$
　　　　　　　　　　$=36\pi-9\pi=27\pi$ (cm^2)

2-2 답 ①

작은 원의 반지름의 길이는 $8\times\dfrac{1}{2}=4$ (cm)이므로

(색칠한 부분의 넓이)$=(\pi\times8^2)\times\dfrac{1}{2}+(\pi\times4^2)\times\dfrac{1}{2}$
　　　　　　　　　$=32\pi+8\pi=40\pi$ (cm^2)

개념 **25** 부채꼴의 호의 길이와 넓이 ·78~80쪽

·개념 확인하기

1 답 (1) $l=\dfrac{4}{3}\pi$, $S=\dfrac{8}{3}\pi$　(2) $l=2\pi$, $S=3\pi$
　　　(3) $l=5\pi$, $S=15\pi$　(4) $l=12\pi$, $S=54\pi$

(1) $l=2\pi\times4\times\dfrac{60}{360}=\dfrac{4}{3}\pi$

　　$S=\pi\times4^2\times\dfrac{60}{360}=\dfrac{8}{3}\pi$

(2) $l=2\pi\times3\times\dfrac{120}{360}=2\pi$

　　$S=\pi\times3^2\times\dfrac{120}{360}=3\pi$

(3) $l=2\pi\times6\times\dfrac{150}{360}=5\pi$

　　$S=\pi\times6^2\times\dfrac{150}{360}=15\pi$

(4) $l=2\pi\times9\times\dfrac{240}{360}=12\pi$

　　$S=\pi\times9^2\times\dfrac{240}{360}=54\pi$

2 답 (1) 16π (2) 15π

(1) (부채꼴의 넓이)$=\dfrac{1}{2}\times8\times4\pi=16\pi$

(2) (부채꼴의 넓이)$=\dfrac{1}{2}\times5\times6\pi=15\pi$

대표 예제로 **개념 익히기**

예제 1 답 (1) 7π cm (2) $60°$

(1) (부채꼴의 호의 길이)$=2\pi\times6\times\dfrac{210}{360}=7\pi\,(\text{cm})$

(2) 부채꼴의 중심각의 크기를 $x°$라 하면

$\pi\times6^2\times\dfrac{x}{360}=6\pi$ $\therefore x=60$

따라서 부채꼴의 중심각의 크기는 $60°$이다.

1-1 답 ②

부채꼴의 중심각의 크기를 $x°$라 하면

$2\pi\times8\times\dfrac{x}{360}=2\pi$ $\therefore x=45$

따라서 부채꼴의 중심각의 크기는 $45°$이다.

1-2 답 $40°$

부채꼴의 중심각의 크기를 $x°$라 하면

$\pi\times18^2\times\dfrac{x}{360}=36\pi$ $\therefore x=40$

따라서 부채꼴의 중심각의 크기는 $40°$이다.

예제 2 답 8π cm

부채꼴의 호의 길이를 l cm라 하면

$\dfrac{1}{2}\times16\times l=64\pi$ $\therefore l=8\pi$

따라서 부채꼴의 호의 길이는 8π cm이다.

2-1 답 ④

부채꼴의 호의 길이를 l cm라 하면

$\dfrac{1}{2}\times7\times l=63\pi$ $\therefore l=18\pi$

따라서 부채꼴의 호의 길이는 18π cm이다.

2-2 답 (1) 5 cm (2) $144°$

(1) 부채꼴의 반지름의 길이를 r cm라 하면

$\dfrac{1}{2}\times r\times4\pi=10\pi$ $\therefore r=5$

따라서 부채꼴의 반지름의 길이는 5 cm이다.

(2) 부채꼴의 중심각의 크기를 $x°$라 하면

$2\pi\times5\times\dfrac{x}{360}=4\pi$ $\therefore x=144$

따라서 부채꼴의 중심각의 크기는 $144°$이다.

예제 3 답 (1) $(3\pi+8)$ cm (2) 6π cm^2

(1) (색칠한 부분의 둘레의 길이)

$=2\pi\times8\times\dfrac{45}{360}+2\pi\times4\times\dfrac{45}{360}+4\times2$

$=2\pi+\pi+8=3\pi+8\,(\text{cm})$

(2) (색칠한 부분의 넓이)

$=\pi\times8^2\times\dfrac{45}{360}-\pi\times4^2\times\dfrac{45}{360}$

$=8\pi-2\pi=6\pi\,(\text{cm}^2)$

3-1 답 $(7\pi+18)$ cm

(색칠한 부분의 둘레의 길이)

$=$ (부채꼴 AOB의 호의 길이)$+$(부채꼴 COD의 호의 길이)

$\quad+\overline{\text{AC}}+\overline{\text{BD}}$

$=\left(2\pi\times15\times\dfrac{60}{360}\right)+\left(2\pi\times6\times\dfrac{60}{360}\right)+9+9$

$=5\pi+2\pi+18=7\pi+18\,(\text{cm})$

✏️ 오개념 바로잡기

색칠한 부분의 둘레의 길이 구하기

$\overset{(\times)}{}\ \widehat{\text{AB}}+\widehat{\text{CD}}$

$\overset{(\bigcirc)}{}\ \widehat{\text{AB}}+\widehat{\text{CD}}+\overline{\text{AC}}+\overline{\text{BD}}$

➡ 색칠한 부분의 둘레의 길이를 구할 때는 주어진 도형을 길이를 구할 수 있는 꼴로 적당히 나누어 각각의 길이를 구한 후 모두 더해야 해!

(색칠한 부분의 둘레의 길이)
$=$①$+$②$+$③$+$④
$=$①$+$②$+$③$\times2$

3-2 답 ②

(색칠한 부분의 넓이)$=\pi\times8^2\times\dfrac{90}{360}-(\pi\times4^2)\times\dfrac{1}{2}$

$\qquad=16\pi-8\pi=8\pi\,(\text{cm}^2)$

예제 4 답 둘레의 길이: 12π cm, 넓이: $(72\pi-144)$ cm^2

(색칠한 부분의 둘레의 길이)$=\left(2\pi\times12\times\dfrac{90}{360}\right)\times2$

$\qquad=6\pi\times2=12\pi\,(\text{cm})$

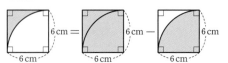

$\therefore$ (색칠한 부분의 넓이)$=\left(\pi\times12^2\times\dfrac{90}{360}-\dfrac{1}{2}\times12\times12\right)\times2$

$\qquad=(36\pi-72)\times2=72\pi-144\,(\text{cm}^2)$

4-1 답 $(72-18\pi)$ cm^2

$$\therefore (\text{색칠한 부분의 넓이}) = \left(6 \times 6 - \pi \times 6^2 \times \frac{90}{360}\right) \times 2$$
$$= (36 - 9\pi) \times 2 = 72 - 18\pi \,(\text{cm}^2)$$

4-2 답 둘레의 길이: $(10\pi + 20)$ cm, 넓이: $50\,\text{cm}^2$

$$(\text{색칠한 부분의 둘레의 길이}) = \left(2\pi \times 5 \times \frac{90}{360}\right) \times 4 + 10 \times 2$$
$$= 10\pi + 20 \,(\text{cm})$$

오른쪽 그림과 같이 도형을 이동시키면
(색칠한 부분의 넓이)
$$= \frac{1}{2} \times 10 \times 10 = 50 \,(\text{cm}^2)$$

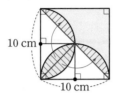
10 cm
10 cm

실전 문제로 단원 마무리하기
•81~84쪽

1 ③, ④	**2** 25 cm	**3** 정십사각형	**4** 65°
5 ③	**6** (1) ∠BFG=65°, ∠BGF=90° (2) 25°		
7 140°	**8** 90개	**9** 360°	**10** ⑤	**11** ④
12 ①, ③	**13** 180°	**14** 36 cm²	**15** 120°	**16** 3 cm
17 ㄱ, ㄹ	**18** 98π cm²		**19** 건우
20 $(4\pi+16)$ cm, $(48-8\pi)$ cm²			

서술형

21 21	**22** 60°	**23** 3 cm
24 (1) 120° (2) 27π cm²		

1 답 ③, ④

③ 팔각형은 8개의 변과 8개의 꼭짓점을 가진다.
④ 마름모는 네 변의 길이가 모두 같지만 네 내각의 크기가 모두
　 같지 않은 경우가 있으므로 정다각형이 아니다.
⑤ 정오각형은 모든 내각의 크기가 같으므로 모든 외각의 크기도
　 같다.

오개념 바로잡기

④ **모든 변의 길이가 같은 다각형이 정다각형인지 판단하기**

(×) 모든 변의 길이가 같으므로 정다각형이다.

(○) 모든 변의 길이가 같더라도 모든 내각의 크기가 같지 않
　 으면 정다각형이 아니다.

➡ 모든 변의 길이가 같고 모든 내각의 크기가 같은 다각형이 정
　 다각형이야. 모든 변의 길이만 같거나 모든 내각의 크기만 같
　 다고 해서 정다각형으로 생각하지 않도록 주의해야 해!

2 답 25 cm

정오각형의 대각선의 개수는 $\dfrac{5 \times (5-3)}{2} = 5$(개)

따라서 주어진 정오각형의 모든 대각선의 길이의 합은
$5 \times 5 = 25 \,(\text{cm})$

참고 정오각형에서 이웃하는 두 변과 한 대각선을 세 변으로 하는 삼
각형은 이웃하는 두 변의 길이가 같고, 그 끼인각의 크기가 같으므로
모두 합동이다.
따라서 정오각형의 모든 대각선의 길이는 같다.

3 답 정십사각형

㈎를 만족시키는 다각형은 정다각형이므로 구하는 다각형을
정n각형이라 하자.
㈏에서 대각선의 개수가 77개이므로
$$\frac{n(n-3)}{2} = 77 \text{에서}$$
$$n(n-3) = 154, \ n(n-3) = 14 \times 11$$
$$\therefore n = 14$$
따라서 조건을 모두 만족시키는 다각형은 정십사각형이다.

4 답 65°

삼각형의 내각과 외각의 관계에 의하여
$$\angle x + 45° = 2\angle x - 20°$$
$$\therefore \angle x = 65°$$

5 답 ③

오른쪽 그림과 같이 $\overline{BC}$를 그으면 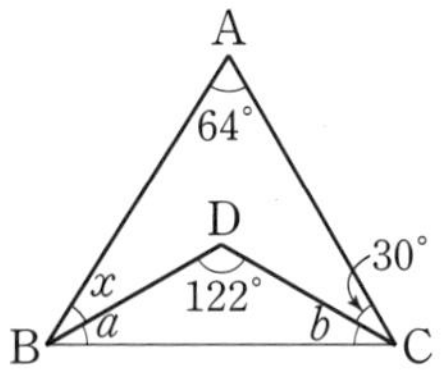
△DBC에서
$$\angle a + \angle b + 122° = 180°$$
$$\therefore \angle a + \angle b = 58°$$
△ABC에서
$$64° + \angle x + \underbrace{\angle a + \angle b}_{=58°} + 30° = 180°$$
이므로
$$\angle x + 152° = 180°$$
$$\therefore \angle x = 28°$$

6 답 (1) ∠BFG=65°, ∠BGF=90° (2) 25°

(1) 오른쪽 그림의 △CEF에서 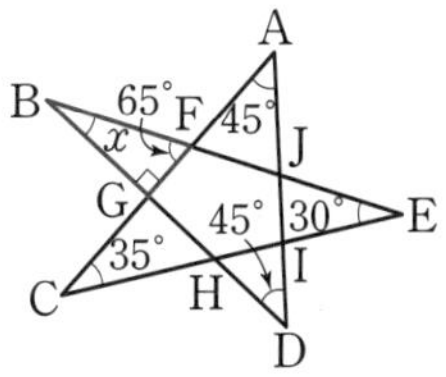
$$\angle BFG = \angle FCE + \angle FEC$$
$$= 35° + 30° = 65°$$
　 △AGD에서
$$\angle BGF = \angle DAG + \angle GDA$$
$$= 45° + 45° = 90°$$

(2) △BGF에서
$$\angle x = 180° - (\angle BFG + \angle BGF)$$
$$= 180° - (65° + 90°) = 25°$$

참고 별 모양의 도형에서 삼각형의 내각과 외각의 관계

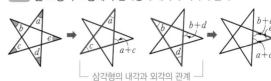

└─ 삼각형의 내각과 외각의 관계 ─┘

$$\therefore \angle a + \angle b + \angle c + \angle d + \angle e = 180°$$

7 답 140°

육각형의 내각의 크기의 합은 $180° \times (6-2) = 720°$이므로

$\angle x + 120° + 130° + 120° + 110° + 100° = 720°$에서

$\angle x + 580° = 720°$ $\therefore \angle x = 140°$

8 답 90개

내각의 크기의 합이 2340°인 다각형을 n각형이라 하면

$180° \times (n-2) = 2340°$

$n-2 = 13$ $\therefore n = 15$

따라서 주어진 다각형은 십오각형이고, 그 대각선의 개수는

$\dfrac{15 \times (15-3)}{2} = 90$(개)

9 답 360°

로봇청소기가 점 A에서 출발하여 점 A로 되돌아올 때까지 회전한 각은 모두 육각형의 외각이므로 점 A로 되돌아올 때까지 회전한 각의 크기의 합은 육각형의 외각의 크기의 합과 같다.

이때 다각형의 외각의 크기의 합은 항상 360°이므로 로봇청소기가 점 A에서 출발하여 육각형 모양의 벽을 한 바퀴 돌아 점 A로 되돌아올 때까지 회전한 각의 크기의 합은 360°이다.

10 답 ⑤

한 내각과 그와 이웃한 한 외각의 크기의 합은 180°이므로

(한 외각의 크기) $= 180° \times \dfrac{1}{5+1} = 180° \times \dfrac{1}{6} = 30°$

구하는 정다각형을 정n각형이라 하면

$\dfrac{360°}{n} = 30°$ $\therefore n = 12$

따라서 구하는 정다각형은 정십이각형이다.

11 답 ④

$\angle x$의 크기는 정오각형의 한 외각의 크기와 정육각형의 한 외각의 크기의 합과 같으므로

$\angle x = \dfrac{360°}{5} + \dfrac{360°}{6} = 72° + 60° = 132°$

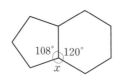

[다른 풀이]

정오각형의 한 내각의 크기는

$\dfrac{180° \times (5-2)}{5} = 108°$

정육각형의 한 내각의 크기는

$\dfrac{180° \times (6-2)}{6} = 120°$

$\therefore \angle x = 360° - (108° + 120°) = 132°$

12 답 ①, ③

① $\overset{\frown}{AB}$에 대한 중심각은 $\angle AOB$이다.

③ $\overset{\frown}{BC}$와 $\overline{OB}$, $\overline{OC}$로 둘러싸인 도형은 부채꼴이다.

13 답 180°

한 원에서 부채꼴과 활꼴이 같을 때는 현이 지름인 경우, 즉 반원인 경우이므로 부채꼴의 중심각의 크기는 180°이다.

14 답 36 cm²

부채꼴 COD의 넓이를 S cm²라 하면

$24 : 96 = 9 : S$이므로

$24S = 864$ $\therefore S = 36$

따라서 부채꼴 COD의 넓이는 36 cm²이다.

15 답 120°

$\overset{\frown}{AB} : \overset{\frown}{BC} : \overset{\frown}{CA} = 3 : 4 : 5$이므로

$\angle AOB : \angle BOC : \angle COA = 3 : 4 : 5$

$\therefore \angle BOC = 360° \times \dfrac{4}{3+4+5} = 360° \times \dfrac{1}{3} = 120°$

16 답 3 cm

$\triangle OPC$에서 $\overline{CP} = \overline{CO}$이므로 $\angle COP = \angle CPO = 15°$

$\therefore \angle OCD = \angle CPO + \angle COP = 15° + 15° = 30°$

$\triangle OCD$에서 $\overline{OC} = \overline{OD}$이므로 $\angle ODC = \angle OCD = 30°$

$\triangle OPD$에서 $\angle BOD = \angle OPD + \angle ODP = 15° + 30° = 45°$

이때 $\angle AOC : \angle BOD = \overset{\frown}{AC} : \overset{\frown}{BD}$이므로

$15 : 45 = \overset{\frown}{AC} : 9$

$45\overset{\frown}{AC} = 135$ $\therefore \overset{\frown}{AC} = 3$(cm)

17 답 ㄱ, ㄹ

ㄴ, ㄷ. 현의 길이와 삼각형의 넓이는 각각 중심각의 크기에 정비례하지 않으므로

$3\overline{CD} \neq \overline{AB}$에서 $\overline{CD} \neq \dfrac{1}{3}\overline{AB}$,

($\triangle AOB$의 넓이) $\neq 3 \times (\triangle COD$의 넓이)

따라서 옳은 것은 ㄱ, ㄹ이다.

18 답 98π cm²

(색칠한 부분의 넓이) $= \pi \times 14^2 - \left\{ (\pi \times 7^2) \times \dfrac{1}{2} \right\} \times 4$

    $= 196\pi - 98\pi$ → 작은 반원 1개의 넓이

    $= 98\pi$ (cm²)

19 답 건우

(진호의 조각 피자 1개의 넓이) $= \pi \times 8^2 \times \dfrac{45}{360} = 8\pi$ (cm²)

(건우의 조각 피자 1개의 넓이) $= \pi \times 9^2 \times \dfrac{40}{360} = 9\pi$ (cm²)

따라서 건우의 조각 피자 1개가 진호의 조각 피자 1개보다 양이 더 많다.

20 답 $(4\pi + 16)$ cm, $(48 - 8\pi)$ cm²

(색칠한 부분의 둘레의 길이) $= \left(2\pi \times 4 \times \dfrac{90}{360} \right) \times 2 + 8 \times 2$

    $= 4\pi + 16$ (cm)

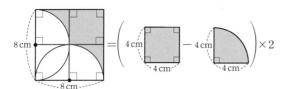

$$\therefore \text{(색칠한 부분의 넓이)} = \left(4 \times 4 - \pi \times 4^2 \times \frac{90}{360}\right) \times 2 + 4 \times 4$$
$$= 32 - 8\pi + 16$$
$$= 48 - 8\pi \,(\text{cm}^2)$$

21 답 21

주어진 다각형을 n각형이라 하면

$\dfrac{n(n-3)}{2} = 65$에서

$n(n-3) = 130$, $n(n-3) = 13 \times 10$

$\therefore n = 13$

따라서 주어진 다각형은 십삼각형이므로 $\cdots$ (i)

한 꼭짓점에서 그을 수 있는 대각선의 개수는

$13 - 3 = 10$(개)이다. $\therefore a = 10$ $\cdots$ (ii)

이때 생기는 삼각형의 개수는

$13 - 2 = 11$(개)이다. $\therefore b = 11$ $\cdots$ (iii)

$\therefore a + b = 10 + 11 = 21$ $\cdots$ (iv)

채점 기준	배점
(i) 주어진 다각형이 몇 각형인지 구하기	50 %
(ii) a의 값 구하기	20 %
(iii) b의 값 구하기	20 %
(iv) $a+b$의 값 구하기	10 %

22 답 60°

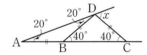

위의 그림의 $\triangle \text{ABD}$에서 $\overline{\text{AB}} = \overline{\text{BD}}$이므로

$\angle \text{BDA} = \angle \text{BAD} = 20°$

$\therefore \angle \text{DBC} = \angle \text{BDA} + \angle \text{BAD}$
$= 20° + 20° = 40°$ $\cdots$ (i)

또 $\triangle \text{DBC}$에서 $\overline{\text{BD}} = \overline{\text{CD}}$이므로

$\angle \text{DCB} = \angle \text{DBC} = 40°$ $\cdots$ (ii)

따라서 $\triangle \text{ACD}$에서

$\angle x = \angle \text{DAC} + \angle \text{DCA}$
$= 20° + 40° = 60°$ $\cdots$ (iii)

채점 기준	배점
(i) $\angle \text{DBC}$의 크기 구하기	40 %
(ii) $\angle \text{DCB}$의 크기 구하기	20 %
(iii) $\angle x$의 크기 구하기	40 %

23 답 3 cm

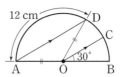

$\overline{\text{AD}} \parallel \overline{\text{OC}}$이므로 $\angle \text{OAD} = \angle \text{BOC} = 30°$ (동위각) $\cdots$ (i)

위의 그림과 같이 $\overline{\text{OD}}$를 그으면 $\triangle \text{ODA}$에서 $\overline{\text{OA}} = \overline{\text{OD}}$이므로

$\angle \text{ODA} = \angle \text{OAD} = 30°$ $\cdots$ (ii)

$\therefore \angle \text{AOD} = 180° - (30° + 30°) = 120°$ $\cdots$ (iii)

이때 $\angle \text{AOD} : \angle \text{BOC} = \overset{\frown}{\text{AD}} : \overset{\frown}{\text{BC}}$이므로

$120 : 30 = 12 : \overset{\frown}{\text{BC}}$

$120 \overset{\frown}{\text{BC}} = 360$ $\therefore \overset{\frown}{\text{BC}} = 3 \,(\text{cm})$ $\cdots$ (iv)

채점 기준	배점
(i) $\angle \text{OAD}$의 크기 구하기	20 %
(ii) $\overline{\text{OD}}$를 긋고, $\angle \text{ODA}$의 크기 구하기	20 %
(iii) $\angle \text{AOD}$의 크기 구하기	20 %
(iv) $\overset{\frown}{\text{BC}}$의 길이 구하기	40 %

24 답 (1) 120° (2) 27π cm^2

(1) 정육각형의 한 내각의 크기는

$\dfrac{180° \times (6-2)}{6} = 120°$ $\cdots$ (i)

(2) 색칠한 부분은 반지름의 길이가 9 cm, 중심각의 크기가 120°인 부채꼴이므로

(색칠한 부분의 넓이) $= \pi \times 9^2 \times \dfrac{120}{360} = 27\pi \,(\text{cm}^2)$ $\cdots$ (ii)

채점 기준	배점
(i) 정육각형의 한 내각의 크기 구하기	50 %
(ii) 색칠한 부분의 넓이 구하기	50 %

OX 문제로 개념 점검!   · 85쪽

❶ ✕ ❷ ✕ ❸ ○ ❹ ✕ ❺ ✕ ❻ ○ ❼ ○ ❽ ✕
❾ ○

❶ n각형의 한 꼭짓점에서 그을 수 있는 대각선의 개수는 $(n-3)$개이다.

❷ 모든 변의 길이가 같고 모든 내각의 크기가 같은 다각형을 정다각형이라 한다.

❹ 다각형의 외각의 크기의 합은 항상 360°이다.

❺ 정십이각형의 한 내각의 크기는 $\dfrac{180° \times (12-2)}{12} = 150°$이고,

한 외각의 크기는 $\dfrac{360°}{12} = 30°$이다.

❽ 중심각의 크기가 60°, 반지름의 길이가 6 cm인 부채꼴의 넓이는

$\pi \times 6^2 \times \dfrac{60}{360} = 6\pi \,(\text{cm}^2)$이다.

4 입체도형의 성질

개념 26 다면체 ·89~91쪽

·개념 확인하기

1 답 ㄱ, ㄷ, ㄹ

다면체는 다각형인 면으로만 둘러싸인 입체도형이므로 다면체인 것은 ㄱ, ㄷ, ㄹ이다.

참고 ㄴ, ㅁ은 원 또는 곡면으로 이루어져 있으므로 다면체가 아니다.

ㄴ. 원, 곡면, 원 ㅁ. 곡면

2 답 (1) × (2) ○ (3) × (4) ○ (5) ×

(1) 다면체는 평면도형 중 다각형인 면으로만 둘러싸인 입체도형이다. 예를 들어 원은 평면도형이지만 다각형이 아니므로 원기둥은 다면체가 아니다.

(3) 다면체는 면의 개수에 따라 사면체, 오면체, …라 한다.

(5) 각뿔대의 옆면의 모양은 사다리꼴이다.

3 답

겨냥도			
이름	육각기둥	육각뿔	육각뿔대
면의 개수 ⇨ 몇 면체?	8개 ⇨ 팔면체	7개 ⇨ 칠면체	8개 ⇨ 팔면체
모서리의 개수	18개	12개	18개
꼭짓점의 개수	12개	7개	12개
옆면의 모양	직사각형	삼각형	사다리꼴

대표 예제로 개념 익히기

예제 1 답 4개

다각형인 면으로만 둘러싸인 입체도형, 즉 다면체는 ㄴ, ㄷ, ㄹ, ㅂ의 4개이다.

오개념 바로잡기

다면체 찾기

(×) 사면체, 삼각뿔, 삼각기둥, 원기둥, 사각뿔대의 5개

(○) 사면체, 삼각뿔, 삼각기둥, 사각뿔대의 4개

➡ 다면체는 다각형인 면으로만 둘러싸인 입체도형이야. 입체도형 중에서 원이나 곡면으로 둘러싸인 입체도형은 다면체가 아니라는 것에 주의해야 해!

1-1 답 ③

③ 원뿔은 다각형인 면으로만 둘러싸인 입체도형이 아니므로 다면체가 아니다.

예제 2 답 (1) 오각형 (2) 사다리꼴 (3) 2개 (4) 7개

2-1 답 ④

각 다면체의 면의 개수는

① 7+1=8(개) ② 5+2=7(개) ③ 6+2=8(개)
④ 7+2=9(개) ⑤ 5+1=6(개)

따라서 면의 개수가 가장 많은 다면체는 ④이다.

2-2 답 33

사각기둥의 면의 개수는
4+2=6(개)이므로 $a=6$
육각뿔대의 모서리의 개수는
6×3=18(개)이므로 $b=18$
팔각뿔의 꼭짓점의 개수는
8+1=9(개)이므로 $c=9$
∴ $a+b+c=6+18+9=33$

2-3 답 27개, 18개

주어진 각뿔대를 n각뿔대라 하면
$n+2=11$ ∴ $n=9$
따라서 주어진 각뿔대는 구각뿔대이므로
모서리의 개수는 9×3=27(개)이고,
꼭짓점의 개수는 9×2=18(개)이다.

예제 3 답 ㄴ, ㄷ, ㅂ

각 다면체의 옆면의 모양은

ㄱ. 직사각형 ㄴ. 삼각형 ㄷ. 삼각형
ㄹ. 직사각형 ㅁ. 사다리꼴 ㅂ. 삼각형

3-1 답 ②

각 다면체의 옆면의 모양은

① 사다리꼴 ② 삼각형 ③ 직사각형
④ 직사각형 ⑤ 정사각형

따라서 옆면의 모양이 사각형이 아닌 것은 ②이다.

3-2 답 ③, ④

③ 오각뿔 – 삼각형
④ 육각뿔대 – 사다리꼴

예제 4 답 팔각기둥

㈎, ㈏를 모두 만족시키는 입체도형은 각기둥이다.
구하는 입체도형을 n각기둥이라 하자.

(다)에서 모서리의 개수가 24개이므로

$3n=24$ $\therefore n=8$

따라서 구하는 입체도형은 팔각기둥이다.

4-1 답 오각뿔대

(가), (나)를 모두 만족시키는 입체도형은 각뿔대이다.

구하는 입체도형을 n각뿔대라 하면

(다)에서 면의 개수가 7개이므로

$n+2=7$ $\therefore n=5$

따라서 구하는 입체도형은 오각뿔대이다.

4-2 답 ①, ④

① 각뿔대의 두 밑면은 모양이 같지만 크기가 다르므로 합동이 아니다.

④ n각뿔대의 꼭짓점의 개수는 $2n$개이다.

⑤ 오각뿔대의 면의 개수는 5+2=7(개), 육각뿔대의 면의 개수는 6+2=8(개)이므로 오각뿔대는 육각뿔대보다 면의 개수가 1개 더 적다.

따라서 옳지 않은 것은 ①, ④이다.

개념 27 정다면체

·93~94쪽

·개념 확인하기

1 답 풀이 참조

겨냥도	(정사면체 그림)	(정육면체 그림)	(정팔면체 그림)
이름	정사면체	정육면체	정팔면체
면의 모양	정삼각형	정사각형	정삼각형
한 꼭짓점에 모인 면의 개수	3개	3개	4개
면의 개수	4개	6개	8개
모서리의 개수	6개	12개	12개
꼭짓점의 개수	4개	8개	6개

겨냥도	(정십이면체 그림)	(정이십면체 그림)
이름	정십이면체	정이십면체
면의 모양	정오각형	정삼각형
한 꼭짓점에 모인 면의 개수	3개	5개
면의 개수	12개	20개
모서리의 개수	30개	30개
꼭짓점의 개수	20개	12개

2 답 (1) ○ (2) × (3) × (4) ○ (5) ×

(2) 정다면체는 정사면체, 정육면체, 정팔면체, 정십이면체, 정이십면체의 다섯 가지뿐이다.

(3) 정다면체의 면이 될 수 있는 다각형은 정삼각형, 정사각형, 정오각형이다.

(5) 정다면체의 한 꼭짓점에 모인 각의 크기의 합이 360°이면 평면이 되므로 360°보다 작아야 입체도형이 만들어진다.

참고 한 꼭짓점에 모인 정삼각형이 6개 이상이거나 정사각형이 4개 이상이거나 정오각형이 4개 이상이면 각의 크기의 합이 360°보다 커지므로 다면체를 만들 수 없다.

따라서 정다면체는 다음과 같이 다섯 가지뿐이다.

정사면체   정팔면체   정이십면체

정육면체   정십이면체

3 답 (1) ○ (2) × (3) ○ (4) × (5) ○

(2) 한 꼭짓점에 모인 면의 개수는 3개이다.

(4) 모서리의 개수는 6개이다.

(5) 주어진 전개도로 정사면체를 만들면 오른쪽 그림과 같으므로 $\overline{AB}$와 겹치는 모서리는 $\overline{DE}$이다.

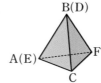

대표 예제로 개념 익히기

예제 1 답 ②, ④

② 정다면체는 각 면이 모두 합동인 정다각형이고 각 꼭짓점에 모인 면의 개수가 같은 다면체이다.

④ 정사면체의 한 꼭짓점에 모인 면의 개수는 3개이다.

1-1 답 ⑤

① 정사면체 – 정삼각형 – 3개

② 정육면체 – 정사각형 – 3개

③ 정팔면체 – 정삼각형 – 4개

④ 정십이면체 – 정오각형 – 3개

따라서 옳은 것은 ⑤이다.

1-2 답 20

정육면체의 꼭짓점의 개수는 8개이므로

$a=8$

정팔면체의 모서리의 개수는 12개이므로

$b=12$

$\therefore a+b=8+12=20$

예제2 **답** ㄱ, ㄹ

주어진 전개도로 만들어지는 정다면체는 정십이면체이다.

ㄴ. 정팔면체의 모서리의 개수는 12개, 정십이면체의 모서리의 개수는 30개이므로 그 개수는 서로 다르다.

ㄷ. 한 꼭짓점에 모인 면의 개수는 3개이다.

ㄹ. 정십이면체의 꼭짓점의 개수는 20개로 정다면체 중 꼭짓점의 개수가 가장 많다.

따라서 옳은 것은 ㄱ, ㄹ이다.

2-1 **답** ④

주어진 전개도로 만들어지는 정다면체는 정팔면체이다.

ㄴ. 모서리의 개수는 12개이다.

ㄷ. 정팔면체의 꼭짓점의 개수는 6개, 육각뿔의 꼭짓점의 개수는 7개이므로 그 개수는 서로 다르다.

개념28 회전체

•95~96쪽

•개념 확인하기

1 **답** ㄱ, ㄹ, ㅁ

2 **답**

평면도형	겨냥도	평면도형	겨냥도	평면도형	겨냥도
(1)		(2)		(3)	
(4)		(5)		(6)	

각 평면도형을 직선 l을 축으로 하여 1회전 시킬 때 생기는 회전체의 겨냥도를 그리면 다음과 같다.

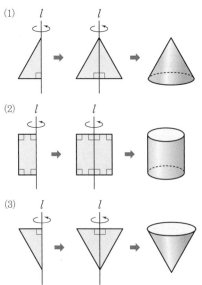

(1)

(2)

(3)

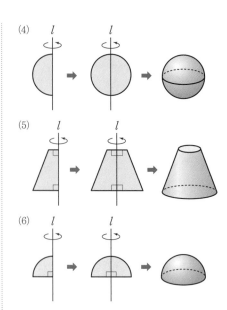

(4)

(5)

(6)

대표 예제로 개념 익히기

예제1 **답** ㄱ, ㄴ, ㅁ, ㅅ

ㄱ, ㄴ, ㅁ, ㅅ. 회전체

ㄷ, ㄹ, ㅂ, ㅇ. 다면체

따라서 회전축을 갖는 입체도형, 즉 회전체는 ㄱ, ㄴ, ㅁ, ㅅ이다.

1-1 **답** ③, ⑤

①, ②, ④ 다면체

따라서 회전체인 것은 ③, ⑤이다.

예제2 **답** (1) ㄴ (2) ㄷ (3) ㄱ

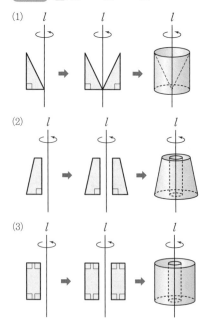

(1)

(2)

(3)

2-1 답 ⑤

⑤

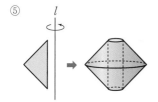

✏️ **오개념 바로잡기**

회전체의 겨냥도 찾기

(×)

(○)

➡️ 회전시키기 전의 도형의 모양만 보고 겨냥도를 생각하면 안 돼. 회전시키기 전의 도형이 회전축에서 떨어져 있는 경우 가운데가 빈 회전체가 생기는 것에 주의해야 해!

개념 29 **회전체의 성질과 전개도** •98~99쪽

• 개념 확인하기

1 답 × (2) ○ (3) × (4) ×

(1), (2) 회전체를 회전축을 포함하는 평면으로 자를 때 생기는 단면은 합동인 선대칭도형이다.

(3) 회전체를 회전축에 수직인 평면으로 자를 때 생기는 단면은 항상 원이지만 모두 합동인 것은 아니다.

(4) 구의 회전축은 무수히 많다.

2 답

회전체	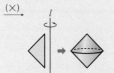			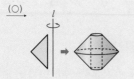
회전축에 수직인 평면으로 자른 단면의 모양	원	원	원	원
회전축을 포함하는 평면으로 자른 단면의 모양	직사각형	이등변 삼각형	사다리꼴	원

3 답 (1) $a=11$, $b=5$ (2) $a=10$, $b=3$

(1) a는 원기둥의 모선의 길이이므로 $a=11$
  b는 밑면인 원의 반지름의 길이이므로 $b=5$

(2) a는 원뿔대의 모선의 길이이므로 $a=10$
  b는 밑면인 원 중 반지름의 길이가 5가 아닌 원의 반지름의 길이이므로 $b=3$

4 답 둘레, 6, 12π

예제 1 답 (1) ㄴ (2) ㄱ (3) ㄷ

1-1 답 ②, ③

② 원뿔 – 이등변삼각형

③ 원뿔대 – 사다리꼴

1-2 답 ③

①, ②, ④, ⑤ 회전축에 수직인 평면으로 자를 때 생기는 단면은 모두 원이지만 그 크기가 다르므로 합동이 아니다.

따라서 회전축에 수직인 평면으로 자를 때 생기는 단면이 항상 합동인 원이 되는 회전체는 ③이다.

예제 2 답 $x=2$, $y=4\pi$, $z=7$

주어진 직사각형을 직선 l을 회전축으로 하여 1회전 시킬 때 생기는 회전체는 밑면인 원의 반지름의 길이가 $2\,cm$, 높이가 $7\,cm$인 원기둥이므로

$x=2$, $z=7$

전개도에서 직사각형의 가로의 길이는 밑면인 원의 둘레의 길이와 같으므로

$y=2\pi\times2=4\pi$

2-1 답 80π

$a\,cm$는 원뿔대의 밑면인 두 원 중 작은 원의 반지름의 길이이므로 $a=2$

$b\,cm$는 원뿔대의 모선의 길이이므로 $b=5$

전개도의 옆면에서 곡선으로 된 부분 중 길이가 긴 부분의 길이는 밑면인 두 원 중 반지름의 길이가 긴 원의 둘레의 길이와 같으므로 $c=2\pi\times4=8\pi$

∴ $abc=2\times5\times8\pi=80\pi$

2-2 답 $4\,cm$

밑면인 원의 둘레의 길이는 부채꼴의 호의 길이와 같으므로 밑면인 원의 반지름의 길이를 $r\,cm$라 하면

$2\pi\times16\times\dfrac{90}{360}=2\pi\times r$

$8\pi=2\pi r$ ∴ $r=4$

따라서 밑면인 원의 반지름의 길이는 $4\,cm$이다.

개념 30 **기둥의 겉넓이** •100~101쪽

• 개념 확인하기

1 답 (1) ㉠: 3 ㉡: 5 ㉢: 16
  (2) 15 (3) 112 (4) 142

(1) ㉢: $3+5+3+5=16$

(2) (각기둥의 밑넓이)$=3\times5=15$

(3) (각기둥의 옆넓이)$=16\times7=112$

(4) (각기둥의 겉넓이)$=15\times2+112=142$

2 답 (1) ㉠: 5 ㉡: 10π ㉢: 9

　　　　(2) 25π (3) 90π (4) 140π

(1) ㉡: $2\pi\times5=10\pi$

(2) (원기둥의 밑넓이)$=\pi\times5^2=25\pi$

(3) (원기둥의 옆넓이)$=10\pi\times9=90\pi$

(4) (원기둥의 겉넓이)$=25\pi\times2+90\pi=140\pi$

(대표 예제로 개념 익히기)

예제 1 답 $212\,\mathrm{cm}^2$

(밑넓이)$=\dfrac{1}{2}\times(6+12)\times4=36(\mathrm{cm}^2)$

(옆넓이)$=(6+5+12+5)\times5=140(\mathrm{cm}^2)$

$\therefore$ (겉넓이)$=36\times2+140=212(\mathrm{cm}^2)$

1-1 답 $72\,\mathrm{cm}^2$

(밑넓이)$=\dfrac{1}{2}\times3\times4=6(\mathrm{cm}^2)$

(옆넓이)$=(3+4+5)\times5=60(\mathrm{cm}^2)$

$\therefore$ (겉넓이)$=6\times2+60=72(\mathrm{cm}^2)$

1-2 답 $10\,\mathrm{cm}$

사각기둥의 높이를 $h\,\mathrm{cm}$라 하면

$(6\times5)\times2+(6+5+6+5)\times h=280$

$60+22h=280$

$22h=220$　　$\therefore h=10$

따라서 사각기둥의 높이는 $10\,\mathrm{cm}$이다.

예제 2 답 $378\pi\,\mathrm{cm}^2$

원기둥의 밑면의 반지름의 길이는 $18\times\dfrac{1}{2}=9(\mathrm{cm})$이므로

(밑넓이)$=\pi\times9^2=81\pi(\mathrm{cm}^2)$

(옆넓이)$=(2\pi\times9)\times12=216\pi(\mathrm{cm}^2)$

$\therefore$ (겉넓이)$=81\pi\times2+216\pi=378\pi(\mathrm{cm}^2)$

2-1 답 $(56\pi+80)\,\mathrm{cm}^2$

기둥의 밑면의 반지름의 길이는 $8\times\dfrac{1}{2}=4(\mathrm{cm})$이므로

(밑넓이)$=(\pi\times4^2)\times\dfrac{1}{2}=8\pi(\mathrm{cm}^2)$

(옆넓이)$=\left\{(2\pi\times4)\times\dfrac{1}{2}+8\right\}\times10$

　　　　$=(4\pi+8)\times10=40\pi+80(\mathrm{cm}^2)$

$\therefore$ (겉넓이)$=8\pi\times2+(40\pi+80)$

　　　　　　$=56\pi+80(\mathrm{cm}^2)$

2-2 답 (1) 3 (2) $78\pi\,\mathrm{cm}^2$

(1) $2\pi r=6\pi$이므로 $r=3$

(2) (밑넓이)$=\pi\times3^2=9\pi(\mathrm{cm}^2)$

　　(옆넓이)$=6\pi\times10=60\pi(\mathrm{cm}^2)$

　　$\therefore$ (겉넓이)$=9\pi\times2+60\pi=78\pi(\mathrm{cm}^2)$

개념 31 기둥의 부피

•102~103쪽

• 개념 확인하기

1 답 (1) 120 (2) 90π

(1) (부피)$=$(밑넓이)$\times$(높이)$=24\times5=120$

(2) (부피)$=$(밑넓이)$\times$(높이)$=15\pi\times6=90\pi$

2 답 (1) (밑넓이)$=12$, (높이)$=6$, (부피)$=72$

　　　　(2) (밑넓이)$=30$, (높이)$=8$, (부피)$=240$

　　　　(3) (밑넓이)$=16\pi$, (높이)$=9$, (부피)$=144\pi$

　　　　(4) (밑넓이)$=25\pi$, (높이)$=6$, (부피)$=150\pi$

(1) (밑넓이)$=\dfrac{1}{2}\times8\times3=12$, (높이)$=6$

　　$\therefore$ (부피)$=$(밑넓이)$\times$(높이)$=12\times6=72$

(2) (밑넓이)$=5\times6=30$, (높이)$=8$

　　$\therefore$ (부피)$=$(밑넓이)$\times$(높이)$=30\times8=240$

(3) (밑넓이)$=\pi\times4^2=16\pi$, (높이)$=9$

　　$\therefore$ (부피)$=$(밑넓이)$\times$(높이)$=16\pi\times9=144\pi$

(4) (밑넓이)$=\pi\times5^2=25\pi$, (높이)$=6$

　　$\therefore$ (부피)$=$(밑넓이)$\times$(높이)$=25\pi\times6=150\pi$

(대표 예제로 개념 익히기)

예제 1 답 $108\,\mathrm{cm}^3$

(밑넓이)$=\dfrac{1}{2}\times(6+3)\times4=18(\mathrm{cm}^2)$

이때 사각기둥의 높이가 $6\,\mathrm{cm}$이므로

(부피)$=18\times6=108(\mathrm{cm}^3)$

참고 다각형의 넓이

각기둥의 겉넓이 중 밑넓이를 구할 때, 다음의 넓이 공식을 이용한다.

• (삼각형의 넓이)$=\dfrac{1}{2}\times$(밑변의 길이)$\times$(높이)

• (직사각형의 넓이)$=$(가로의 길이)$\times$(세로의 길이)

• (사다리꼴의 넓이)$=\dfrac{1}{2}\times\{($윗변의 길이$)+($아랫변의 길이$)\}\times$(높이)

1-1 답 $121\,\mathrm{cm}^3$

(밑넓이)$=\dfrac{1}{2}\times3\times4+\dfrac{1}{2}\times5\times2=6+5=11(\mathrm{cm}^2)$

이때 사각기둥의 높이가 $11\,\mathrm{cm}$이므로

(부피)$=11\times11=121(\mathrm{cm}^3)$

1-2 답 $392\,\text{cm}^3$

(입체도형의 부피)
= (처음 직육면체의 부피) − (잘라 낸 직육면체의 부피)
= $(5 \times 12) \times 7 - (2 \times 2) \times 7$
= $420 - 28 = 392\,(\text{cm}^3)$

예제 2 답 ③

원기둥의 밑면의 반지름의 길이는 $14 \times \dfrac{1}{2} = 7\,(\text{cm})$이므로

(밑넓이) $= \pi \times 7^2 = 49\pi\,(\text{cm}^2)$

이때 원기둥의 높이가 $10\,\text{cm}$이므로

(부피) $= 49\pi \times 10 = 490\pi\,(\text{cm}^3)$

2-1 답 $384\pi\,\text{cm}^3$

(밑넓이) $= (\pi \times 8^2) \times \dfrac{1}{2} = 32\pi\,(\text{cm}^2)$

이때 기둥의 높이가 $12\,\text{cm}$이므로

(부피) $= 32\pi \times 12 = 384\pi\,(\text{cm}^3)$

2-2 답 $320\pi\,\text{cm}^3$

(가운데에 구멍이 뚫린 입체도형의 부피)
= (큰 원기둥의 부피) − (작은 원기둥의 부피)
= $(\pi \times 6^2) \times 10 - (\pi \times 2^2) \times 10$
= $360\pi - 40\pi$
= $320\pi\,(\text{cm}^3)$

개념 32 뿔의 겉넓이
•104~105쪽

• 개념 확인하기

1 답 (1) ㉠: 12 ㉡: 13
    (2) 100 (3) 240 (4) 340

(2) (각뿔의 밑넓이) $= 10 \times 10 = 100$

(3) (각뿔의 옆넓이) $= \left(\dfrac{1}{2} \times 10 \times 12\right) \times 4 = 240$

(4) (각뿔의 겉넓이) $= 100 + 240 = 340$

2 답 (1) ㉠: 6 ㉡: 8π
    (2) 16π (3) 24π (4) 40π

(1) ㉡: $2\pi \times 4 = 8\pi$

(2) (원뿔의 밑넓이) $= \pi \times 4^2 = 16\pi$

(3) (원뿔의 옆넓이) $= \dfrac{1}{2} \times 6 \times 8\pi = 24\pi$

(4) (원뿔의 겉넓이) $= 16\pi + 24\pi = 40\pi$

예제 1 답 (1) $132\,\text{cm}^2$ (2) $27\pi\,\text{cm}^2$

(1) (밑넓이) $= 6 \times 6 = 36\,(\text{cm}^2)$

   (옆넓이) $= \left(\dfrac{1}{2} \times 6 \times 8\right) \times 4 = 96\,(\text{cm}^2)$

   ∴ (겉넓이) $= 36 + 96 = 132\,(\text{cm}^2)$

(2) (밑넓이) $= \pi \times 3^2 = 9\pi\,(\text{cm}^2)$

   ┌─ 옆면인 부채꼴의 호의 길이
   (옆넓이) $= \dfrac{1}{2} \times 6 \times (2\pi \times 3) = 18\pi\,(\text{cm}^2)$
   └─ 옆면인 부채꼴의 반지름의 길이

   ∴ (겉넓이) $= 9\pi + 18\pi = 27\pi\,(\text{cm}^2)$

1-1 답 9

주어진 사각뿔의 겉넓이가 $208\,\text{cm}^2$이므로

$8 \times 8 + \left(\dfrac{1}{2} \times 8 \times h\right) \times 4 = 208$에서

$64 + 16h = 208$

$16h = 144$ ∴ $h = 9$

1-2 답 (1) $6\pi\,\text{cm}$ (2) $3\,\text{cm}$ (3) $36\pi\,\text{cm}^2$

(1) (옆면인 부채꼴의 호의 길이) $= 2\pi \times 9 \times \dfrac{120}{360}$
                              $= 6\pi\,(\text{cm})$

(2) 밑면인 원의 반지름의 길이를 $r\,\text{cm}$라 하면
   (밑면인 원의 둘레의 길이) = (옆면인 부채꼴의 호의 길이)
   이므로
   $2\pi r = 6\pi$ ∴ $r = 3$
   따라서 밑면인 원의 반지름의 길이는 $3\,\text{cm}$이다.

(3) (겉넓이) $= \pi \times 3^2 + \dfrac{1}{2} \times 9 \times 6\pi$
            $= 9\pi + 27\pi = 36\pi\,(\text{cm}^2)$

예제 2 답 (1) $16\pi\,\text{cm}^2$ (2) $64\pi\,\text{cm}^2$
    (3) $72\pi\,\text{cm}^2$ (4) $152\pi\,\text{cm}^2$

(1) (작은 밑면의 넓이) $= \pi \times 4^2 = 16\pi\,(\text{cm}^2)$

(2) (큰 밑면의 넓이) $= \pi \times 8^2 = 64\pi\,(\text{cm}^2)$

(3) (옆넓이) = (큰 부채꼴의 넓이) − (작은 부채꼴의 넓이)
            $= \dfrac{1}{2} \times 12 \times (2\pi \times 8) - \dfrac{1}{2} \times 6 \times (2\pi \times 4)$
            $= 96\pi - 24\pi = 72\pi\,(\text{cm}^2)$

(4) (겉넓이) = (두 밑면의 넓이의 합) + (옆넓이)
            $= (16\pi + 64\pi) + 72\pi = 152\pi\,(\text{cm}^2)$

2-1 답 (1) $9\,\text{cm}^2$ (2) $25\,\text{cm}^2$ (3) $80\,\text{cm}^2$ (4) $114\,\text{cm}^2$

(1) (작은 밑면의 넓이) $= 3 \times 3 = 9\,(\text{cm}^2)$

(2) (큰 밑면의 넓이) $= 5 \times 5 = 25\,(\text{cm}^2)$

(3) (옆넓이) $= \left\{\dfrac{1}{2} \times (3 + 5) \times 5\right\} \times 4 = 80\,(\text{cm}^2)$

(4) (겉넓이) = (두 밑면의 넓이의 합) + (옆넓이)
            $= (9 + 25) + 80 = 114\,(\text{cm}^2)$

· 개념 확인하기

1 답 (1) 160 (2) 49π

(1) (부피)$=\dfrac{1}{3}\times$(밑넓이)$\times$(높이)

$\qquad=\dfrac{1}{3}\times96\times5$

$\qquad=160$

(2) (부피)$=\dfrac{1}{3}\times$(밑넓이)$\times$(높이)

$\qquad=\dfrac{1}{3}\times21\pi\times7$

$\qquad=49\pi$

2 답 (1) (밑넓이)$=30$, (높이)$=11$, (부피)$=110$

$\qquad$(2) (밑넓이)$=15$, (높이)$=7$, (부피)$=35$

$\qquad$(3) (밑넓이)$=25\pi$, (높이)$=12$, (부피)$=100\pi$

$\qquad$(4) (밑넓이)$=36\pi$, (높이)$=9$, (부피)$=108\pi$

(1) (밑넓이)$=6\times5=30$, (높이)$=11$

$\quad\therefore$ (부피)$=\dfrac{1}{3}\times$(밑넓이)$\times$(높이)

$\qquad\qquad=\dfrac{1}{3}\times30\times11=110$

(2) (밑넓이)$=\dfrac{1}{2}\times6\times5=15$, (높이)$=7$

$\quad\therefore$ (부피)$=\dfrac{1}{3}\times$(밑넓이)$\times$(높이)

$\qquad\qquad=\dfrac{1}{3}\times15\times7=35$

(3) (밑넓이)$=\pi\times5^2=25\pi$, (높이)$=12$

$\quad\therefore$ (부피)$=\dfrac{1}{3}\times$(밑넓이)$\times$(높이)

$\qquad\qquad=\dfrac{1}{3}\times25\pi\times12=100\pi$

(4) (밑넓이)$=\pi\times6^2=36\pi$, (높이)$=9$

$\quad\therefore$ (부피)$=\dfrac{1}{3}\times$(밑넓이)$\times$(높이)

$\qquad\qquad=\dfrac{1}{3}\times36\pi\times9=108\pi$

⟨ 대표 예제로 개념 익히기 ⟩

예제1 답 ②

(밑넓이)$=\left(\dfrac{1}{2}\times8\times4\right)+\left(\dfrac{1}{2}\times8\times5\right)$

$\qquad\quad=16+20=36(\text{cm}^2)$

이때 사각뿔의 높이가 $15\,\text{cm}$이므로

(부피)$=\dfrac{1}{3}\times36\times15=180(\text{cm}^3)$

1-1 답 $80\pi\,\text{cm}^3$

(큰 원뿔의 부피)$=\dfrac{1}{3}\times(\pi\times4^2)\times9=48\pi(\text{cm}^3)$

(작은 원뿔의 부피)$=\dfrac{1}{3}\times(\pi\times4^2)\times6=32\pi(\text{cm}^3)$

$\therefore$ (입체도형의 부피)$=$(큰 원뿔의 부피)$+$(작은 원뿔의 부피)

$\qquad\qquad\qquad\quad=48\pi+32\pi=80\pi(\text{cm}^3)$

1-2 답 $8\,\text{cm}$

(밑넓이)$=\dfrac{1}{2}\times5\times6=15(\text{cm}^2)$

주어진 삼각뿔의 높이를 $h\,\text{cm}$라 하면 삼각뿔의 부피가

$40\,\text{cm}^3$이므로

$\dfrac{1}{3}\times15\times h=40$에서

$5h=40$

$\therefore h=8$

따라서 삼각뿔의 높이는 $8\,\text{cm}$이다.

예제2 답 $84\pi\,\text{cm}^3$

(큰 원뿔의 부피)$=\dfrac{1}{3}\times(\pi\times6^2)\times8=96\pi(\text{cm}^3)$

(작은 원뿔의 부피)$=\dfrac{1}{3}\times(\pi\times3^2)\times4=12\pi(\text{cm}^3)$

$\therefore$ (원뿔대의 부피)$=$(큰 원뿔의 부피)$-$(작은 원뿔의 부피)

$\qquad\qquad\qquad\quad=96\pi-12\pi=84\pi(\text{cm}^3)$

2-1 답 $28\,\text{cm}^3$

(큰 사각뿔의 부피)$=\dfrac{1}{3}\times(4\times4)\times6=32(\text{cm}^3)$

(작은 사각뿔의 부피)$=\dfrac{1}{3}\times(2\times2)\times3=4(\text{cm}^3)$

$\therefore$ (사각뿔대의 부피)

$\quad=$(큰 사각뿔의 부피)$-$(작은 사각뿔의 부피)

$\quad=32-4=28(\text{cm}^3)$

· 개념 확인하기

1 답 (1) 9^2, 324π, 9^3, 972π

$\qquad$(2) 겉넓이: 64π, 부피: $\dfrac{256}{3}\pi$

$\qquad$(3) 겉넓이: 100π, 부피: $\dfrac{500}{3}\pi$

(2) (구의 겉넓이)$=4\pi\times4^2=64\pi$

$\quad$(구의 부피)$=\dfrac{4}{3}\pi\times4^3=\dfrac{256}{3}\pi$

(3) 구의 반지름의 길이가 $10 \times \dfrac{1}{2} = 5$이므로

$\qquad$ (구의 겉넓이)$= 4\pi \times 5^2 = 100\pi$

$\qquad$ (구의 부피)$= \dfrac{4}{3}\pi \times 5^3 = \dfrac{500}{3}\pi$

2 답 (1) 18π, 9π, 27π, 18π

$\qquad$ (2) 108π, 144π

$\qquad$ (3) 147π, $\dfrac{686}{3}\pi$

(2) 반구의 반지름의 길이가 $12 \times \dfrac{1}{2} = 6$이므로

$\qquad$ (반구의 겉넓이)$= \dfrac{1}{2} \times (4\pi \times 6^2) + \pi \times 6^2$

$\qquad\qquad\qquad\qquad = 72\pi + 36\pi = 108\pi$

$\qquad$ (반구의 부피)$= \dfrac{1}{2} \times \left(\dfrac{4}{3}\pi \times 6^3\right) = 144\pi$

(3) 반구의 반지름의 길이가 $14 \times \dfrac{1}{2} = 7$이므로

$\qquad$ (반구의 겉넓이)$= \dfrac{1}{2} \times (4\pi \times 7^2) + \pi \times 7^2$

$\qquad\qquad\qquad\qquad = 98\pi + 49\pi = 147\pi$

$\qquad$ (반구의 부피)$= \dfrac{1}{2} \times \left(\dfrac{4}{3}\pi \times 7^3\right) = \dfrac{686}{3}\pi$

대표 예제로 **개념 익히기**

예제 1 답 ④

(반구의 겉넓이)$= \dfrac{1}{2} \times (4\pi \times 4^2) + \pi \times 4^2$

$\qquad\qquad\qquad = 32\pi + 16\pi$

$\qquad\qquad\qquad = 48\pi\,(\text{cm}^2)$

1-1 답 $12\pi\,\text{cm}^2$

반구의 반지름의 길이가 $2\,\text{cm}$이므로

(겉넓이)$= \dfrac{1}{2} \times (4\pi \times 2^2) + \pi \times 2^2$

$\qquad\quad = 8\pi + 4\pi$

$\qquad\quad = 12\pi\,(\text{cm}^2)$

오개념 바로잡기

반구의 겉넓이 구하기

$\underset{\text{(×)}}{}$ 반구는 구의 절반이므로

$\qquad$ (겉넓이)$= \dfrac{1}{2} \times (4\pi \times 2^2) = 8\pi\,(\text{cm}^2)$

$\underset{\text{(○)}}{}$ 반구는 구의 절반이므로 반구의 겉넓이는 구의 겉넓이의

$\qquad \dfrac{1}{2}$과 단면인 원의 넓이를 더한 것과 같다.

$\qquad \therefore$ (겉넓이)$= \dfrac{1}{2} \times (4\pi \times 2^2) + \pi \times 2^2 = 12\pi\,(\text{cm}^2)$

➜ 반구의 겉넓이를 구할 때는 단면인 원의 넓이를 빠뜨리지 않도록 주의해야 해!

1-2 답 4배

반지름의 길이가 $8\,\text{cm}$인 구의 겉넓이는

$4\pi \times 8^2 = 256\pi\,(\text{cm}^2)$

반지름의 길이가 $4\,\text{cm}$인 구의 겉넓이는

$4\pi \times 4^2 = 64\pi\,(\text{cm}^2)$

따라서 반지름의 길이가 $8\,\text{cm}$인 구의 겉넓이는 반지름의 길이가

$4\,\text{cm}$인 구의 겉넓이의 $\dfrac{256\pi}{64\pi} = 4(\text{배})$이다.

예제 2 답 $63\pi\,\text{cm}^3$

(반구의 부피)$= \dfrac{1}{2} \times \left(\dfrac{4}{3}\pi \times 3^3\right) = 18\pi\,(\text{cm}^3)$

(원기둥의 부피)$= (\pi \times 3^2) \times 5 = 45\pi\,(\text{cm}^3)$

$\therefore$ (입체도형의 부피)$= 18\pi + 45\pi = 63\pi\,(\text{cm}^3)$

2-1 답 $288\pi\,\text{cm}^3$

구는 어느 방향으로 잘라도 그 단면이 항상 원이고, 단면의 넓이가 최대가 되는 경우는 구의 중심을 지나는 평면으로 잘랐을 때이다.

구의 반지름의 길이를 $r\,\text{cm}$라 하면 단면의 최대 넓이가

$36\pi\,\text{cm}^2$이므로

$\pi r^2 = 36\pi$, $r^2 = 36$

$\therefore r = 6\,(\because r > 0)$

따라서 구의 반지름의 길이는 $6\,\text{cm}$이므로 구의 부피는

$\dfrac{4}{3}\pi \times 6^3 = 288\pi\,(\text{cm}^3)$

2-2 답 $\dfrac{256}{3}\pi\,\text{cm}^3$

구의 반지름의 길이를 $r\,\text{cm}$라 하면 겉넓이가 $64\pi\,\text{cm}^2$이므로

$4\pi r^2 = 64\pi$

$r^2 = 16$ $\quad \therefore r = 4\,(\because r > 0)$

따라서 구의 반지름의 길이는 $4\,\text{cm}$이므로 구의 부피는

$\dfrac{4}{3}\pi \times 4^3 = \dfrac{256}{3}\pi\,(\text{cm}^3)$

예제 3 답 겉넓이: $144\pi\,\text{cm}^2$, 부피: $216\pi\,\text{cm}^3$

(겉넓이)$= (4\pi \times 6^2) \times \dfrac{3}{4} + \left(\dfrac{1}{2} \times \pi \times 6^2\right) \times 2$

$\qquad\quad = 108\pi + 36\pi$ ┌─ 단면인 반원 1개의 넓이

$\qquad\quad = 144\pi\,(\text{cm}^2)$

(부피)$= \left(\dfrac{4}{3}\pi \times 6^3\right) \times \dfrac{3}{4} = 216\pi\,(\text{cm}^3)$

3-1 답 겉넓이: $68\pi\,\text{cm}^2$, 부피: $\dfrac{224}{3}\pi\,\text{cm}^3$

(겉넓이)$= (4\pi \times 4^2) \times \dfrac{7}{8} + \left(\pi \times 4^2 \times \dfrac{90}{360}\right) \times 3$

$\qquad\quad = 56\pi + 12\pi$ ┌─ 단면인 부채꼴 1개의 넓이

$\qquad\quad = 68\pi\,(\text{cm}^2)$

(부피)$= \left(\dfrac{4}{3}\pi \times 4^3\right) \times \dfrac{7}{8} = \dfrac{224}{3}\pi\,(\text{cm}^3)$

예제 4 답 (1) $\dfrac{16}{3}\pi \text{ cm}^3$ (2) $\dfrac{32}{3}\pi \text{ cm}^3$ (3) $16\pi \text{ cm}^3$

(4) $1:2:3$

(1) (원뿔의 부피)$=\dfrac{1}{3}\times(\pi\times2^2)\times4=\dfrac{16}{3}\pi\,(\text{cm}^3)$

(2) (구의 부피)$=\dfrac{4}{3}\pi\times2^3=\dfrac{32}{3}\pi\,(\text{cm}^3)$

(3) (원기둥의 부피)$=(\pi\times2^2)\times4=16\pi\,(\text{cm}^3)$

(4) 원뿔, 구, 원기둥의 부피의 비는

$\dfrac{16}{3}\pi:\dfrac{32}{3}\pi:16\pi=1:2:3$

4-1 답 288

구의 반지름의 길이를 r cm라 하면 구의 부피가 $288\pi \text{ cm}^3$이므로

$\dfrac{4}{3}\pi\times r^3=288\pi$

$r^3=216$ $\therefore r=6\,(\because r>0)$

따라서 구의 반지름의 길이가 6 cm이므로

(원기둥의 부피)$=(\pi\times6^2)\times12=432\pi\,(\text{cm}^3)$

$\therefore a=432$

(원뿔의 부피)$=\dfrac{1}{3}\times(\pi\times6^2)\times12=144\pi\,(\text{cm}^3)$

$\therefore b=144$

$\therefore a-b=432-144=288$

[다른 풀이]

(원뿔의 부피) : (구의 부피) : (원기둥의 부피)$=1:2:3$이므로

(원기둥의 부피)$=288\pi\times\dfrac{3}{2}=432\pi\,(\text{cm}^3)$

$\therefore a=432$

(원뿔의 부피)$=288\pi\times\dfrac{1}{2}=144\pi\,(\text{cm}^3)$

$\therefore b=144$

$\therefore a-b=432-144=288$

🏆 실전 문제로 **단원 마무리하기**

•111~114쪽

1 3개	**2** 44	**3** ④	**4** ③, ⑤ **5** $\overline{\text{CF}}$
6 ⑤	**7** 구	**8** ③	**9** 24 cm^2 **10** ③
11 $1000\pi \text{ cm}^2$			
12 겉넓이: $(130+8\pi)\text{ cm}^2$, 부피: $(100-5\pi)\text{ cm}^3$			
13 $120°$	**14** ②	**15** $\dfrac{45}{2}\text{ cm}^3$	
16 $264\pi \text{ cm}^2$	**17** $\dfrac{49}{2}\pi \text{ cm}^2$		
18 $\dfrac{2416}{3}\pi \text{ cm}^3$		**19** ②, ⑤	

[서술형]
20 27개 **21** 풀이 참조 **22** 12 cm **23** 27개

---

1 답 3개

다면체는 다각형인 면으로만 둘러싸인 입체도형이므로 육각기둥,
육면체, 정팔면체의 3개이다.

2 답 44

오각기둥의 모서리의 개수는 $5\times3=15$(개)이므로

$a=15$

팔각뿔의 면의 개수는 $8+1=9$(개)이므로

$b=9$

십각뿔대의 꼭짓점의 개수는 $10\times2=20$(개)이므로

$c=20$

$\therefore a+b+c=15+9+20=44$

3 답 ④

① 삼각기둥 – 삼각형 – 직사각형

② 육각뿔 – 육각형 – 삼각형

③ 정육면체 – 정사각형 – 정사각형

⑤ 십각뿔 – 십각형 – 삼각형

따라서 옳은 것은 ④이다.

4 답 ③, ⑤

① 정사면체의 모서리의 개수는 6개이다.

② 정육면체의 꼭짓점의 개수는 8개이다.

④ 정이십면체의 면의 모양은 정삼각형이다.

⑤ 정사면체, 정팔면체, 정이십면체의 면의 모양은 정삼각형이고,
   정육면체의 면의 모양은 정사각형, 정십이면체의 면의 모양은
   정오각형이므로 정다면체의 면의 모양은 정삼각형, 정사각형,
   정오각형뿐이다.

따라서 옳은 것은 ③, ⑤이다.

5 답 $\overline{\text{CF}}$

주어진 전개도로 만든 정사면체는 오른쪽
그림과 같다.

따라서 $\overline{\text{DE}}$와 꼬인 위치에 있는 모서리
는 $\overline{\text{CF}}$이다.

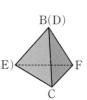

6 답 ⑤

7 답 구

구는 회전축이 무수히 많고, 어떤 평면으로 잘라도 그 단면이 항
상 원이다.

[참고] 구의 성질

• 구의 회전축은 무수히 많다.

• 구의 단면은 항상 원이다.

• 구의 단면인 원은 구의 중심을 지나는 평면으로
  자를 때 가장 크다.

8 답 ③

③

9 답 $24\,\mathrm{cm}^2$

오른쪽 그림과 같이 회전축을 포함하는
평면으로 자를 때 생기는 단면의 넓이가
가장 크다.
따라서 구하는 단면의 넓이는

$\dfrac{1}{2} \times (3+3) \times 8 = 24\,(\mathrm{cm}^2)$

10 답 ③

밑면인 원의 둘레의 길이는 옆면인 직사각형의 가로의 길이와
같으므로 밑면인 원의 반지름의 길이를 $r\,\mathrm{cm}$라 하면
$2\pi r = 10\pi$ ∴ $r = 5$
따라서 밑면인 원의 반지름의 길이는 $5\,\mathrm{cm}$이다.

11 답 $1000\pi\,\mathrm{cm}^2$

벽에서 페인트가 칠해진 부분의 넓이는 원기둥의 옆넓이의 5배
와 같으므로
$\{(2\pi \times 5) \times 20\} \times 5 = 200\pi \times 5 = 1000\pi\,(\mathrm{cm}^2)$

12 답 겉넓이: $(130+8\pi)\,\mathrm{cm}^2$, 부피: $(100-5\pi)\,\mathrm{cm}^3$

(밑넓이) $= 5 \times 4 - \pi \times 1^2 = 20 - \pi\,(\mathrm{cm}^2)$
(옆넓이) $= (5+4+5+4) \times 5 + (2\pi \times 1) \times 5 = 90 + 10\pi\,(\mathrm{cm}^2)$
∴ (겉넓이) $=$ (밑넓이) $\times 2 +$ (옆넓이)
$\qquad = (20-\pi) \times 2 + 90 + 10\pi = 130 + 8\pi\,(\mathrm{cm}^2)$
(부피) $=$ (밑넓이) $\times$ (높이)
$\qquad = (20-\pi) \times 5 = 100 - 5\pi\,(\mathrm{cm}^3)$

[다른 풀이]
(부피) $=$ (사각기둥의 부피) $-$ (원기둥의 부피)
$\qquad = (5 \times 4) \times 5 - (\pi \times 1^2) \times 5 = 100 - 5\pi\,(\mathrm{cm}^3)$

13 답 $120°$

원뿔의 모선의 길이를 $l\,\mathrm{cm}$라 하면 원뿔의 겉넓이가 $64\pi\,\mathrm{cm}^2$
이므로
$\pi \times 4^2 + \dfrac{1}{2} \times l \times (2\pi \times 4) = 64\pi$
$16\pi + 4\pi l = 64\pi$
$4\pi l = 48\pi$ ∴ $l = 12$
즉, 원뿔의 모선의 길이는 $12\,\mathrm{cm}$이다.
원뿔의 전개도는 오른쪽 그림과 같으므로
부채꼴의 중심각의 크기를 $x°$라 하면

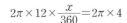

$2\pi \times 12 \times \dfrac{x}{360} = 2\pi \times 4$
∴ $x = 120$
따라서 부채꼴의 중심각의 크기는 $120°$이다.

14 답 ②

(두 밑넓이의 합) $= (6 \times 6) + (10 \times 10)$
$\qquad\qquad\qquad = 36 + 100 = 136\,(\mathrm{cm}^2)$
(옆넓이) $= \left\{\dfrac{1}{2} \times (6+10) \times 4\right\} \times 4$
$\qquad\quad = 32 \times 4 = 128\,(\mathrm{cm}^2)$
∴ (겉넓이) $= 136 + 128 = 264\,(\mathrm{cm}^2)$

15 답 $\dfrac{45}{2}\,\mathrm{cm}^3$

(처음 정육면체의 부피) $= 3 \times 3 \times 3 = 27\,(\mathrm{cm}^3)$
(잘라 낸 삼각뿔의 부피) $= \dfrac{1}{3} \times \left(\dfrac{1}{2} \times 3 \times 3\right) \times 3 = \dfrac{9}{2}\,(\mathrm{cm}^3)$
∴ (남은 입체도형의 부피) $= 27 - \dfrac{9}{2} = \dfrac{45}{2}\,(\mathrm{cm}^3)$

16 답 $264\pi\,\mathrm{cm}^2$

주어진 입체도형의 겉넓이는 구의 겉넓이와 원기둥의 옆넓이의
합과 같으므로
$4\pi \times 6^2 + (2\pi \times 6) \times 10 = 144\pi + 120\pi$
$\qquad\qquad\qquad\qquad\qquad\quad = 264\pi\,(\mathrm{cm}^2)$

17 답 $\dfrac{49}{2}\pi\,\mathrm{cm}^2$

(가죽 한 조각의 넓이) $=$ (구의 겉넓이) $\times \dfrac{1}{2}$
$\qquad\qquad\qquad\qquad = \left\{4\pi \times \left(\dfrac{7}{2}\right)^2\right\} \times \dfrac{1}{2}$
$\qquad\qquad\qquad\qquad = \dfrac{49}{2}\pi\,(\mathrm{cm}^2)$

18 답 $\dfrac{2416}{3}\pi\,\mathrm{cm}^3$

맨틀의 부피는 반지름의 길이가 $9\,\mathrm{cm}$인 구 모양의 지구 모형의
부피에서 반지름의 길이가 $5\,\mathrm{cm}$인 구 모양의 핵의 부피를 뺀 것
과 같다.
따라서 맨틀의 부피는
$\dfrac{4}{3}\pi \times 9^3 - \dfrac{4}{3}\pi \times 5^3 = \dfrac{2916}{3}\pi - \dfrac{500}{3}\pi = \dfrac{2416}{3}\pi\,(\mathrm{cm}^3)$

19 답 ②, ⑤

① (구의 부피) $= \dfrac{4}{3}\pi r^3$

② (원뿔의 부피) $= \dfrac{1}{3} \times \pi r^2 \times 2r = \dfrac{2}{3}\pi r^3$

③ (원기둥의 부피) $= \pi r^2 \times 2r = 2\pi r^3$

④ 원기둥, 구, 원뿔의 부피의 비는
$\qquad 2\pi r^3 : \dfrac{4}{3}\pi r^3 : \dfrac{2}{3}\pi r^3 = 3 : 2 : 1$

⑤ 원기둥과 구의 부피의 비는 $3 : 2$이므로 원기둥 안에 꼭 맞는
구를 원기둥 안에 넣으면 전체의 $\dfrac{2}{3}$만큼의 물이 흘러나온다.

따라서 옳은 것은 ②, ⑤이다.

20 답 27개

각기둥의 밑면을 n각형이라 하면 대각선의 개수가 27개이므로

$\dfrac{n(n-3)}{2}=27$에서

$n(n-3)=54$

$n(n-3)=9\times6$

$\therefore n=9$

즉, 밑면은 구각형이므로 주어진 각기둥은 구각기둥이다. ···(i)

따라서 구각기둥의 모서리의 개수는

$9\times3=27$(개) ···(ii)

채점 기준	배점
(i) 각기둥의 이름 알기	50 %
(ii) 각기둥의 모서리의 개수 구하기	50 %

21 답 풀이 참조

주어진 입체도형은 모든 면이 합동인 정삼각형이지만 한 꼭짓점에 모인 면의 개수가 3개 또는 4개로 같지 않다. ···(i)

따라서 주어진 입체도형은 정다면체가 아니다. ···(ii)

채점 기준	배점
(i) 정다면체가 아닌 이유 설명하기	80 %
(ii) 정다면체가 아님을 말하기	20 %

🔍 오개념 바로잡기

정다면체인지 판단하기

(X) · 모든 면이 합동인 정삼각형이므로 정다면체이다.

(O) · 모든 면이 합동인 정삼각형이지만 각 꼭짓점에 모인 면의 개수가 같지 않으므로 정다면체가 아니다.

➡ 정다면체는 모든 면이 합동인 정다각형이고, 각 꼭짓점에 모인 면의 개수가 같은 다면체야.

따라서 두 조건 중 어느 한 가지만 만족시키는 다면체는 정다면체가 아니므로 정다면체인지 판단할 때는 두 가지 조건을 모두 만족시키는지 확인해야 해!

22 답 12 cm

원기둥의 부피는

$(\pi\times6^2)\times9=324\pi(\mathrm{cm}^3)$ ···(i)

원뿔의 높이를 h cm라 하면 원뿔의 부피는

$\dfrac{1}{3}\times(\pi\times9^2)\times h=27\pi h(\mathrm{cm}^3)$ ···(ii)

원기둥과 원뿔의 부피가 같으므로

$324\pi=27\pi h$

$\therefore h=12$

따라서 원뿔의 높이는 12 cm이다. ···(iii)

채점 기준	배점
(i) 원기둥의 부피 구하기	40 %
(ii) 원뿔의 부피 구하기	20 %
(iii) 원뿔의 높이 구하기	40 %

23 답 27개

반지름의 길이가 3 cm인 구 모양의 쇠구슬의 부피는

$\dfrac{4}{3}\pi\times3^3=36\pi(\mathrm{cm}^3)$ ···(i)

반지름의 길이가 1 cm인 구 모양의 쇠구슬의 부피는

$\dfrac{4}{3}\pi\times1^3=\dfrac{4}{3}\pi(\mathrm{cm}^3)$ ···(ii)

따라서 반지름의 길이가 3 cm인 구 모양의 쇠구슬로 반지름의 길이가 1 cm인 구 모양의 쇠구슬을 $36\pi\div\dfrac{4}{3}\pi=27$(개) 만들 수 있다. ···(iii)

채점 기준	배점
(i) 반지름의 길이가 3 cm인 구 모양의 쇠구슬의 부피 구하기	40 %
(ii) 반지름의 길이가 1 cm인 구 모양의 쇠구슬의 부피 구하기	40 %
(iii) 만들 수 있는 쇠구슬의 개수 구하기	20 %

OX 문제로 개념 점검! ·115쪽

❶ × ❷ ○ ❸ ○ ❹ × ❺ ○ ❻ × ❼ × ❽ ×

❶ 육각뿔대의 꼭짓점의 개수는 12개이고, 칠각기둥의 꼭짓점의 개수는 14개이므로 두 다각형의 꼭짓점의 개수는 같지 않다.

❹ 정다면체는 정사면체, 정육면체, 정팔면체, 정십이면체, 정이십면체의 다섯 가지뿐이므로 면이 10개인 정다면체는 없다.

❻ 기둥의 겉넓이는 두 밑넓이와 옆넓이를 모두 합한 것과 같다.

❼ 뿔의 부피는 그 뿔과 밑면이 합동이고 높이가 같은 기둥의 부피의 $\dfrac{1}{3}$이다.

❽ 구의 부피는 그 구의 겉넓이와 반지름의 길이의 곱을 3으로 나눈 값과 같다.

5 대푯값 / 자료의 정리와 해석

개념 35 대푯값

•118~120쪽

•개념 확인하기

1 답 (1) 3 (2) 4 (3) 7 (4) 8

(1) (평균)$=\dfrac{1+2+4+5}{4}=\dfrac{12}{4}=3$

(2) (평균)$=\dfrac{2+3+3+5+7}{5}=\dfrac{20}{5}=4$

(3) (평균)$=\dfrac{9+6+5+11+8+3}{6}=\dfrac{42}{6}=7$

(4) (평균)$=\dfrac{8+4+7+9+12+6+10}{7}=\dfrac{56}{7}=8$

2 답 (1) 5 (2) 6 (3) 6 (4) 12.5

(1) 변량을 작은 값부터 크기순으로 나열하면

3, 4, 5, 7, 8

이므로 중앙값은 $\dfrac{5+1}{2}=3$(번째) 변량인 5이다.

(2) 변량을 작은 값부터 크기순으로 나열하면

3, 4, 5, 7, 8, 9

이므로 중앙값은 $\dfrac{6}{2}=3$(번째)와 $\dfrac{6}{2}+1=4$(번째) 변량인

5와 7의 평균이다.

∴ (중앙값)$=\dfrac{5+7}{2}=6$

(3) 변량을 작은 값부터 크기순으로 나열하면

4, 5, 6, 6, 6, 7, 10

이므로 중앙값은 $\dfrac{7+1}{2}=4$(번째) 변량인 6이다.

(4) 변량을 작은 값부터 크기순으로 나열하면

10, 10, 11, 12, 13, 13, 14, 16

이므로 중앙값은 $\dfrac{8}{2}=4$(번째)와 $\dfrac{8}{2}+1=5$(번째) 변량인

12와 13의 평균이다.

∴ (중앙값)$=\dfrac{12+13}{2}=12.5$

3 답 (1) 3 (2) 1, 2 (3) 없다. (4) 빨강

(1) 3이 두 번으로 가장 많이 나타나므로

(최빈값)$=3$

(2) 1, 2가 각각 두 번씩 가장 많이 나타나므로

(최빈값)$=1, 2$

(3) 3, 4, 5가 모두 두 번씩 나타나므로

최빈값은 없다.

(4) 빨강이 세 번으로 가장 많이 나타나므로

최빈값은 빨강이다.

참고 최빈값은 자료에 따라 1개이거나 없을 수도 있으며 2개 이상일
수도 있다.

(대표 예제로 **개념 익히기**)

예제 1 답 30회

(평균)$=\dfrac{26+36+34+25+29}{5}=\dfrac{150}{5}=30$(회)

1-1 답 90.5점

(평균)$=\dfrac{90+84+92+96}{4}=\dfrac{362}{4}=90.5$(점)

1-2 답 7

a, b, c의 평균이 6이므로

$\dfrac{a+b+c}{3}=6$ ∴ $a+b+c=18$

따라서 5, a, b, c, 12의 평균은

$\dfrac{5+a+b+c+12}{5}=\dfrac{5+18+12}{5}=\dfrac{35}{5}=7$

예제 2 답 ②

각 자료의 중앙값은 다음과 같다.

① 3   ② 6

③ $\dfrac{5+5}{2}=5$ ④ $\dfrac{5+6}{2}=5.5$

⑤ $\dfrac{4+7}{2}=5.5$

따라서 중앙값이 가장 큰 것은 ②이다.

2-1 답 5권

주어진 자료를 작은 값부터 크기순으로 나열하면

2, 3, 4, 5, 7, 8, 9

이므로 중앙값은 5권이다.

2-2 답 4명

주어진 자료를 작은 값부터 크기순으로 나열하면

2, 3, 3, 3, 3, 4, 4, 4, 5, 5, 5, 6

∴ (중앙값)$=\dfrac{4+4}{2}=4$(명)

예제 3 답 25편

25가 두 번으로 가장 많이 나타나므로 최빈값은 25편이다.

3-1 답 17

주어진 자료를 작은 값부터 크기순으로 나열하면

5, 6, 7, 8, 9, 9, 10

이므로 중앙값은 8개이다.

∴ $a=8$

9가 두 번으로 가장 많이 나타나므로 최빈값은 9개이다.

∴ $b=9$

∴ $a+b=8+9=17$

3-2 답 ②

주어진 자료를 a를 제외하고 작은 값부터 크기순으로 나열하면
1, 2, 3, 3, 5, 6, 7, 7, 7
이때 $a=3$이면 최빈값이 3과 7의 2개가 되므로 a의 값이 될 수 없는 것은 3이다.

예제 4 답 $x=6$, 중앙값: 5.5

주어진 자료의 최빈값이 6이므로
$x=6$
따라서 변량을 작은 값부터 크기순으로 나열하면
1, 2, 5, 6, 6, 8
$\therefore$ (중앙값)$=\dfrac{5+6}{2}=5.5$

4-1 답 10

$\dfrac{10+12+x+8+10+12+8}{7}=10$

$x+60=70$ $\therefore x=10$

따라서 10, 12, 10, 8, 10, 12, 8의 자료에서 10이 3번으로 가장 많이 나타나므로 최빈값은 10이다.

4-2 답 12

크기순으로 나열된 변량의 개수가 5개이므로 중앙값은 3번째 변량인 10개이다.
이때 자료의 평균과 중앙값이 10개로 같으므로
$\dfrac{7+9+10+12+x}{5}=10$
$38+x=50$ $\therefore x=12$

개념 36 줄기와 잎 그림
•121~122쪽

•개념 확인하기

1 답 (1) 2회, 36회

(2)   (0|2는 2회)

줄기	잎
0	2 3 4 4 8 8 9
1	2 4 6 8
2	0 4 6
3	2 6

2 답 (1) 잎이 가장 많은 줄기: 1, 잎이 가장 적은 줄기: 3
(2) 0, 2, 3, 3, 5, 7 (3) 6명 (4) 35회

(1) 잎이 가장 많은 줄기는 잎의 개수가 6개인 줄기 1이고, 잎이 가장 적은 줄기는 잎의 개수가 2개인 줄기 3이다.
(3) 2단 뛰기 줄넘기 기록이 20회 이상인 학생 수는
21회, 21회, 23회, 28회, 30회, 35회
의 6명이다.

(대표 예제로 **개념 익히기**)

예제 1 답 (1)   (0|5는 5분)

줄기	잎
0	5 8
1	0 1 2 3 5 6 6 6 8
2	1 4 5 7
3	1 3 8

(2) 10분대 (3) 5명

(2) 줄기 1의 잎의 개수가 가장 많으므로 재석이네 반 학생들의 통학 시간은 10분대가 가장 많다.
(3) 통학 시간이 25분 이상인 학생 수는
25분, 27분, 31분, 33분, 38분의 5명이다.

1-1 답 (1)   (1|2는 12세)

줄기	잎
1	2 9
2	3 8 8 9
3	0 4 5 5 8
4	0 4 5 9
5	4 5 8
6	2 7

(2) 3 (3) 5명 (4) 9명

(2) 잎이 가장 많은 줄기는 잎의 개수가 5개인 줄기 3이다.
(3) 나이가 15세 이상 30세 미만인 사람 수는
19세, 23세, 28세, 28세, 29세의 5명이다.
(4) 나이가 40세 이상인 사람 수는
40세, 44세, 45세, 49세, 54세, 55세, 58세, 62세, 67세
의 9명이다.

예제 2 답 (1) 20명 (2) 5명 (3) 157 cm

(1) 전체 학생 수는 잎의 총 개수와 같으므로
$2+6+8+4=20$(명)
(2) 은지보다 키가 작은 학생 수는
135 cm, 137 cm, 142 cm, 143 cm, 144 cm의 5명이다.
(3) 키가 큰 학생의 키부터 차례로 나열하면
167 cm, 162 cm, 161 cm, 160 cm, 158 cm, 157 cm, …
따라서 키가 6번째로 큰 학생의 키는 157 cm이다.

2-1 답 (1) 24명 (2) 42시간 (3) 4번째

(1) 전체 학생 수는 잎의 총 개수와 같으므로
$3+6+8+4+3=24$(명)
(2) 봉사 활동 시간이 가장 많은 학생의 시간은 65시간, 봉사 활동 시간이 가장 적은 학생의 시간은 23시간이므로 구하는 시간의 차는 $65-23=42$(시간)이다.
(3) 봉사 활동 시간이 많은 학생의 봉사 활동 시간부터 차례로 나열하면 65시간, 64시간, 60시간, 59시간, …
따라서 봉사 활동 시간이 59시간인 학생은 봉사 활동 시간이 많은 쪽에서 4번째이다.

·개념 확인하기

1 답 (1) 133 cm, 175 cm

(2)

기록(cm)		학생 수(명)
130^{이상} ~ 140^{미만}	//////	5
140 ~ 150	////// //	7
150 ~ 160	////	4
160 ~ 170	///	3
170 ~ 180	/	1
합계		20

2 답 (1) 계급의 크기: 6분, 계급의 개수: 4개

(2) 6분 이상 12분 미만 (3) 21분

(4) 12분 이상 18분 미만 (5) 10명

(1) 계급의 크기는 $6-0=12-6=18-12=24-18=6$(분)

계급의 개수는 0분 이상 6분 미만, 6분 이상 12분 미만,

12분 이상 18분 미만, 18분 이상 24분 미만의 4개이다.

(2) 도수가 가장 작은 계급은 도수가 4명인 6분 이상 12분 미만

이다.

(3) 도수가 가장 큰 계급은 18분 이상 24분 미만이므로 구하는 계

급값은 $\frac{18+24}{2}=21$(분)이다.

(5) 아침 식사 시간이 0분 이상 6분 미만인 학생 수는 6명이고,

6분 이상 12분 미만인 학생 수는 4명이므로 아침 식사 시간이

12분 미만인 학생 수는

$6+4=10$(명)

대표 예제로 개념 익히기

예제 **1** 답

시청 시간(시간)	학생 수(명)
0^{이상} ~ 5^{미만}	5
5 ~ 10	3
10 ~ 15	7
15 ~ 20	2
20 ~ 25	1
합계	18

(1) 20시간 이상 25시간 미만 (2) 3명

(1) 도수가 가장 작은 계급은 도수가 1명인 20시간 이상 25시간

미만이다.

(2) 일주일 동안의 TV 시청 시간이 15시간 이상 20시간 미만인

학생 수는 2명, 20시간 이상 25시간 미만인 학생 수는 1명이

므로 일주일 동안의 TV 시청 시간이 15시간 이상인 학생

수는

$2+1=3$(명)

예제 **1-1** 답 (1)

나이(세)	사람 수(명)
10^{이상} ~ 20^{미만}	3
20 ~ 30	5
30 ~ 40	7
40 ~ 50	3
합계	18

(2) 30세 이상 40세 미만

(3) 3명

(2) 도수가 가장 큰 계급은 도수가 7명인 30세 이상 40세 미만이다.

(3) 나이가 43세인 참가자가 속하는 계급은 40세 이상 50세 미만

이므로 구하는 계급의 도수는 3명이다.

✎ 오개념 바로잡기

(2) 도수가 가장 큰 계급 구하기

$\frac{(×)}{}$ 40세 이상 50세 미만

$\frac{(○)}{}$ 30세 이상 40세 미만

➡ 도수는 각 계급에 속한 변량의 개수야. 즉, 도수가 가장 큰 계급

은 속하는 사람 수가 가장 많은 계급을 의미함에 주의해야 해!

예제 **2** 답 ③, ⑤

① 계급의 개수는 10개 이상 15개 미만, 15개 이상 20개 미만,

···, 35개 이상 40개 미만의 6개이다.

② 계급의 크기는

$15-10=20-15=\cdots=40-35=5$(개)

③ 도수가 가장 작은 계급은 30개 이상 35개 미만이므로 구하는

계급값은 $\frac{30+35}{2}=32.5$(개)이다.

④ 30개 이상 35개 미만인 경기 수는 2회, 35개 이상 40개 미만

인 경기 수는 3회이므로 던진 공의 개수가 30개 이상인 경기

수는

$2+3=5$(회)

⑤ 가장 적게 던진 공의 개수는 알 수 없다.

따라서 옳지 않은 것은 ③, ⑤이다.

예제 **2-1** 답 (1) 10점 (2) 12명

(3) 80점 이상 90점 미만

(1) 계급의 크기는

$60-50=70-60=\cdots=100-90=10$(점)

(2) 수학 점수가 50점 이상 60점 미만인 학생 수는 1명, 60점 이

상 70점 미만인 학생 수는 3명, 70점 이상 80점 미만인 학생

수는 8명이므로 수학 점수가 80점 미만인 학생 수는

$1+3+8=12$(명)

(3) 수학 점수가 90점 이상인 학생 수는 9명, 80점 이상인 학생

수는 12+9=21(명)이므로 수학 점수가 높은 쪽에서 15번째

인 학생이 속하는 계급은 80점 이상 90점 미만이다.

예제 3 **답** (1) 6 (2) 180 cm 이상 190 cm 미만
          (3) 170 cm 이상 180 cm 미만

(1) $A=25-(3+10+4+2)=6$

(2) 도수가 가장 큰 계급은 도수가 10명인 180 cm 이상 190 cm 미만이다.

(3) 멀리뛰기 기록이 170 cm 미만인 학생 수는 3명, 180 cm 미만인 학생 수는 3+6=9(명)이므로 멀리뛰기 기록이 낮은 쪽에서 5번째인 학생이 속하는 계급은 170 cm 이상 180 cm 미만이다.

3-1 **답** ②, ④

① 계급의 개수는 10회 이상 20회 미만, 20회 이상 30회 미만, …, 50회 이상 60회 미만의 5개이다.
  계급의 크기는 $20-10=30-20=\cdots=60-50=10$(회)

② $A=28-(5+10+4+1)=8$

③ 도수가 가장 큰 계급은 도수가 10명인 20회 이상 30회 미만이다.

④ 도서관 이용 횟수가 30회 이상인 학생 수는
  4+8+1=13(명)

⑤ 도서관 이용 횟수가 50회 이상인 학생 수는 1명, 40회 이상인 학생 수는 8+1=9(명), 30회 이상인 학생 수는
  4+8+1=13(명)이므로 도서관 이용 횟수가 10번째로 많은 학생이 속하는 계급은 30회 이상 40회 미만이다.
  즉, 구하는 계급의 도수는 4명이다.

따라서 옳지 않은 것은 ②, ④이다.

오개념 바로잡기

④ 도서관 이용 횟수가 30회 이상인 학생 수 구하기

(×)→ 30회 이상 40회 미만인 학생 수는 4명이므로 4명이다.

(○)→ 30회 이상 40회 미만인 학생 수는 4명,
    40회 이상 50회 미만인 학생 수는 8명,
    50회 이상 60회 미만인 학생 수는 1명
    이므로 4+8+1=13(명)

➡ 해당하는 계급이 여러 개일 때는 해당하는 모든 계급의 도수를 더해야 해!

예제 4 **답** (1) 12 (2) 40 %

(1) $A=30-(2+4+9+3)=12$

(2) 음악 점수가 70점 이상 80점 미만인 학생 수는 12명이므로
  전체의 $\dfrac{12}{30}\times100=40(\%)$

4-1 **답** (1) 6명 (2) 60 %

(1) 몸무게가 3.0 kg 이상 3.5 kg 미만인 신생아 수는
  $15-(1+2+4+2)=6$(명)

(2) 몸무게가 3.5 kg 미만인 신생아 수는 1+2+6=9(명)이므로
  전체의 $\dfrac{9}{15}\times100=60(\%)$

개념 38 히스토그램

•126~127쪽

• 개념 확인하기

1 **답**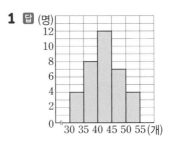

2 **답** (1) 계급의 크기: 10점, 계급의 개수: 6개
       (2) 50명 (3) 70점 이상 80점 미만 (4) 11명

(1) 계급의 크기는
  $50-40=60-50=\cdots=100-90=10$(점)
  계급의 개수는 40점 이상 50점 미만, 50점 이상 60점 미만, …, 90점 이상 100점 미만의 6개이다.

(2) 전체 학생 수는 3+7+11+14+10+5=50(명)

(3) 도수가 가장 큰 계급은 도수가 14명인 70점 이상 80점 미만이다.

대표 예제로 개념 익히기

예제 1 **답** (1) 150분 이상 180분 미만
       (2) 30명 (3) 20 %

(1) 도수가 가장 작은 계급은 도수가 1명인 150분 이상 180분 미만이다.

(2) 전체 학생 수는 2+4+8+10+5+1=30(명)

(3) 운동 시간이 120분 이상인 학생 수는 5+1=6(명)이므로
  전체의 $\dfrac{6}{30}\times100=20(\%)$

1-1 **답** ③, ④

① 조사한 날수는
  9+12+8+5+4+2=40(일)

② 미세 먼지 평균 농도가 가장 높은 날의 농도는 알 수 없다.

③ 도수가 가장 큰 계급은 도수가 12일인 40 $\mu g/m^3$ 이상 45 $\mu g/m^3$ 미만이다.

④ 히스토그램에서 직사각형의 가로의 길이는 계급의 크기이므로 일정하다.
  즉, 직사각형의 넓이는 세로의 길이인 각 계급의 도수에 정비례하므로 도수가 가장 작은 계급의 직사각형의 넓이가 가장 작다.

⑤ 미세 먼지 평균 농도가 40 $\mu g/m^3$ 이상 50 $\mu g/m^3$ 미만인 날수는 12+8=20(일), 50 $\mu g/m^3$ 이상인 날수는
  5+4+2=11(일)이므로 2배가 아니다.

따라서 옳은 것은 ③, ④이다.

예제 2 **답** (1) 13명 (2) 80점 이상 90점 미만

(1) 과학 점수가 80점 이상 90점 미만인 학생 수는
　　$30-(4+6+7)=13$(명)

(2) 과학 점수가 90점 이상인 학생 수는 7명, 80점 이상인 학생
　　수는 $13+7=20$(명)이므로 과학 점수가 10번째로 높은 학생
　　이 속하는 계급은 80점 이상 90점 미만이다.

2-1 **답** (1) 25명 (2) 10명

(1) 공 던지기 기록이 40 m 이상 50 m 미만인 학생 수가 5명이고,
　　전체의 20 %이므로 전체 학생 수를 x명이라 하면
　　$\dfrac{5}{x}\times100=20$
　　$\therefore x=25$
　　따라서 호진이네 반 전체 학생 수는 25명이다.

(2) 공 던지기 기록이 30 m 이상 40 m 미만인 학생 수는
　　$25-(2+7+5+1)=10$(명)

•개념 확인하기

1 **답** (일)

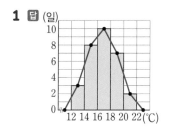

2 **답** (1) 계급의 크기: 2초, 계급의 개수: 4개

　　　(2) 30명

　　　(3) 도수가 가장 큰 계급: 8초 이상 10초 미만,
　　　　　도수가 가장 작은 계급: 12초 이상 14초 미만

　　　(4) 6초 이상 8초 미만

(1) 계급의 크기는
　　$8-6=10-8=12-10=14-12=2$(초)
　　계급의 개수는 6초 이상 8초 미만, 8초 이상 10초 미만,
　　10초 이상 12초 미만, 12초 이상 14초 미만의 4개이다.

(2) 전체 학생 수는
　　$6+13+8+3=30$(명)

(3) 도수가 가장 큰 계급은 도수 13명인 8초 이상 10초 미만이
　　고, 도수가 가장 작은 계급은 도수 3명인 12초 이상 14초
　　미만이다.

대표 예제로 개념 익히기

예제 1 **답** (1) 5개 (2) 28명 (3) 17명 (4) 7명

(1) 계급의 개수는 5시간 이상 6시간 미만, 6시간 이상 7시간 미만,
　　…, 9시간 이상 10시간 미만의 5개이다.

(2) 미주네 반 전체 학생 수는 $2+7+8+7+4=28$(명)

(3) 수면 시간이 8시간 미만인 학생 수는 $2+7+8=17$(명)

(4) 수면 시간이 8시 40분인 학생이 속하는 계급은 8시간 이상
　　9시간 미만이므로 구하는 계급의 도수는 7명이다.

1-1 **답** ③

① 계급의 개수는 50점 이상 60점 미만, 60점 이상 70점 미만,
　　…, 90점 이상 100점 미만의 5개이다.

② 지아네 반 전체 학생 수는
　　$3+5+14+12+6=40$(명)

③ 영어 점수가 80점 이상인 학생 수는
　　$12+6=18$(명)

④ 영어 점수가 60점 미만인 학생 수는 3명, 70점 미만인 학생 수
　　는 $3+5=8$(명), 80점 미만인 학생 수는 $3+5+14=22$(명)
　　이므로 영어 점수가 낮은 쪽에서 9번째인 학생이 속하는 계
　　급은 70점 이상 80점 미만이다.

⑤ 도수분포다각형과 가로축으로 둘러싸인 부분의 넓이는 히스
　　토그램의 각 직사각형의 넓이의 합과 같으므로
　　$10\times(3+5+14+12+6)=400$

따라서 옳지 않은 것은 ③이다.

참고 히스토그램에서 직사각형의 넓이의 합은
(계급의 크기)×(도수의 총합)과 같다.

예제 2 **답** (1) 11명 (2) 56 %

(1) 독서 시간이 40분 이상 60분 미만인 학생 수는
　　$25-(3+6+3+2)=11$(명)

(2) 독서 시간이 60분 미만인 학생 수는 $3+11=14$(명)이므로
　　전체의 $\dfrac{14}{25}\times100=56$(%)

2-1 **답** (1) 30명 (2) 10명 (3) 50 %

(1) 던지기 기록이 20 m 이상 25 m 미만인 학생 수가 6명이고,
　　전체의 20 %이므로 전체 학생 수를 x명이라 하면
　　$\dfrac{6}{x}\times100=20$
　　$\therefore x=30$
　　따라서 주영이네 반 전체 학생 수는 30명이다.

(2) 던지기 기록이 30 m 이상 35 m 미만인 학생 수는
　　$30-(2+6+7+5)=10$(명)

(3) 던지기 기록이 30 m 이상인 학생 수는 $10+5=15$(명)이므로
　　전체의 $\dfrac{15}{30}\times100=50$(%)

· 개념 확인하기

1 답 (1) 풀이 참조 (2) 1

(1)

개수(개)	도수(명)	상대도수
$5^{이상}$ ~ $10^{미만}$	3	$\dfrac{3}{25}=0.12$
10 ~ 15	7	$\dfrac{7}{25}=0.28$
15 ~ 20	9	$\dfrac{9}{25}=0.36$
20 ~ 25	4	$\dfrac{4}{25}=0.16$
25 ~ 30	2	$\dfrac{2}{25}=0.08$
합계	25	A

(2) 상대도수의 총합은 항상 1이므로 $A=1$

2 답 (1) 0.2, 8 (2) 0.52, 25

대표 예제로 개념 익히기

예제 **1** 답 (1) $A=8$, $B=0.26$, $C=50$, $D=0.14$, $E=1$
　　　　(2) 32 %

(1) 50분 이상 60분 미만인 계급에서

(도수의 총합)$=\dfrac{6}{0.12}=50$(명)이므로 $C=50$

10분 이상 20분 미만인 계급의 상대도수가 0.16이므로
$A=50\times0.16=8$

20분 이상 30분 미만인 계급의 도수가 13명이므로

$B=\dfrac{13}{50}=0.26$

40분 이상 50분 미만인 계급의 도수가 7명이므로

$D=\dfrac{7}{50}=0.14$

상대도수의 총합은 항상 1이므로
$E=1$

(2) 30분 이상 40분 미만인 계급의 상대도수가 0.32이므로
대화 시간이 30분 이상 40분 미만인 학생은
전체의 $0.32\times100=32$(%)

1-1 답 (1) $A=5$, $B=0.45$, $C=3$, $D=0.15$
　　　　(2) 0.15

(1) $A=20\times0.25=5$

$B=\dfrac{9}{20}=0.45$

$C=20-(2+5+9+1)=3$

$D=\dfrac{3}{20}=0.15$

(2) 방문 횟수가 16회 이상인 학생 수는 1명, 12회 이상인 학생
수는 $3+1=4$(명)이다.
따라서 볼링장을 방문한 횟수가 많은 쪽에서 3번째인 학생이
속하는 계급은 12회 이상 16회 미만이므로 구하는 계급의 상
대도수는 0.15이다.

예제 **2** 답 (1) 10 (2) 0.2 (3) 6

(1) $40\times0.25=10$

(2) (도수의 총합)$=\dfrac{15}{0.3}=50$이므로

도수가 10인 계급의 상대도수는 $\dfrac{10}{50}=0.2$

(3) (도수의 총합)$=\dfrac{24}{0.6}=40$이므로

상대도수가 0.15인 계급의 도수는 $40\times0.15=6$

2-1 답 (1) 80명 (2) 8명

(1) 40점 이상 50점 미만인 계급에서

(전체 참가자의 수)$=\dfrac{4}{0.05}=80$(명)

(2) 50점 이상 60점 미만인 계급의 상대도수는 0.1이므로
점수가 50점 이상 60점 미만인 참가자의 수는
$80\times0.1=8$(명)

[다른 풀이]

각 계급의 상대도수는 그 계급의 도수에 정비례하므로
50점 이상 60점 미만인 계급의 도수를 x명이라 하면
$4:x=0.05:0.1$에서
$4:x=1:2$ ∴ $x=8$
따라서 구하는 참가자의 수는 8명이다.

개념 **41** 상대도수의 분포를 나타낸 그래프 ·132~134쪽

· 개념 확인하기

1 답

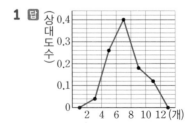

2 답 (1) 165 cm 이상 170 cm 미만, 150 cm 이상 155 cm 미만
　　　 (2) 165 cm 이상 170 cm 미만, 150 cm 이상 155 cm 미만
　　　 (3) 0.2 (4) 12명 (5) 20 %

(1) 상대도수가 가장 큰 계급은 상대도수가 0.35인 165 cm 이상 170 cm 미만이고, 상대도수가 가장 작은 계급은 상대도수가 0.05인 150 cm 이상 155 cm 미만이다.

(2) 상대도수는 그 계급의 도수에 정비례하므로 도수가 가장 큰 계급의 상대도수도 가장 크고, 도수가 가장 작은 계급의 상대도수도 가장 작다.

따라서 도수가 가장 큰 계급과 가장 작은 계급을 차례로 구하면 165 cm 이상 170 cm 미만, 150 cm 이상 155 cm 미만이다.

(3), (4) 전체 학생 수는 60명이고, 160 cm 이상 165 cm 미만인 계급의 상대도수가 0.2이므로 이 계급의 도수는

$60 \times 0.2 = 12$(명)

(5) 키가 160 cm 이상 165 cm 미만인 학생은 전체의 $0.2 \times 100 = 20$(%)

대표 예제로 개념 익히기

예제 1 답 ⑤

① 상대도수가 가장 큰 계급은 16 ℃ 이상 18 ℃ 미만이다.

② 도수가 가장 작은 계급은 상대도수가 가장 작은 계급인 22 ℃ 이상 24 ℃ 미만이다.

③ 상대도수의 총합은 항상 1이고, 도수의 총합은 50곳이므로 같지 않다.

④ 18 ℃ 이상 20 ℃ 미만인 계급의 상대도수는 0.2이므로 이 계급에 속하는 지역은

$50 \times 0.2 = 10$(곳)

⑤ 14 ℃ 미만인 계급의 상대도수의 합은

$0.06 + 0.1 = 0.16$이므로 최고 기온이 14 ℃ 미만인 지역은 전체의 $0.16 \times 100 = 16$(%)

따라서 옳은 것은 ⑤이다.

1-1 답 (1) 0.4 (2) 20명

(1) 40분 미만인 계급의 상대도수의 합은

$0.05 + 0.15 + 0.2 = 0.4$

(2) 40분 미만인 계급의 상대도수의 합은 0.4이고, 민이네 반 전체 학생 수는 50명이므로 기다린 시간이 40분 미만인 학생 수는

$50 \times 0.4 = 20$(명)

1-2 답 (1) 40명 (2) 10명 (3) 30 %

(1) 각 계급의 상대도수는 그 계급의 도수에 정비례하므로 도수가 가장 큰 계급은 상대도수가 가장 큰 계급이다.

즉, 도수가 가장 큰 계급은 상대도수가 가장 큰 계급인 7회 이상 9회 미만이다.

따라서 이 계급의 상대도수는 0.45, 도수는 18명이므로 연수네 반 전체 학생 수는

$\dfrac{18}{0.45} = 40$(명)

(2) 3회 이상 7회 미만인 계급의 상대도수의 합은

$0.1 + 0.15 = 0.25$이므로 턱걸이 횟수가 3회 이상 7회 미만인 학생 수는

$40 \times 0.25 = 10$(명)

(3) 9회 이상인 계급의 상대도수의 합은 $0.25 + 0.05 = 0.3$이므로 턱걸이 횟수가 9회 이상인 학생은

전체의 $0.3 \times 100 = 30$(%)

예제 2 답 (1) 2배 (2) 200명 (3) B중학교

(1) B중학교에서

60분 이상 80분 미만인 계급의 상대도수는 0.28,

100분 이상 120분 미만인 계급의 상대도수는 0.14

이므로 자습 시간이 60분 이상 80분 미만인 학생 수는 100분 이상 120분 미만인 학생 수의

$\dfrac{0.28}{0.14} = 2$(배)

(2) A중학교에서 1시간, 즉 60분 미만인 계급의 상대도수의 합이

$0.08 + 0.2 = 0.28$이고 도수가 56명이므로 전체 학생 수는

$\dfrac{56}{0.28} = 200$(명)

(3) B중학교의 그래프가 A중학교의 그래프보다 오른쪽으로 치우쳐 있으므로 B중학교가 A중학교보다 자습 시간이 더 길다고 할 수 있다.

2-1 답 (1) 남학생 (2) 남학생

(1) 100 m 달리기 기록이 18초 이상 20초 미만인

남학생 수는 $250 \times 0.24 = 60$(명),

여학생 수는 $150 \times 0.34 = 51$(명)

이므로 남학생이 더 많다.

(2) 남학생의 그래프가 여학생의 그래프보다 왼쪽으로 치우쳐 있으므로 남학생이 여학생보다 더 빠르다고 할 수 있다.

2-2 답 (1) 여학생: 0.12, 남학생: 0.15
　　　　 (2) 남학생

(1) 여학생과 남학생의 도수가 같은 계급은 50점 이상 60점 미만이므로 이 계급의 상대도수는

여학생: $\dfrac{3}{25} = 0.12$,

남학생: $\dfrac{3}{20} = 0.15$

(2) 수학 점수가 60점 미만인 학생의 비율은

여학생: $0.12 \times 100 = 12$(%),

남학생: $0.15 \times 100 = 15$(%)

이므로 남학생의 비율이 더 높다.

1 6	2 ⑤	3 중앙값, 22	4 85
5 ③, ④	6 1반	7 1반, 2명	8 ④
9 30명	10 6	11 20 %	12 12명	13 ④
14 12명	15 16시간 이상 20시간 미만		16 ㄴ, ㄷ

서술형

17 13회	18 39명	19 15개	20 14명

1 답 6

5개의 변량 a, b, c, d, e의 평균이 4이므로

$$\frac{a+b+c+d+e}{5}=4$$

$\therefore a+b+c+d+e=20$

따라서 주어진 자료의 평균은

$$(평균)=\frac{(a+2)+(b-1)+(c+7)+(d-2)+(e+4)}{5}$$
$$=\frac{a+b+c+d+e+10}{5}$$
$$=\frac{20+10}{5}=\frac{30}{5}=6$$

2 답 ⑤

$$(평균)=\frac{1\times1+2\times3+3\times5+4\times4+5\times2}{1+3+5+4+2}$$
$$=\frac{48}{15}=3.2(회)$$

$\therefore a=3.2$

변량이 모두 15개이므로 중앙값은 변량을 작은 값부터 크기순으로 나열할 때 $\frac{15+1}{2}=8$(번째) 변량인 3회이다.

$\therefore b=3$

또 변량 중 3이 다섯 번으로 가장 많이 나타나므로 최빈값은 3회이다.

$\therefore c=3$

$\therefore a+b+c=3.2+3+3=9.2$

3 답 중앙값, 22

자료에 326과 같이 극단적인 값이 있으므로 평균은 대푯값으로 적절하지 않다.

또 중복되어 나타나는 변량이 없으므로 최빈값도 대푯값으로 적절하지 않다.

따라서 이 자료의 대푯값으로 가장 적절한 것은 중앙값이다.

이때 변량을 작은 값부터 크기순으로 나열하면

16, 20, 21, 23, 25, 326

$\therefore (중앙값)=\frac{21+23}{2}=22$

4 답 85

85, 93, 78, 84, x에서 최빈값이 존재하려면 x의 값이 85, 93, 78, 84 중 하나와 같아야 하므로 최빈값은 x이다.

이때 평균과 최빈값이 같으므로

$$\frac{85+93+78+84+x}{5}=x$$

$340+x=5x$, $4x=340$

$\therefore x=85$

5 답 ③, ④

① 은주네 반 전체 학생 수는
   $4+4+6+7+4=25$(명)

② 잎이 가장 많은 줄기가 3이므로 학생 수가 가장 많은 점수대는 30점대이다.

③ 점수가 10점 미만인 학생 수는 2점, 5점, 8점, 9점의 4명이므로
   전체의 $\frac{4}{25}\times100=16(\%)$

④ 은주보다 점수가 높은 학생 수는
   35점, 37점, 38점, 42점, 44점, 47점, 49점의 7명이다.

⑤ 점수가 낮은 학생의 점수부터 차례로 나열하면 2점, 5점, 8점, 9점, 10점, 12점, …이므로 점수가 낮은 쪽에서 6번째인 학생의 점수는 12점이다.

따라서 옳지 않은 것은 ③, ④이다.

6 답 1반

줄기 중에서 가장 큰 수는 4이고, 줄기가 4인 잎 중에서 가장 큰 수는 8이다.

따라서 팔굽혀펴기를 가장 많이 한 학생의 팔굽혀펴기 기록은 48회이고, 이 학생은 1반 학생이다.

7 답 1반, 2명

팔굽혀펴기 횟수가 25회 이상 35회 미만인 학생 수는

1반: 25회, 26회, 29회, 32회, 33회의 5명

2반: 27회, 32회, 34회의 3명

이므로 1반이 2명 더 많다.

8 답 ④

① 몸무게가 50 kg 이상 55 kg 미만인 학생 수는
   $20-(2+4+6+3)=5$(명)

② 도수가 가장 큰 계급은 도수가 6명인 55 kg 이상 60 kg 미만이므로 구하는 계급값은
   $\frac{55+60}{2}=57.5(kg)$

③ 몸무게가 50 kg 이상인 학생 수는
   $5+6+3=14$(명)

④ 몸무게가 7번째로 많이 나가는 학생이 속하는 계급은 55 kg 이상 60 kg 미만이므로 구하는 계급의 도수는 6명이다.

⑤ 몸무게가 40 kg 이상 50 kg 미만인 학생 수는 $2+4=6$(명)
   이므로 전체의 $\frac{6}{20}\times100=30(\%)$

따라서 옳지 않은 것은 ④이다.

9 답 30명

성훈이네 반 전체 학생 수는

$2+4+8+10+5+1=30$(명)

10 답 6

계급의 크기는 $30-0=60-30=\cdots=180-150=30$(분)이므로

$a=30$

계급의 개수는 0분 이상 30분 미만, 30분 이상 60분 미만, $\cdots$,

150분 이상 180분 미만의 6개이므로

$b=6$

도수가 가장 작은 계급은 도수가 1명인 150분 이상 180분 미만

이므로

$c=150$, $d=180$

$\therefore a+b+c-d=30+6+150-180=6$

11 답 20 %

운동 시간이 120분 이상인 학생 수는 $5+1=6$(명)이므로

전체의 $\dfrac{6}{30}\times100=20(\%)$

12 답 12명

읽은 책의 수가 7권 이상 9권 미만인 학생 수를 x명이라 하면

전체의 20 %이므로

$\dfrac{x}{40}\times100=20$

$\therefore x=8$

따라서 읽은 책의 수가 7권 이상 9권 미만인 학생 수가 8명이므

로 읽은 책의 수가 5권 이상 7권 미만인 학생 수는

$40-(4+10+8+6)=12$(명)

13 답 ④

ㄱ. 전체 학생 수는 $1+4+9+7+6+3=30$(명)

ㄷ. 앉은키가 80 cm 이상인 학생 수는 $6+3=9$(명)

ㄹ. 전체 학생 수는 30명이고, 80 cm 이상 85 cm 미만인 계급

　의 도수는 6명이므로

　(상대도수)$=\dfrac{6}{30}=0.2$

따라서 옳은 것은 ㄴ, ㄹ이다.

14 답 12명

0 이상 4 미만인 계급에서

(도수의 총합)$=\dfrac{4}{0.08}=50$(명)

따라서 4 이상 8 미만인 계급의 상대도수는 0.24이므로

이 계급의 도수는

$50\times0.24=12$(명)

15 답 16시간 이상 20시간 미만

스마트폰 사용 시간이

20시간 이상인 학생 수는 $40\times0.1=4$(명)이고,

16시간 이상인 학생 수는 $40\times(0.25+0.1)=14$(명)이다.

따라서 스마트폰 사용 시간이 10번째로 많은 학생이 속하는 계급

은 16시간 이상 20시간 미만이다.

16 답 ㄴ, ㄷ

ㄱ. 전체 여학생 수와 전체 남학생 수는 알 수 없다.

ㄴ. 남학생의 그래프가 여학생의 그래프보다 오른쪽으로 치우쳐

　있으므로 남학생이 여학생보다 서비스 이용 횟수가 더 많다

　고 할 수 있다.

ㄷ. 남학생의 그래프에서 6시간 이상 10시간 미만인 계급의 상대

　도수의 합은 $0.24+0.26=0.5$이므로 서비스 이용 횟수가 6시

　간 이상 10시간 미만인 남학생은

　남학생 전체의 $0.5\times100=50(\%)$

따라서 옳은 것은 ㄴ, ㄷ이다.

17 답 13회

평균이 7회이므로

$\dfrac{4+6+8+9+a+10+9+4+8+6}{10}=7$

$64+a=70$

$\therefore a=6$ $\cdots$ (i)

변량을 작은 값부터 크기순으로 나열하면

4, 4, 6, 6, 6, 8, 8, 9, 9, 10이므로

중앙값은 $\dfrac{6+8}{2}=7$(회)이고,

최빈값은 6회이다. $\cdots$ (ii)

따라서 중앙값과 최빈값의 합은

$7+6=13$(회) $\cdots$ (iii)

채점 기준	배점
(i) a의 값 구하기	20 %
(ii) 중앙값과 최빈값 구하기	60 %
(iii) 중앙값과 최빈값의 합 구하기	20 %

18 답 39명

15점 이상 20점 미만인 계급의 도수를 x명이라 하면

10점 이상 15점 미만인 계급의 도수는 $3x$명이므로

$58+36+3x+x+12=214$ $\cdots$ (i)

$4x+106=214$

$4x=108$

$\therefore x=27$

즉, 15점 이상 20점 미만인 계급의 도수는 27명이다. $\cdots$ (ii)

따라서 상점이 15점 이상인 학생 수는

$27+12=39$(명) $\cdots$ (iii)

채점 기준	배점
(i) 15점 이상 20점 미만인 계급의 도수를 구하는 식 세우기	30%
(ii) 15점 이상 20점 미만인 계급의 도수 구하기	30%
(iii) 상점이 15점 이상인 학생 수 구하기	40%

19 답 15개

기은이네 반 전체 학생 수는

$3+8+6+9+4=30$(명) $\qquad\cdots$(i)

수확한 고구마의 개수가 적은 쪽에서 10% 이내에 속하는 학생 수는

$30\times\dfrac{10}{100}=3$(명) $\qquad\cdots$(ii)

수확한 고구마의 개수가 3번째로 적은 학생은 10개 이상 15개 미만인 계급에 속한다.

따라서 뒷정리를 하지 않으려면 고구마를 적어도 15개 이상 수확해야 한다. $\qquad\cdots$(iii)

채점 기준	배점
(i) 기은이네 반 전체 학생 수 구하기	30%
(ii) 수확한 고구마의 개수가 적은 쪽에서 10% 이내에 속하는 학생 수 구하기	40%
(iii) 뒷정리를 하지 않기 위해 적어도 몇 개 이상의 고구마를 수확해야 하는지 구하기	30%

20 답 14명

5시간 이상 6시간 미만인 계급의 도수는 6명, 상대도수는 0.15 이다.

즉, 지오네 반 전체 학생 수는

$\dfrac{6}{0.15}=40$(명) $\qquad\cdots$(i)

7시간 이상 8시간 미만인 계급의 상대도수는

$1-(0.05+0.15+0.3+0.1+0.05)=0.35$ $\qquad\cdots$(ii)

따라서 수면 시간이 7시간 이상 8시간 미만인 학생 수는

$40\times0.35=14$(명) $\qquad\cdots$(iii)

채점 기준	배점
(i) 지오네 반 전체 학생 수 구하기	30%
(ii) 7시간 이상 8시간 미만인 계급의 상대도수 구하기	30%
(iii) 수면 시간이 7시간 이상 8시간 미만인 학생 수 구하기	40%

•139쪽

❶ × ❷ ○ ❸ × ❹ × ❺ ○ ❻ ○ ❼ ○ ❽ ○
❾ ×

❶ 6개의 변량 1, 2, 3, 4, 5, 6의 중앙값은 $\dfrac{3+4}{2}=3.5$이다.

❸ 줄기와 잎 그림을 그릴 때, 잎은 중복되는 수를 중복된 횟수만큼 쓴다.

❹ 도수분포표에서 계급의 양 끝 값의 차, 즉 구간의 너비를 계급의 크기라 한다.

❼ 계급의 상대도수는 그 계급의 도수에 정비례하므로 계급 A의 도수가 계급 B의 도수보다 크면 계급 A의 상대도수는 계급 B의 상대도수보다 크다.

❽ 어떤 계급의 상대도수가 0.2이고 도수의 총합이 50이면 이 계급의 상대도수는 $50\times0.2=10$이다.

❾ 상대도수의 총합은 항상 1이지만 도수의 총합은 항상 같지는 않다.

정답 및 해설 워크북

1 기본 도형

개념01 점, 선, 면 ·3쪽

1 답 (1) ○ (2) × (3) ○ (4) ○ (5) ○ (6) × (7) ×

(2) 점이 움직인 자리는 선이 된다.

(6) 삼각형, 원은 평면도형이고, 직육면체는 입체도형이다.

(7) 원기둥은 곡면과 평면으로 이루어져 있다.

2 답 (1) 점 B (2) 점 A (3) 점 D (4) $\overline{BC}$ (5) $\overline{AD}$

3 답 (1) 8개, 12개 (2) 6개, 10개

(1) 교점의 개수는 직육면체의 꼭짓점의 개수와 같으므로 8개이고, 교선의 개수는 모서리의 개수와 같으므로 12개이다.

(2) 교점의 개수는 오각뿔의 꼭짓점의 개수와 같으므로 6개이고, 교선의 개수는 모서리의 개수와 같으므로 10개이다.

4 답 ③

③ 삼각기둥에서 교점의 개수는 6개이고, 교선의 개수는 9개이다.

⑤ 사각뿔에서 면의 개수는 5개이고, 교점의 개수도 5개이다.

따라서 옳지 않은 것은 ③이다.

5 답 25

교점의 개수는 꼭짓점의 개수와 같으므로 10개이다.

∴ $a=10$

교선의 개수는 모서리의 개수와 같으므로 15개이다.

∴ $b=15$

∴ $a+b=10+15=25$

개념02 직선, 반직선, 선분 ·4쪽

1 답 (1) $\overleftrightarrow{MN}$(또는 $\overleftrightarrow{NM}$) (2) $\overrightarrow{MN}$
(3) $\overrightarrow{NM}$ (4) $\overline{MN}$(또는 $\overline{NM}$)

2 답 (1) ●————●————● (2) ●————●————●
  P   Q   R   P   Q   R
(3) ●————●————● (4) ●————●————●
  P   Q   R   P   Q   R
(5) ●————●————●
  P   Q   R

3 답 (1) ≠ (2) = (3) ≠ (4) =
(5) = (6) ≠ (7) = (8) ≠

4 답 ②, ⑤

② 점 A를 시작점으로 하여 점 B의 방향으로 뻗어 나가는 반직선

⑤ 점 A와 점 C를 양 끝 점으로 하는 선분

5 답 18

네 점 A, B, C, D 중 두 점을 지나는 서로 다른 직선은

$\overleftrightarrow{AB}$, $\overleftrightarrow{AC}$, $\overleftrightarrow{AD}$, $\overleftrightarrow{BC}$, $\overleftrightarrow{BD}$, $\overleftrightarrow{CD}$의 6개이다.

∴ $a=6$

네 점 A, B, C, D 중 두 점을 지나는 서로 다른 반직선은

$\overrightarrow{AB}$, $\overrightarrow{AC}$, $\overrightarrow{AD}$, $\overrightarrow{BA}$, $\overrightarrow{BC}$, $\overrightarrow{BD}$, $\overrightarrow{CA}$, $\overrightarrow{CB}$, $\overrightarrow{CD}$, $\overrightarrow{DA}$, $\overrightarrow{DB}$, $\overrightarrow{DC}$의 12개이다.

∴ $b=12$

∴ $a+b=6+12=18$

개념03 두 점 사이의 거리 ·5~6쪽

1 답 (1) 4 cm (2) 6 cm (3) 5 cm (4) 8 cm

(1) 두 점 A, B 사이의 거리는 선분 AB의 길이이므로 4 cm이다.

(2) 두 점 A, C 사이의 거리는 선분 AC의 길이이므로 6 cm이다.

(3) 두 점 A, D 사이의 거리는 선분 AD의 길이이므로 5 cm이다.

(4) 두 점 B, C 사이의 거리는 선분 BC의 길이이므로 8 cm이다.

2 답 (1) 16 cm (2) 8 cm (3) 14 cm (4) 12 cm

(1) 두 점 A, B 사이의 거리는 선분 AB의 길이이므로 16 cm이다.

(2) 두 점 A, C 사이의 거리는 선분 AC의 길이이므로 8 cm이다.

(3) 두 점 B, C 사이의 거리는 선분 BC의 길이이므로 14 cm이다.

(4) 두 점 B, D 사이의 거리는 선분 BD의 길이이므로 12 cm이다.

3 답 (1) $\frac{1}{2}$ (2) 2 (3) 2 (4) $\frac{1}{2}$ (5) $\frac{1}{4}$

(5) $\overline{MN}=\frac{1}{2}\overline{MB}=\frac{1}{2}\times\frac{1}{2}\overline{AB}=\boxed{\frac{1}{4}}\overline{AB}$

4 답 (1) 2, 2 (2) $\frac{1}{2}$, 2 (3) 2

(3) $\overline{BM}=\frac{1}{2}\overline{AB}=\frac{1}{2}\times4=\boxed{2}$(cm)

5 답 (1) 4 cm (2) 2 cm (3) 6 cm

(1) $\overline{AM}=\frac{1}{2}\overline{AB}=\frac{1}{2}\times8=4$(cm)

(2) $\overline{MN}=\frac{1}{2}\overline{MB}=\frac{1}{2}\overline{AM}=\frac{1}{2}\times4=2$(cm)

(3) $\overline{AN}=\overline{AM}+\overline{MN}=4+2=6$(cm)

6 답 (1) 4 cm (2) 3 cm (3) 7 cm

(1) $\overline{MB}=\dfrac{1}{2}\overline{AB}=\dfrac{1}{2}\times8=4(cm)$

(2) $\overline{BN}=\dfrac{1}{2}\overline{BC}=\dfrac{1}{2}\times6=3(cm)$

(3) $\overline{MN}=\overline{MB}+\overline{BN}=4+3=7(cm)$

7 답 ④

① $\overline{AM}=\overline{MN}=\overline{NB}$

② $\overline{AN}=2\overline{AM}$이므로

$\overline{AM}=\dfrac{1}{2}\overline{AN}$

③ $\overline{AN}=2\overline{MN}=\overline{MB}$

④ $\overline{AN}=2\overline{MN}=2\overline{NB}$

⑤ $\overline{AM}=\dfrac{1}{3}\overline{AB}$이므로

$\overline{AN}=2\overline{AM}=\dfrac{2}{3}\overline{AB}$

따라서 옳지 않은 것은 ④이다.

8 답 ③

$\overline{AC}=\overline{AB}+\overline{BC}=2\overline{MB}+2\overline{BN}$
$=2\overline{MN}=2\times6=12(cm)$

개념 04 각 •7쪽

1 답 (1) ∠ABC, ∠CBA
　　　(2) ∠ACB, ∠BCA

2 답 (1) 예각 (2) 직각 (3) 예각
　　　(4) 둔각 (5) 평각 (6) 둔각

3 답 (1) 예각 (2) 직각 (3) 평각
　　　(4) 예각 (5) 둔각 (6) 직각

4 답 100°, 134°

둔각은 크기가 90°보다 크고 180°보다 작은 각이므로 100°, 134°이다.

5 답 ④

$20°+90°+∠x=180°$이므로

$110°+∠x=180°$　∴ $∠x=70°$

6 답 ⑤

$60°+∠x+(3∠x-12°)=180°$이므로

$4∠x=132°$　∴ $∠x=33°$

개념 05 맞꼭지각 •8~9쪽

1 답 (1) ∠DOE (2) ∠DOC (3) ∠COB
　　　(4) ∠DOB (5) ∠DOF

2 답 (1) 50° (2) 40° (3) 90°
　　　(4) 140° (5) 130°

(1) $∠BOC=∠EOF=50°$

(2) $∠COD=∠FOA=90°-50°=40°$

(3) $∠DOE=∠AOB=90°$

(4) $∠AOC=∠DOF=∠FOE+∠EOD$
　　　　　$=50°+90°=140°$

(5) $∠COE=∠FOB=∠BOA+∠AOF$
　　　　　$=90°+40°=130°$

3 답 (1) 42° (2) 95°

(1) $2∠x=84°$　∴ $∠x=42°$

(2) $25°+∠x=120°$　∴ $∠x=95°$

4 답 (1) $∠x=100°$, $∠y=80°$
　　　(2) $∠x=75°$, $∠y=65°$
　　　(3) $∠x=35°$, $∠y=85°$

(1) $∠y=80°$ (맞꼭지각)

$80°+∠x=180°$

∴ $∠x=100°$

(2) $∠x=75°$ (맞꼭지각)

$40°+∠x+∠y=180°$이므로

$40°+75°+∠y=180°$

∴ $∠y=65°$

(3) $∠x=35°$ (맞꼭지각)

$∠y+∠x+60°=180°$이므로

$∠y+35°+60°=180°$

∴ $∠y=85°$

5 답 ②

$2x+30=140$ (맞꼭지각)이므로

$2x=110$　∴ $x=55$

$140+y=180$이므로 $y=40$

∴ $x-y=55-40=15$

6 답 ③

$(2∠x+10°)+(3∠x-22°)+∠x$
$=180°$

이므로 $6∠x-12°=180°$

$6∠x=192°$

∴ $∠x=32°$

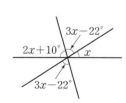

수직과 수선 ·10쪽

1 답 (1) $\overline{AD} \perp \overline{PB}$ (2) 점 B (3) $\overline{PB}$

2 답 (1) 점 H (2) $\overline{AH}$ (3) 3 cm
(3) (점 A와 $\overline{BC}$ 사이의 거리)$=\overline{AH}=3$ cm

3 답 ⑤
⑤ 점 B와 $\overleftrightarrow{CD}$ 사이의 거리는 $\overline{BH}$의 길이이다.

4 답 ⑤
① $\overline{AB}$와 $\overline{AD}$의 교점은 점 A이다.
② $\overline{AB}$와 $\overline{CD}$는 직교하지 않는다.
③ $\overline{AD}$의 수선은 $\overline{AB}$이다.
④ 점 D에서 $\overline{AB}$에 내린 수선의 발은 점 A이다.
⑤ 점 A와 $\overline{BC}$ 사이의 거리는 $\overline{AB}$의 길이와 같으므로 6 cm이다.
따라서 옳은 것은 ⑤이다.

개념 07 **평면에서 두 직선의 위치 관계** ·11~12쪽

1 답 (1) 점 B, 점 D (2) 점 A, 점 C, 점 E

2 답 (1) 점 C, 점 D, 점 E (2) 점 A, 점 B

3 답 (1) × (2) × (3) ○ (4) ○ (5) × (6) ○
(1) 점 A는 직선 l 위에 있지 않다.
(2) 점 C는 직선 m 위에 있다.
(5) 점 F는 직선 l 위에 있지 않다.

4 답 (1) 모서리 AB, 모서리 AD, 모서리 AE
(2) 점 A, 점 B (3) 점 E, 점 F, 점 G, 점 H

5 답 (1) $\overline{DE}$ (2) $\overline{BC}$ (3) $\overline{AF}$, $\overline{BC}$ (4) $\overline{AF}$, $\overline{DE}$
(5) $\overline{CD}$, $\overline{DE}$

6 답 (1) × (2) ○ (3) × (4) ○ (5) ×

7 답 ②
② 점 C는 직선 l 위에 있다.

8 답 ③, ④
① 변 BC와 변 AF의 연장선은 한 점에서 만난다.
② 변 AB와 변 DE의 연장선은 평행하므로 만나지 않는다.
③ 변 AB와 변 CD의 연장선은 한 점에서 만난다.
④ 변 EF의 연장선과 한 점에서 만나는 직선은 변 AF, AB, CD, DE의 연장선이다. 이때 변 EF의 연장선과 변 BC의 연장선은 평행하므로 만나지 않는다.
⑤ 변 CD와 변 AF의 연장선은 평행하다.
따라서 옳지 않은 것은 ③, ④이다.

개념 08 **공간에서 두 직선의 위치 관계** ·13~14쪽

1 답 (1) $\overline{AC}$, $\overline{AD}$, $\overline{BC}$, $\overline{BE}$ (2) $\overline{DE}$ (3) $\overline{DF}$
(4) $\overline{CF}$, $\overline{DF}$, $\overline{EF}$ (5) $\overline{BE}$, $\overline{DE}$, $\overline{EF}$
(1) 모서리 AB는 점 A에서 $\overline{AC}$, $\overline{AD}$와 만나고, 점 B에서 $\overline{BC}$, $\overline{BE}$와 만난다.
(2) 모서리 AB와 평행한 모서리는 한 평면 위에 있고 만나지 않아야 하므로 $\overline{DE}$이다.
(3) 모서리 AC와 평행한 모서리는 한 평면 위에 있고 만나지 않아야 하므로 $\overline{DF}$이다.
(4) 모서리 AB와 꼬인 위치에 있는 모서리는 한 평면 위에 있지 않고 만나지 않아야 하므로 $\overline{CF}$, $\overline{DF}$, $\overline{EF}$이다.
(5) 모서리 AC와 꼬인 위치에 있는 모서리는 한 평면 위에 있지 않고 만나지 않아야 하므로 $\overline{BE}$, $\overline{DE}$, $\overline{EF}$이다.

2 답 (1) $\overline{DE}$, $\overline{GH}$, $\overline{JK}$ (2) $\overline{CD}$, $\overline{GL}$, $\overline{IJ}$
(3) $\overline{BC}$, $\overline{EF}$, $\overline{HI}$
(4) $\overline{CI}$, $\overline{DJ}$, $\overline{EK}$, $\overline{FL}$, $\overline{GL}$, $\overline{HI}$, $\overline{IJ}$, $\overline{KL}$
(5) $\overline{AG}$, $\overline{BH}$, $\overline{CI}$, $\overline{FL}$, $\overline{AF}$, $\overline{BC}$, $\overline{CD}$, $\overline{EF}$
(1) 모서리 AB와 평행한 모서리는 한 평면 위에 있고 만나지 않아야 하므로 $\overline{DE}$, $\overline{GH}$, $\overline{JK}$이다.
(2) 모서리 AF와 평행한 모서리는 한 평면 위에 있고 만나지 않아야 하므로 $\overline{CD}$, $\overline{GL}$, $\overline{IJ}$이다.
(3) 모서리 LK와 평행한 모서리는 한 평면 위에 있고 만나지 않아야 하므로 $\overline{BC}$, $\overline{EF}$, $\overline{HI}$이다.
(4) 모서리 AB와 꼬인 위치에 있는 모서리는 한 평면 위에 있지 않고 만나지 않아야 하므로 $\overline{CI}$, $\overline{DJ}$, $\overline{EK}$, $\overline{FL}$, $\overline{GL}$, $\overline{HI}$, $\overline{IJ}$, $\overline{KL}$이다.
(5) 모서리 JK와 꼬인 위치에 있는 모서리는 한 평면 위에 있지 않고 만나지 않아야 하므로 $\overline{AG}$, $\overline{BH}$, $\overline{CI}$, $\overline{FL}$, $\overline{AF}$, $\overline{BC}$, $\overline{CD}$, $\overline{EF}$이다.

3 답 (1) 꼬인 위치에 있다. (2) 한 점에서 만난다.
(3) 꼬인 위치에 있다. (4) 평행하다.
(5) 평행하다.

4 답 ⑤
①, ②, ③, ④ 한 점에서 만난다.
⑤ 꼬인 위치에 있다.
따라서 모서리 AB와의 위치 관계가 나머지 넷과 다른 하나는 ⑤이다.

5 답 4
모서리 AB와 평행한 모서리는 $\overline{DE}$의 1개이므로 $a=1$
모서리 AB와 꼬인 위치에 있는 모서리는 $\overline{CF}$, $\overline{DF}$, $\overline{EF}$의 3개이므로 $b=3$
∴ $a+b=1+3=4$

1 답 ⑴ $\overline{EF}$, $\overline{FG}$, $\overline{EH}$, $\overline{GH}$ ⑵ $\overline{AE}$, $\overline{BF}$, $\overline{CG}$, $\overline{DH}$

⑶ 면 ABCD, 면 CGHD ⑷ 면 ABCD, 면 EFGH

⑸ 면 AEHD, 면 BFGC ⑹ 5 cm

⑴ 면 ABCD와 평행한 모서리는 면 ABCD와 만나지 않는 모서리이므로 $\overline{EF}$, $\overline{FG}$, $\overline{EH}$, $\overline{GH}$이다.

⑵ 직육면체는 각 면이 직사각형이므로 면 ABCD와 수직인 모서리는 $\overline{AE}$, $\overline{BF}$, $\overline{CG}$, $\overline{DH}$이다.

⑶ $\overline{CD}$를 포함하는 면은 $\overline{CD}$를 한 모서리로 갖는 면이므로 면 ABCD, 면 CGHD이다.

⑷ 직육면체이므로 $\overline{BF}$와 수직인 면은 $\overline{BF}$의 양 끝 점 B, F와 각각 만나는 면 ABCD, 면 EFGH이다.

⑸ $\overline{EF}$는 점 E에서 면 AEHD와 만나고, 점 F에서 면 BFGC와 만난다.

⑹ 점 F와 면 CGHD 사이의 거리는 $\overline{FG}$의 길이와 같으므로 5 cm이다.

2 답 ⑴ 6개 ⑵ 2개 ⑶ 2개 ⑷ 2개 ⑸ 6개 ⑹ 6개

⑴ 면 ABCDEF와 평행한 모서리는 $\overline{GH}$, $\overline{HI}$, $\overline{IJ}$, $\overline{JK}$, $\overline{KL}$, $\overline{GL}$의 6개이다.

⑵ 모서리 CD와 평행한 면은 면 AGLF, 면 GHIJKL의 2개이다.

⑶ 모서리 BH와 수직인 면은 면 ABCDEF, 면 GHIJKL의 2개이다.

⑷ 모서리 EK와 한 점에서 만나는 면은 면 ABCDEF, 면 GHIJKL의 2개이다.

⑸ 면 CIJD와 평행한 모서리는 $\overline{AG}$, $\overline{BH}$, $\overline{EK}$, $\overline{FL}$, $\overline{AF}$, $\overline{GL}$의 6개이다.

⑹ 면 ABCDEF와 수직인 모서리는 $\overline{AG}$, $\overline{BH}$, $\overline{CI}$, $\overline{DJ}$, $\overline{EK}$, $\overline{FL}$의 6개이다.

3 답 ⑴ 3개 ⑵ 1개 ⑶ 5개 ⑷ 5개 ⑸ 2개

⑴ 면 CHID와 평행한 모서리는 $\overline{AF}$, $\overline{BG}$, $\overline{EJ}$의 3개이다.

⑵ 면 ABCDE와 평행한 면은 면 FGHIJ의 1개이다.

⑶ 면 FGHIJ와 수직인 면은 면 ABGF, 면 BGHC, 면 CHID, 면 DIJE, 면 AFJE의 5개이다.

⑷ 면 FGHIJ와 한 모서리에서 만나는 면은 면 ABGF, 면 BGHC, 면 CHID, 면 DIJE, 면 AFJE의 5개이다.

⑸ 면 BGHC와 수직인 면은 면 ABCDE, 면 FGHIJ의 2개이다.

4 답 8

모서리 AD와 평행한 면은
면 BFGC, 면 EFGH의 2개이므로 $x=2$
모서리 CG와 수직인 면은
면 ABCD, 면 EFGH의 2개이므로 $y=2$

면 DHGC에 포함된 모서리는
$\overline{DH}$, $\overline{GH}$, $\overline{CG}$, $\overline{CD}$의 4개이므로 $z=4$
$\therefore x+y+z=2+2+4=8$

5 답 8

점 A와 면 CGHD 사이의 거리는 $\overline{AD}$의 길이와 같으므로 3 cm이다. $\therefore a=3$
점 F와 면 AEHD 사이의 거리는 $\overline{EF}$의 길이와 같으므로 5 cm이다. $\therefore b=5$
$\therefore a+b=3+5=8$

6 답 4쌍

서로 평행한 두 면은 면 ABCDEF와 면 GHIJKL,
면 BHGA와 면 DJKE, 면 BHIC와 면 FLKE,
면 CIJD와 면 AGLF의 4쌍이다.

7 답 4

면 ABE와 수직인 면은 면 ABCD, 면 AEFD, 면 BCFE의 3개이므로 $a=3$
면 ABCD와 평행한 모서리는 $\overline{EF}$의 1개이므로 $b=1$
$\therefore a+b=3+1=4$

1 답 ⑴ $\angle e$ ⑵ $\angle f$ ⑶ $\angle g$ ⑷ $\angle a$ ⑸ $\angle b$ ⑹ $\angle d$

2 답 ⑴ $\angle g$ ⑵ $\angle h$ ⑶ $\angle b$ ⑷ $\angle a$

3 답 ⑴ 55 ⑵ 95 ⑶ $\angle d$, 85 ⑷ $\angle b$, 125 ⑸ $\angle c$, 55

4 답 ④

④ $\angle e$의 엇각은 $\angle b$이므로 $\angle e$의 엇각의 크기는 95°이다.
⑤ $\angle f$의 동위각은 $\angle c$이므로 $\angle f$의 동위각의 크기는
$\angle c=180°-95°=85°$
따라서 옳지 않은 것은 ④이다.

1 답 ⑴ 120° ⑵ 70° ⑶ 40° ⑷ 65°

⑴ $\angle x$는 120°의 동위각이므로 $\angle x=120°$
⑵ $\angle x$는 70°의 동위각이므로 $\angle x=70°$
⑶ $\angle x$는 40°의 엇각이므로 $\angle x=40°$
⑷ $\angle x$는 65°의 엇각이므로 $\angle x=65°$

2 답 (1) $\angle x=110°$, $\angle y=110°$
(2) $\angle x=60°$, $\angle y=120°$
(3) $\angle x=145°$, $\angle y=35°$
(4) $\angle x=55°$, $\angle y=125°$

(1) $\angle x+70°=180°$ $\quad \therefore \angle x=110°$
$\angle y$는 $\angle x$의 엇각이므로
$\angle y=\angle x=110°$
(2) $\angle x$는 $60°$의 동위각이므로 $\angle x=60°$
$\angle x+\angle y=180°$이므로
$60°+\angle y=180°$ $\quad \therefore \angle y=120°$
(3) $\angle x+35°=180°$ $\quad \therefore \angle x=145°$
$\angle y$는 $35°$의 엇각이므로 $\angle y=35°$
(4) $\angle x$는 $55°$의 동위각이므로 $\angle x=55°$
$\angle x+\angle y=180°$이므로
$55°+\angle y=180°$ $\quad \therefore \angle y=125°$

3 답 (1) $\angle x=20°$, $\angle y=64°$ (2) $\angle x=45°$, $\angle y=60°$
(3) $\angle x=55°$, $\angle y=65°$ (4) $\angle x=30°$, $\angle y=40°$
(5) $\angle x=40°$, $\angle y=32°$ (6) $\angle x=45°$, $\angle y=25°$

(1) $\angle x$는 $20°$의 엇각이므로 $\angle x=20°$
$\angle y$는 $64°$의 엇각이므로 $\angle y=64°$
(2) $\angle x$는 $45°$의 엇각이므로 $\angle x=45°$
$\angle y$는 $60°$의 엇각이므로 $\angle y=60°$
(3) $\angle x$는 $55°$의 엇각이므로 $\angle x=55°$
$\angle y$는 $65°$의 엇각이므로 $\angle y=65°$
(4) $\angle x+150°=180°$ $\quad \therefore \angle x=30°$
$\angle y$는 $40°$의 엇각이므로 $\angle y=40°$
(5) $\angle x$는 $40°$의 동위각이므로 $\angle x=40°$
$\angle y$는 $32°$의 엇각이므로 $\angle y=32°$
(6) $\angle x+135°=180°$ $\quad \therefore \angle x=45°$
$\angle y$는 $25°$의 엇각이므로 $\angle y=25°$

4 답 (1) $\angle x=32°$, $\angle y=23°$
(2) $\angle x=35°$, $\angle y=30°$

(1) $p \parallel q$이므로 $\angle x=32°$ (엇각)
$q \parallel m$이므로 $\angle y=23°$ (엇각)

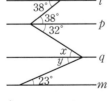

(2) $l \parallel p$이므로 $\angle x=35°$ (동위각)
$p \parallel q$이므로 $\angle y=30°$ (엇각)

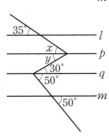

5 답 (1) ○ (2) × (3) × (4) ○
(2) 동위각의 크기가 같지 않으므로 두 직선 l, m은 평행하지 않다.
(3) 엇각의 크기가 같지 않으므로 두 직선 l, m은 평행하지 않다.

6 답 ④
$\angle e=60°$ (맞꼭지각), $\angle f=\angle g=180°-60°=120°$ (맞꼭지각)
① $\angle a$의 동위각인 $\angle e$와 크기가 같으므로 $l \parallel m$이다.
② $\angle b$의 동위각인 $\angle f$와 크기가 같으므로 $l \parallel m$이다.
③ $\angle c$의 엇각인 $\angle e$와 크기가 같으므로 $l \parallel m$이다.
④ 네 각 $\angle a$, $\angle b$, $\angle c$, $\angle d$의 크기를 알 수 없으므로
두 직선 l, m 사이의 관계를 알 수 없다.
⑤ $\angle c=180°-\angle g=180°-120°=60°$
즉, 동위각의 크기가 같으므로 $l \parallel m$이다.
따라서 옳지 않은 것은 ④이다.

7 답 $x=48$, $y=76$

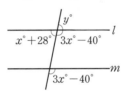

위의 그림에서 $l \parallel m$이므로 동위각의 크기는 같고,
평각의 크기는 $180°$이므로
$(x+28)+(3x-40)=180$
$4x-12=180$, $4x=192$
$\therefore x=48$
또 맞꼭지각의 크기는 서로 같으므로
$y=x+28=48+28=76$

8 답 $15°$

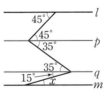

위의 그림과 같이 두 직선 l, m과 평행한 직선 p, q를 그으면
$\angle x=15°$ (엇각)

9 답 ②
② 엇각의 크기가 같지 않으므로 두 직선 l, m은 평행하지 않다.

2 작도와 합동

1 답 (1) 눈금 없는 자 (2) 컴퍼스 (3) 컴퍼스

2 답 (1) ○ (2) ✕ (3) ○ (4) ○ (5) ✕ (6) ○

(2) 선분을 연장할 때는 눈금 없는 자를 사용한다.

3 답 ❶ P ❷ $\overline{AB}$ ❸ P, $\overline{AB}$, Q, $\overline{PQ}$

4 답 ❶ 원, A, B ❷ $\overrightarrow{PQ}$, C ❸ B, 반지름
  ❹ C, D ❺ ∠DPQ (또는 ∠DPC)

5 답 ❶ P ❷ C, B ❸ $\overline{AB}$ (또는 $\overline{AC}$), R
  ❹ B, $\overline{BC}$ ❺ R, Q ❻ 평행

6 답 ㄴ, ㄷ

ㄱ. 눈금 없는 자와 컴퍼스만을 사용하여 도형을 그리는 것을 작
  도라 한다.
ㄹ. 두 점을 연결하는 선분을 그릴 때는 눈금 없는 자를 사용한다.
따라서 옳은 것은 ㄴ, ㄷ이다.

7 답 ⑤

①, ②, ③, ④ 컴퍼스를 사용하여 점 B를 중심으로 반지름의 길이
  가 $\overline{AB}$인 원을 그려 $\overrightarrow{AB}$와 만나는 점 중 A가 아닌 점을 C라
  하면 $\overline{AB}=\overline{BC}$이므로 $\overline{AB}=\dfrac{1}{2}\overline{AC}$

따라서 옳지 않은 것은 ⑤이다.

8 답 ④

① 두 점 A, B는 점 O를 중심으로 하는 한 원 위에 있으므로
  $\overline{OA}=\overline{OB}$
② 점 C는 점 P를 중심으로 하고 반지름의 길이가 $\overline{OB}$인 원 위
  에 있으므로 $\overline{OB}=\overline{PC}$
③ 점 C는 점 D를 중심으로 하고 반지름의 길이가 $\overline{AB}$인 원 위
  에 있으므로 $\overline{AB}=\overline{CD}$
④ $\overline{OB}=\overline{PD}$이고 $\overline{AB}=\overline{CD}$이지만 $\overline{OB}=\overline{CD}$인지는 알 수 없다.
⑤ ∠CPD는 ∠XOY와 크기가 같은 각이므로 ∠AOB=∠CPD
따라서 옳지 않은 것은 ④이다.

9 답 ③

①, ② 두 점 A, B는 점 O를 중심으로 하는 한 원 위에 있고, 두
  점 C, D는 점 P를 중심으로 하고 반지름의 길이가 $\overline{OA}$인 원
  위에 있으므로 $\overline{OA}=\overline{OB}=\overline{PC}=\overline{PD}$

③ 점 D는 점 C를 중심으로 하고 반지름의 길이가 $\overline{AB}$인 원 위
  에 있으므로 $\overline{AB}=\overline{CD}$
  또 $\overline{PD}=\overline{OB}$이지만 $\overline{AB}=\overline{PD}$인지는 알 수 없다.
④, ⑤ 두 점 O, B와 두 점 P, D는 각각 직선 l, 직선 m 위에
  있다.
  이때 $l /\!/ m$이므로 $\overrightarrow{OB} /\!/ \overrightarrow{PD}$이고 두 점 A, C는 점 P를 지나
  는 한 직선 위에 있으므로 ∠AOB=∠CPD (동위각)이다.
따라서 옳지 않은 것은 ③이다.

1 답 (1) 5 cm (2) 3 cm (3) 4 cm

(1) $\overline{BC}=5$ cm
(2) $\overline{AC}=3$ cm
(3) $\overline{AB}=4$ cm

2 답 (1) 60° (2) 77° (3) 43°

(1) ∠F=60°
(2) ∠D=77°
(3) ∠E=43°

3 답 (1) ✕ (2) ✕ (3) ○ (4) ○

가장 긴 변의 길이가 나머지 두 변의 길이의 합보다 작으면 삼각
형을 만들 수 있다.
(1) 7=3+4 (✕)   (2) 8>2+5 (✕)
(3) 10<8+9 (○)   (4) 7<7+7 (○)

4 답 ①, ④

① 6>2+3이므로 삼각형을 만들 수 없다.
② 5<3+4이므로 삼각형을 만들 수 있다.
③ 8<4+6이므로 삼각형을 만들 수 있다.
④ 10=5+5이므로 삼각형을 만들 수 없다.
⑤ 9<5+6이므로 삼각형을 만들 수 있다.
따라서 삼각형의 세 변의 길이가 될 수 없는 것은 ①, ④이다.

5 답 5, 17, 12, 7, 7, 17

1 답 (1) ○ (2) ✕ (3) ○ (4) ○

(2) 두 변인 $\overline{AB}$, $\overline{BC}$의 길이와 그 끼인각이 아닌 ∠A의 크기가
  주어졌으므로 △ABC를 하나로 작도할 수 없다.

2 답 (1) $\overline{BC}$ (2) c (3) b, A (4) $\overline{AC}$, △ABC

3 답 (1) ∠B (2) a, C (3) c, A (4) $\overline{AC}$

4 답 (1) $\overline{BC}$ (2) ∠YBC, ∠XCB (3) A

5 답 (1) ○ (2) × (3) × (4) ○
(5) ○ (6) × (7) ○ (8) ○
(2) 세 각의 크기가 주어지면 모양은 같고 크기가 다른 삼각형이 무수히 많이 그려진다.
(3) 두 변의 길이와 그 끼인각이 아닌 다른 한 각의 크기가 주어졌으므로 삼각형이 하나로 정해지지 않는다.
(6) (가장 긴 변의 길이)>(나머지 두 변의 길이의 합)이므로 삼각형이 하나로 정해지지 않는다.

6 답 ④
다음의 두 가지 방법으로 삼각형을 작도할 수 있다.
(i) 각을 먼저 작도한 후에 두 변을 작도한다. ⇨ ①, ⑤
(ii) 한 변을 먼저 작도한 후에 각을 작도하고 나서 다른 한 변을 작도한다. ⇨ ②, ③
따라서 작도하는 순서로 옳지 않은 것은 ④이다.

7 답 ②
① 세 변의 길이가 주어졌고, $10<5+8$이므로 △ABC가 하나로 정해진다.
② ∠A는 $\overline{AB}$와 $\overline{BC}$의 끼인각이 아니므로 △ABC가 하나로 정해지지 않는다.
③ 한 변의 길이와 그 양 끝 각의 크기가 주어졌으므로 △ABC가 하나로 정해진다.
④ 두 변의 길이와 그 끼인각의 크기가 주어졌으므로 △ABC가 하나로 정해진다.
⑤ ∠C$=180°-($∠A$+$∠B$)$
    $=180°-(70°+50°)=60°$
즉, 한 변의 길이와 그 양 끝 각의 크기가 주어진 것과 같으므로 △ABC가 하나로 정해진다.
따라서 △ABC가 하나로 정해지지 않는 것은 ②이다.

8 답 ㄴ, ㄹ
ㄱ. ∠A$+$∠B$=180°$이므로 삼각형이 만들어지지 않는다.
ㄴ. ∠B$=180°-(45°+65°)=70°$
    즉, 한 변의 길이와 그 양 끝 각의 크기가 주어진 것과 같으므로 삼각형이 하나로 정해진다.
ㄷ. ∠A는 $\overline{AB}$와 $\overline{BC}$의 끼인각이 아니므로 삼각형이 하나로 정해지지 않는다.
ㄹ. 두 변의 길이와 그 끼인각의 크기가 주어졌으므로 삼각형이 하나로 정해진다.
따라서 필요한 조건으로 알맞은 것은 ㄴ, ㄹ이다.

개념15 **도형의 합동** •26쪽

1 답 (1) 점 E (2) 점 H (3) $\overline{EH}$ (4) $\overline{FG}$ (5) ∠F (6) ∠D

2 답 (1) 점 E (2) 25° (3) 100° (4) 55° (5) 6 cm (6) 7 cm
(2) ∠C$=$∠F$=25°$
(3) ∠E$=$∠B$=100°$
(4) ∠D$=$∠A$=55°$
(5) $\overline{EF}=\overline{BC}=6$ cm
(6) $\overline{AC}=\overline{DF}=7$ cm

3 답 (1) 65, 3, 5 (2) 8, 30, 60
(1) ∠E$=$∠B$=65°$ ∴ $x=65$
    $\overline{EF}=\overline{BC}=3$ cm ∴ $y=3$
    $\overline{AC}=\overline{DF}=5$ cm ∴ $z=5$
(2) $\overline{EF}=\overline{BC}=8$ cm ∴ $x=8$
    ∠F$=$∠C$=30°$ ∴ $y=30$
    ∠D$=$∠A$=180°-(90°+30°)=60°$ ∴ $z=60$

4 답 ④
① $\overline{AB}$의 대응변은 $\overline{EF}$이므로 $\overline{AB}=\overline{EF}=3$ cm
② $\overline{FG}$의 대응변은 $\overline{BC}$이므로 $\overline{FG}=\overline{BC}=4$ cm
③ ∠B의 대응각은 ∠F이므로 ∠B$=$∠F$=140°$
④ ∠D의 대응각은 ∠H이므로 ∠D$=$∠H$=75°$
⑤ ∠G의 대응각은 ∠C이므로 ∠G$=$∠C$=80°$
따라서 옳지 않은 것은 ④이다.

5 답 ①, ④
① 오른쪽 그림의 두 직사각형은 넓이는 같지만 서로 합동은 아니다.
④ 오른쪽 그림의 두 삼각형은 세 각의 크기가 각각 같지만 서로 합동은 아니다.

개념16 **삼각형의 합동 조건** •27~29쪽

1 답 (1) SAS 합동 (2) ASA 합동 (3) SSS 합동
(4) SAS 합동 (5) ASA 합동
(1) 대응하는 두 변의 길이가 각각 같고, 그 끼인각의 크기가 같으므로 SAS 합동이다.
(2) 대응하는 한 변의 길이가 같고, 그 양 끝 각의 크기가 각각 같으므로 ASA 합동이다.
(3) 대응하는 세 변의 길이가 각각 같으므로 SSS 합동이다.
(4) 대응하는 두 변의 길이가 각각 같고, 그 끼인각의 크기가 같으므로 SAS 합동이다.
(5) 대응하는 한 변의 길이가 같고, 그 양 끝 각의 크기가 각각 같으므로 ASA 합동이다.

2 답 (1) $\overline{\mathrm{DF}}$ (2) $\angle\mathrm{E}$

3 답 (1) $\overline{\mathrm{DE}}$ (2) $\angle\mathrm{D}$, $\angle\mathrm{F}$

4 답 (1) ○ (2) ○ (3) × (4) ○ (5) ×
(1) 대응하는 세 변의 길이가 각각 같으므로
$\qquad$ $\triangle\mathrm{ABC}\equiv\triangle\mathrm{DEF}$ (SSS 합동)
(2) 대응하는 두 변의 길이가 각각 같고, 그 끼인각의 크기가 같
$\qquad$ 으므로
$\qquad$ $\triangle\mathrm{ABC}\equiv\triangle\mathrm{DEF}$ (SAS 합동)
(4) 대응하는 한 변의 길이가 같고, 그 양 끝 각의 크기가 각각 같
$\qquad$ 으므로
$\qquad$ $\triangle\mathrm{ABC}\equiv\triangle\mathrm{DEF}$ (ASA 합동)

5 답 $\overline{\mathrm{BD}}$, $\triangle\mathrm{CDB}$, SSS

6 답 $\overline{\mathrm{BM}}$, $\angle\mathrm{BMP}$, $\overline{\mathrm{BM}}$, $\angle\mathrm{BMP}$, SAS

7 답 $\angle\mathrm{DAC}$, $\overline{\mathrm{AC}}$, ASA

8 답 ②
|보기|의 삼각형에서 나머지 한 각의 크기는
$180°-(75°+65°)=40°$
② 한 변의 길이가 $6\,\mathrm{cm}$이고 그 양 끝 각의 크기가 $40°$, $65°$인
$\qquad$ 삼각형이므로 |보기|의 삼각형과 합동이다. (ASA 합동)

9 답 $\triangle\mathrm{ABD}\equiv\triangle\mathrm{CBD}$, SSS 합동
$\triangle\mathrm{ABD}$와 $\triangle\mathrm{CBD}$에서
$\overline{\mathrm{AB}}=\overline{\mathrm{CB}}$, $\overline{\mathrm{AD}}=\overline{\mathrm{CD}}$, $\overline{\mathrm{BD}}$는 공통
$\therefore \triangle\mathrm{ABD}\equiv\triangle\mathrm{CBD}$ (SSS 합동)

10 답 $\triangle\mathrm{ABD}\equiv\triangle\mathrm{CDB}$, SAS 합동
$\triangle\mathrm{ABD}$와 $\triangle\mathrm{CDB}$에서
$\overline{\mathrm{AB}}=\overline{\mathrm{CD}}$, $\angle\mathrm{ABD}=\angle\mathrm{CDB}$, $\overline{\mathrm{BD}}$는 공통
$\therefore \triangle\mathrm{ABD}\equiv\triangle\mathrm{CDB}$ (SAS 합동)

11 답 ④
$\triangle\mathrm{AOD}$와 $\triangle\mathrm{COB}$에서
$\overline{\mathrm{OA}}=\overline{\mathrm{OC}}$, $\angle\mathrm{OAD}=\angle\mathrm{OCB}$, $\angle\mathrm{O}$는 공통
$\therefore \triangle\mathrm{AOD}\equiv\triangle\mathrm{COB}$ (ASA 합동)
따라서 $\triangle\mathrm{AOD}$와 $\triangle\mathrm{COB}$가 ASA 합동임을 설명하는 데 필요
한 조건으로 알맞은 것은 ④이다.

3 평면도형의 성질

개념 17 다각형 / 정다각형 · 30쪽

1 답 ㄴ, ㅂ
다각형은 3개 이상의 선분으로 둘러싸인 평면도형이다.
ㄱ. 곡선으로 둘러싸여 있으므로 다각형이 아니다.
ㄹ. 입체도형이므로 다각형이 아니다.
ㄷ, ㅁ. 선분으로 둘러싸여 있지 않으므로 다각형이 아니다.
따라서 다각형인 것은 ㄴ, ㅂ이다.

2 답 (1) $130°$ (2) $40°$
(1) $50°+(\angle\mathrm{A}$의 외각의 크기$)=180°$
$\qquad \therefore (\angle\mathrm{A}$의 외각의 크기$)=130°$
(2) $140°+(\angle\mathrm{A}$의 외각의 크기$)=180°$
$\qquad \therefore (\angle\mathrm{A}$의 외각의 크기$)=40°$

3 답 (1) ○ (2) × (3) ○ (4) × (5) ×
(2), (4) 모든 변의 길이가 같고 모든 내각의 크기가 같은 다각형을
$\qquad$ 정다각형이라 한다.
(5) 네 변의 길이가 모두 같은 사각형은 마름모이다.

4 답 ④
④ 다각형은 3개 이상의 선분으로 둘러싸인 평면도형이다.

5 답 $x=65$, $y=80$
$115+x=180$이므로 $x=65$
$y+(x+35)=180$이므로
$y+100=180$ $\qquad \therefore y=80$

6 답 정십각형
㈐에서 10개의 선분으로 둘러싸여 있으므로 구하는 다각형은 십
각형이다.
이때 ㈎, ㈏에서 변의 길이가 모두 같고, 내각의 크기가 모두 같
으므로 구하는 다각형은 정십각형이다.

개념 18 다각형의 대각선 · 31쪽

1 답 (1) 1개 (2) 3개 (3) 5개 (4) 7개
$\qquad$ (5) 10개 (6) $(n-3)$개

2 답 (1) 2개 (2) 9개 (3) 20개 (4) 35개
$\qquad$ (5) 65개 (6) $\dfrac{n(n-3)}{2}$개

(1) $\dfrac{4\times(4-3)}{2}=2$(개)

(2) $\dfrac{6\times(6-3)}{2}=9$(개)

(3) $\dfrac{8\times(8-3)}{2}=20$(개)

(4) $\dfrac{10\times(10-3)}{2}=35$(개)

(5) $\dfrac{13\times(13-3)}{2}=65$(개)

3 답 14, 28, 7, 7, 칠각형

4 답 90, 180, 12, 15, 십오각형

5 답 17

십일각형의 한 꼭짓점에서 그을 수 있는 대각선의 개수는

$11-3=8$(개)이므로 $a=8$

이때 생기는 삼각형의 개수는

$11-2=9$(개)이므로 $b=9$

$\therefore a+b=8+9=17$

6 답 ④

대각선의 개수가 27개인 다각형을 n각형이라 하면

$\dfrac{n(n-3)}{2}=27$에서

$n(n-3)=54,\ n(n-3)=9\times6$

$\therefore n=9$

따라서 구하는 다각형은 구각형이다.

개념19 **삼각형의 내각과 외각** ·32~33쪽

1 답 (1) $180°$, $60°$ (2) $180°$, $120°$ (3) $40°$
　　　(4) $65°$ (5) $70°$ (6) $35°$

(3) $50°+\angle x+90°=180°$ 　 $\therefore \angle x=40°$

(4) $75°+\angle x+40°=180°$ 　 $\therefore \angle x=65°$

(5) $\angle x+75°+35°=180°$ 　 $\therefore \angle x=70°$

(6) $30°+\angle x+115°=180°$ 　 $\therefore \angle x=35°$

2 답 (1) $45°$, $115°$ (2) $30°$, $120°$ (3) $120°$
　　　(4) $100°$ (5) $80°$ (6) $93°$

(3) $\angle x=80°+40°=120°$

(4) $\angle x=55°+45°=100°$

(5) $\angle x=35°+45°=80°$

(6) $\angle x=32°+61°=93°$

---

3 답 ③

$(3x-15)+(x+25)+50=180$이므로

$4x+60=180$

$4x=120$ 　 $\therefore x=30$

4 답 $65°$

$\triangle DBC$에서 $\angle DBC+\angle DCB+120°=180°$이므로

$\angle DBC+\angle DCB=60°$

따라서 $\triangle ABC$에서

$\angle x=180°-(\angle ABC+\angle ACB)$
　$=180°-\{(25°+\angle DBC)+(30°+\angle DCB)\}$
　$=180°-\{(\angle DBC+\angle DCB)+55°\}$
　$=180°-(60°+55°)$
　$=65°$

5 답 (1) $50°$ (2) $70°$

삼각형의 내각과 외각의 관계에 의하여

(1) $\angle x=30°+20°=50°$

(2) $\angle y=\angle x+20°=50°+20°=70°$

6 답 $70°$

$\triangle DBC$에서 $\overline{DB}=\overline{DC}$이므로

$\angle DCB=\angle DBC=35°$

$\therefore \angle ADC=35°+35°=70°$

따라서 $\triangle ADC$에서 $\overline{CA}=\overline{CD}$이므로

$\angle x=\angle ADC=70°$

개념20 **다각형의 내각** ·34쪽

1 답 (1) $540°$ (2) $720°$ (3) $1440°$ (4) $2340°$

(1) $180°\times(5-2)=540°$

(2) $180°\times(6-2)=720°$

(3) $180°\times(10-2)=1440°$

(4) $180°\times(15-2)=2340°$

2 답 (1) $108°$ (2) $135°$ (3) $144°$ (4) $150°$

(1) $\dfrac{180°\times(5-2)}{5}=108°$

(2) $\dfrac{180°\times(8-2)}{8}=135°$

(3) $\dfrac{180°\times(10-2)}{10}=144°$

(4) $\dfrac{180°\times(12-2)}{12}=150°$

3 답 ③

주어진 다각형을 n각형이라 하면

$n-3=4$ ∴ $n=7$

따라서 주어진 다각형은 칠각형이고, 그 내각의 크기의 합은

$180°×(7-2)=900°$

4 답 ④

주어진 정다각형을 정n각형이라 하면

$\dfrac{180°×(n-2)}{n}=156°$에서

$180°×(n-2)=156°×n$

$180°×n-360°=156°×n$

$24°×n=360°$ ∴ $n=15$

따라서 주어진 정다각형은 정십오각형이고, 그 대각선의 개수는

$\dfrac{15×(15-3)}{2}=90$(개)

개념 **21** **다각형의 외각** ·35쪽

1 답 (1) 360° (2) 360° (3) 360° (4) 360°

다각형의 외각의 크기의 합은 항상 360°이다.

2 답 (1) 72° (2) 30° (3) 24° (4) $\dfrac{360°}{n}$

(1) $\dfrac{360°}{5}=72°$

(2) $\dfrac{360°}{12}=30°$

(3) $\dfrac{360°}{15}=24°$

3 답 80°

다각형의 외각의 크기의 합은
항상 360°이므로

$87°+(180°-\angle x)+44°+56°+73°$

$=360°$

$440°-\angle x=360°$

∴ $\angle x=80°$

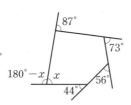

4 답 ④

주어진 정다각형을 정n각형이라 하면

$\dfrac{360°}{n}=30°$ ∴ $n=12$

따라서 주어진 정다각형은 정십이각형이고, 그 내각의 크기의 합은

$180°×(12-2)=1800°$

개념 **22** **원과 부채꼴** ·36쪽

1 답 (1) (2) (3) (4)

2 답 (1) $\overline{OA}$ (또는 $\overline{OB}$ 또는 $\overline{OC}$) (2) $\overline{BC}$ (3) $\overline{DE}$
(4) $\widehat{AC}$ (5) $\angle AOB$

3 답 (1) ○ (2) × (3) × (4) ○ (5) ○

(2) 부채꼴은 두 반지름과 호로 이루어진 도형이다.

(3) 활꼴은 호와 현으로 이루어진 도형이다.

4 답 ⑤

⑤ $\widehat{AB}$와 $\overline{OA}$, $\overline{OB}$로 둘러싸인 도형은 부채꼴이다.

5 답 10 cm

원에서 길이가 가장 긴 현은 지름이므로 반지름의 길이가 5 cm인 원에서 가장 긴 현의 길이는

$5×2=10$(cm)

개념 **23** **부채꼴의 성질** ·37~38쪽

1 답 (1) = (2) = (3) = (4) =

2 답 (1) 45 (2) 10 (3) 160 (4) 3

(1) $15:5=135:x$이므로 $15x=675$

  ∴ $x=45$

(2) $x:2=150:30$이므로 $30x=300$

  ∴ $x=10$

(3) $6:24=40:x$이므로 $6x=960$

  ∴ $x=160$

(4) $x:21=20:140$이므로 $140x=420$

  ∴ $x=3$

3 답 (1) 12 (2) 100 (3) 4 (4) 30

(1) $20:60=4:x$이므로 $20x=240$

  ∴ $x=12$

(2) $x:25=20:5$이므로 $5x=500$

  ∴ $x=100$

(3) $20:100=x:20$이므로 $100x=400$

  ∴ $x=4$

(4) $x:180=4:24$이므로 $24x=720$

  ∴ $x=30$

4 답 (1) ○ (2) × (3) ○ (4) × (5) ○ (6) ×

(2) 부채꼴의 호의 길이는 중심각의 크기에 정비례하므로
$2\widehat{AB}=\widehat{AC}$

(4) 현의 길이는 중심각의 크기에 정비례하지 않는다.
즉, $2\overline{AB}>\overline{AC}$

(6) 삼각형의 넓이는 중심각의 크기에 정비례하지 않는다.
즉, (△AOC의 넓이)<2×(△AOB의 넓이)

5 답 57

부채꼴의 호의 길이는 중심각의 크기에 정비례하므로
$4:6=30:x$에서
$4x=180$ ∴ $x=45$
$4:y=30:90$에서
$30y=360$ ∴ $y=12$
∴ $x+y=45+12=57$

6 답 ③

$\angle AOB:\angle COD=\widehat{AB}:\widehat{CD}=10:4=5:2$
이때 부채꼴 COD의 넓이를 $x\,cm^2$라 하면
$5:2=40:x$에서
$5x=80$ ∴ $x=16$
따라서 부채꼴 COD의 넓이는 $16\,cm^2$이다.

7 답 50°

$\overline{AB}=\overline{CD}=\overline{DE}$에서 $\angle AOB=\angle COD=\angle DOE$이므로
$\angle AOB=\dfrac{1}{2}\angle COE=\dfrac{1}{2}\times100°=50°$

8 답 ④

④ 현의 길이는 중심각의 크기에 정비례하지 않는다.
즉, $2\overline{AB}\neq\overline{AD}$

개념 **24** 원의 둘레의 길이와 넓이 ·39쪽

1 답 (1) $l=4\pi$, $S=4\pi$ (2) $l=12\pi$, $S=36\pi$
(3) $l=14\pi$, $S=49\pi$ (4) $l=10\pi$, $S=25\pi$
(5) $l=18\pi$, $S=81\pi$ (6) $l=24\pi$, $S=144\pi$

(1) 원 O의 반지름의 길이가 2이므로
$l=2\pi\times2=4\pi$, $S=\pi\times2^2=4\pi$

(2) 원 O의 반지름의 길이가 6이므로
$l=2\pi\times6=12\pi$, $S=\pi\times6^2=36\pi$

(3) 원 O의 반지름의 길이가 7이므로
$l=2\pi\times7=14\pi$, $S=\pi\times7^2=49\pi$

(4) 원 O의 반지름의 길이가 $10\times\dfrac{1}{2}=5$이므로
$l=2\pi\times5=10\pi$, $S=\pi\times5^2=25\pi$

(5) 원 O의 반지름의 길이가 $18\times\dfrac{1}{2}=9$이므로
$l=2\pi\times9=18\pi$, $S=\pi\times9^2=81\pi$

(6) 원 O의 반지름의 길이가 $24\times\dfrac{1}{2}=12$이므로
$l=2\pi\times12=24\pi$, $S=\pi\times12^2=144\pi$

2 답 (1) $2\pi r$, 1, 1 (2) 8π, 4, 4

3 답 $49\pi\,cm^2$

원의 반지름의 길이를 $r\,cm$라 하면
$2\pi r=14$ ∴ $r=7$
따라서 원의 반지름의 길이는 7 cm이고, 넓이는
$\pi\times7^2=49\pi\,(cm^2)$

4 답 (1) $12\pi\,cm$, $12\pi\,cm^2$ (2) $14\pi\,cm$, $12\pi\,cm^2$

(1) 주어진 그림의 색칠한 부분의 둘레의 길이를 $l\,cm$, 넓이를 $S\,cm^2$라 하면
$l=2\pi\times4+2\pi\times2=8\pi+4\pi=12\pi\,(cm)$
$S=\pi\times4^2-\pi\times2^2=16\pi-4\pi=12\pi\,(cm^2)$

(2) 주어진 그림의 색칠한 부분의 둘레의 길이를 $l\,cm$, 넓이를 $S\,cm^2$라 하면
$l=(2\pi\times7)\times\dfrac{1}{2}+(2\pi\times4)\times\dfrac{1}{2}+(2\pi\times3)\times\dfrac{1}{2}$
$=7\pi+4\pi+3\pi=14\pi\,(cm)$
$S=(\pi\times7^2)\times\dfrac{1}{2}-(\pi\times4^2)\times\dfrac{1}{2}-(\pi\times3^2)\times\dfrac{1}{2}$
$=\dfrac{49}{2}\pi-8\pi-\dfrac{9}{2}\pi=12\pi\,(cm^2)$

개념 **25** 부채꼴의 호의 길이와 넓이 ·40~41쪽

1 답 (1) 4π (2) $\dfrac{2}{3}\pi$ (3) 2π (4) 14π

(1) (부채꼴의 호의 길이)$=2\pi\times6\times\dfrac{120}{360}=4\pi$

(2) (부채꼴의 호의 길이)$=2\pi\times4\times\dfrac{30}{360}=\dfrac{2}{3}\pi$

(3) (부채꼴의 호의 길이)$=2\pi\times9\times\dfrac{40}{360}=2\pi$

(4) (부채꼴의 호의 길이)$=2\pi\times8\times\dfrac{315}{360}=14\pi$

2 답 (1) 9π (2) $\dfrac{3}{2}\pi$ (3) 6π (4) 20π

(1) (부채꼴의 넓이)$=\pi\times6^2\times\dfrac{90}{360}=9\pi$

(2) (부채꼴의 넓이)$=\pi\times3^2\times\dfrac{60}{360}=\dfrac{3}{2}\pi$

(3) (부채꼴의 넓이)$=\pi\times4^2\times\dfrac{135}{360}=6\pi$

(4) (부채꼴의 넓이)$=\pi\times10^2\times\dfrac{72}{360}=20\pi$

3 답 (1) 25π (2) 5π (3) 12π (4) 7π

(1) (부채꼴의 넓이)$=\dfrac{1}{2}\times 10\times 5\pi=25\pi$

(2) (부채꼴의 넓이)$=\dfrac{1}{2}\times 5\times 2\pi=5\pi$

(3) (부채꼴의 넓이)$=\dfrac{1}{2}\times 6\times 4\pi=12\pi$

(4) (부채꼴의 넓이)$=\dfrac{1}{2}\times 7\times 2\pi=7\pi$

4 답 ③

부채꼴의 중심각의 크기를 $x°$라 하면

$2\pi\times 3\times \dfrac{x}{360}=4\pi$에서

$\dfrac{\pi}{60}x=4\pi$ ∴ $x=240$

따라서 부채꼴의 중심각의 크기는 $240°$이다.

5 답 $8\,\mathrm{cm}$

부채꼴의 반지름의 길이를 $r\,\mathrm{cm}$라 하면

$\dfrac{1}{2}\times r\times 10\pi=40\pi$에서

$5\pi r=40\pi$ ∴ $r=8$

따라서 부채꼴의 반지름의 길이는 $8\,\mathrm{cm}$이다.

6 답 $\left(\dfrac{8}{3}\pi+4\right)\mathrm{cm}$, $\dfrac{8}{3}\pi\,\mathrm{cm}^2$

(색칠한 부분의 둘레의 길이)

$=$(부채꼴 AOB의 호의 길이)

　$+$(부채꼴 COD의 호의 길이)$+\overline{\mathrm{AC}}+\overline{\mathrm{BD}}$

$=\left(2\pi\times 7\times \dfrac{40}{360}\right)+\left(2\pi\times 5\times \dfrac{40}{360}\right)+2+2$

$=\dfrac{14}{9}\pi+\dfrac{10}{9}\pi+4=\dfrac{8}{3}\pi+4\,(\mathrm{cm})$

(색칠한 부분의 넓이)

$=$(부채꼴 AOB의 넓이)$-$(부채꼴 COD의 넓이)

$=\left(\pi\times 7^2\times \dfrac{40}{360}\right)-\left(\pi\times 5^2\times \dfrac{40}{360}\right)$

$=\dfrac{49}{9}\pi-\dfrac{25}{9}\pi=\dfrac{8}{3}\pi\,(\mathrm{cm}^2)$

7 답 (1) $2\pi\,\mathrm{cm}^2$ (2) $(18\pi-36)\,\mathrm{cm}^2$

(1) (색칠한 부분의 넓이)$=$(부채꼴의 넓이)$-$(반원의 넓이)

$\qquad\qquad=\pi\times 4^2\times \dfrac{90}{360}-(\pi\times 2^2)\times \dfrac{1}{2}$

$\qquad\qquad=4\pi-2\pi=2\pi\,(\mathrm{cm}^2)$

(2) (색칠한 부분의 넓이)

$\qquad=\{$(부채꼴의 넓이)$-$(직각삼각형의 넓이)$\}\times 2$

$\qquad=\left(\pi\times 6^2\times \dfrac{90}{360}-\dfrac{1}{2}\times 6\times 6\right)\times 2$

$\qquad=(9\pi-18)\times 2=18\pi-36\,(\mathrm{cm}^2)$

8 답 (1) $8\,\mathrm{cm}^2$ (2) $(36\pi-72)\,\mathrm{cm}^2$

(1) 오른쪽 그림과 같이 도형을 이동시
키면

(색칠한 부분의 넓이)

$=\dfrac{1}{2}\times 4\times 4$

$=8\,(\mathrm{cm}^2)$

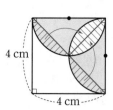

(2) 오른쪽 그림과 같이 도형을 이동시
키면

(색칠한 부분의 넓이)

$=$(부채꼴의 넓이)

　$-$(직각삼각형의 넓이)

$=\pi\times 12^2\times \dfrac{90}{360}-\dfrac{1}{2}\times 12\times 12$

$=36\pi-72\,(\mathrm{cm}^2)$

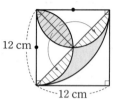

9 답 $(50\pi-100)\,\mathrm{cm}^2$

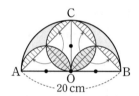

위의 그림과 같이 도형을 이동시키면

(색칠한 부분의 넓이)

$=$(반원 O의 넓이)$-$(삼각형 ABC의 넓이)

$=\left(\pi\times 10^2\times \dfrac{1}{2}\right)-\left(\dfrac{1}{2}\times 20\times 10\right)$

$=50\pi-100\,(\mathrm{cm}^2)$

4 입체도형의 성질

개념26 다면체

• 42~43쪽

1 답 (1) ○ (2) × (3) × (4) ○

(2), (3) 원과 곡면으로 이루어져 있으므로 다면체가 아니다.

2 답 (1) 5개, 오면체 (2) 4개, 사면체
　　(3) 6개, 육면체 (4) 5개, 오면체

3 답 (1) 8개, 5개 (2) 9개, 6개 (3) 15개, 10개

(1) 모서리의 개수는 $4 \times 2 = 8$(개)
　꼭짓점의 개수는 $4 + 1 = 5$(개)
(2) 모서리의 개수는 $3 \times 3 = 9$(개)
　꼭짓점의 개수는 $3 \times 2 = 6$(개)
(3) 모서리의 개수는 $5 \times 3 = 15$(개)
　꼭짓점의 개수는 $5 \times 2 = 10$(개)

4 답

	오각기둥	칠각뿔	삼각뿔대
(1) 밑면의 모양	오각형	칠각형	삼각형
(2) 옆면의 모양	직사각형	삼각형	사다리꼴
(3) 면의 개수	7개	8개	5개
(4) 모서리의 개수	15개	14개	9개
(5) 꼭짓점의 개수	10개	8개	6개

5 답 ⑤

ㄱ. 정삼각형은 평면도형이므로 다면체가 아니다.
ㄴ, ㄹ, ㅂ. 곡면을 포함한 입체도형이므로 다면체가 아니다.
따라서 다면체인 것은 ㄷ, ㅁ이다.

6 답 23

삼각기둥의 모서리의 개수는 $3 \times 3 = 9$(개)이므로 $a = 9$
오각뿔의 면의 개수는 $5 + 1 = 6$(개)이므로 $b = 6$
사각뿔대의 꼭짓점의 개수는 $4 \times 2 = 8$(개)이므로 $c = 8$
∴ $a + b + c = 9 + 6 + 8 = 23$

7 답 ②

옆면의 모양이 사다리꼴인 것은 각뿔대이므로 ㄴ, ㄹ의 2개이다.

8 답 ②

㈎, ㈏를 모두 만족시키는 입체도형은 각기둥이다.
구하는 입체도형을 n각기둥이라 하면
㈐에서 꼭짓점의 개수가 12개이므로
$2n = 12$ ∴ $n = 6$
따라서 구하는 입체도형은 육각기둥이다.

개념27 정다면체

• 44~45쪽

1 답 (1) ㄱ, ㄷ, ㅁ (2) ㄴ (3) ㄹ
　　(4) ㄱ, ㄴ, ㄹ (5) ㄷ (6) ㅁ

2 답 (1) ○ (2) ○ (3) × (4) × (5) ○ (6) ×

(3) 정다면체의 면이 될 수 있는 다각형은 정삼각형, 정사각형, 정오각형뿐이다.
(4) 면의 모양이 정육각형인 정다면체는 없고, 정육면체의 면의 모양은 정사각형이다.
(6) 정다면체의 한 꼭짓점에 모인 각의 크기의 합은 360°보다 작다.

3 답 (1) ㄹ (2) ㅁ (3) ㄱ (4) ㄷ (5) ㄴ

4 답 (1) ㈎ E, ㈏ D (2) $\overline{ED}$

주어진 전개도로 만들어지는 정사면체는 다음 그림과 같다.

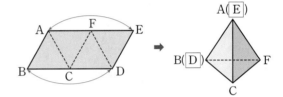

5 답 ⑤

정다면체	정사면체	정육면체	정팔면체	정십이면체	정이십면체
면의 개수	4개	6개	8개	12개	20개
모서리의 개수	6개	12개	12개	30개	30개
꼭짓점의 개수	4개	8개	6개	20개	12개

따라서 옳지 않은 것은 ⑤이다.

6 답 6

주어진 전개도로 만들어지는 입체도형은 정팔면체이므로
꼭짓점의 개수는 6개이다. ∴ $a = 6$
모서리의 개수는 12개이다. ∴ $b = 12$
∴ $b - a = 12 - 6 = 6$

개념28 회전체

• 46쪽

1 답 ㄱ, ㄹ, ㅁ, ㅂ

2 답 (1) (2) (3)

(4) (5) (6)

각 평면도형을 직선 l을 축으로 하여 1회전 시킬 때 생기는 회전체의 겨냥도를 그리면 다음과 같다.

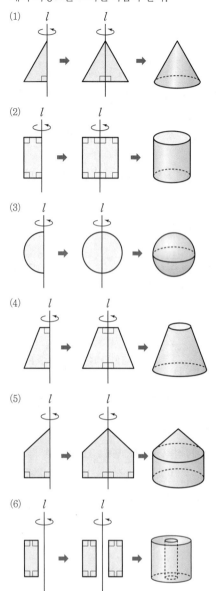

(1)
(2)
(3)
(4)
(5)
(6)

3 답 (1) ㄱ, ㄷ, ㄹ, ㅅ
   (2) ㄴ, ㅁ, ㅂ, ㅇ, ㅈ

(1) 다면체는 다각형인 면으로만 둘러싸인 입체도형이므로 사각뿔, 삼각뿔, 사각기둥, 정사면체이다.
(2) 회전체는 한 직선을 축으로 하여 1회전 시킬 때 생기는 입체도형이므로 원뿔, 원기둥, 구, 원뿔대, 반구이다.

4 답 ④

④
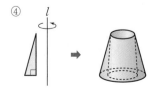

1 답 (1) ○ (2) ○ (3) ○ (4) ✕ (5) ✕
(4) 원뿔을 회전축에 수직인 평면으로 자를 때 생기는 단면은 모두 원이지만 합동은 아니다.
(5) 원뿔대를 회전축을 포함하는 평면으로 자른 단면은 사다리꼴이다.

2 답 (1) 원, 직사각형   (2) 원, 이등변삼각형
   (3) 원, 사다리꼴 (4) 원, 원

3 답 (1) $a=4$, $b=8$ (2) $a=8$, $b=3$ (3) $a=2$, $b=6$

4 답 둘레, 3, 6π

5 답 둘레, 6, 12π

6 답 ③, ⑤
① 반구 – 반원
② 구 – 원
④ 원뿔 – 이등변삼각형
따라서 바르게 짝 지은 것은 ③, ⑤이다.

7 답 ⑤
주어진 사다리꼴을 직선 l을 회전축으로 하여 1회전 시킬 때 생기는 회전체는 원뿔대이고, 원뿔대를 회전축을 포함하는 평면으로 자를 때 생기는 단면은 윗변의 길이가 6 cm, 아랫변의 길이가 10 cm, 높이가 6 cm인 사다리꼴이다.
∴ (단면의 넓이)$=\dfrac{1}{2}\times(6+10)\times6=48(\mathrm{cm}^2)$

8 답 $(16\pi+16)$ cm
작은 원의 둘레의 길이는 $2\pi\times3=6\pi(\mathrm{cm})$
큰 원의 둘레의 길이는 $2\pi\times5=10\pi(\mathrm{cm})$
따라서 원뿔대의 옆면의 둘레의 길이는
$6\pi+10\pi+8+8=16\pi+16(\mathrm{cm})$

1 답 (1) ㉠: 5 ㉡: 12 ㉢: 30 (2) 30 (3) 300 (4) 360
(1) ㉢: $5+13+12=30$
(2) (각기둥의 밑넓이)$=\dfrac{1}{2}\times12\times5=30$
(3) (각기둥의 옆넓이)$=30\times10=300$
(4) (각기둥의 겉넓이)$=30\times2+300=360$

2 目 (1) ⊙: 3 ⊙: 4 ⊙: 14 (2) 12 (3) 70 (4) 94

(1) ⊙: $3+4+3+4=14$

(2) (각기둥의 밑넓이)$=4×3=12$

(3) (각기둥의 옆넓이)$=14×5=70$

(4) (각기둥의 겉넓이)$=12×2+70=94$

3 目 (1) ⊙: 3 ⊙: $6π$ ⊙: 10 (2) $9π$ (3) $60π$ (4) $78π$

(1) ⊙: $2π×3=6π$

(2) (원기둥의 밑넓이)$=π×3^2=9π$

(3) (원기둥의 옆넓이)$=6π×10=60π$

(4) (원기둥의 겉넓이)$=9π×2+60π=78π$

4 目 $162\,\mathrm{cm}^2$

(밑넓이)$=\dfrac{1}{2}×(3+6)×4=18(\mathrm{cm}^2)$

(옆넓이)$=(4+6+5+3)×7=126(\mathrm{cm}^2)$

∴ (겉넓이)$=18×2+126=162(\mathrm{cm}^2)$

5 目 $104π\,\mathrm{cm}^2$

(밑넓이)$=π×4^2=16π(\mathrm{cm}^2)$

(옆넓이)$=(2π×4)×9=72π(\mathrm{cm}^2)$

∴ (겉넓이)$=16π×2+72π=104π(\mathrm{cm}^2)$

개념 **31** 기둥의 부피 • 50∼51쪽

1 目 (1) 180 (2) $100π$

(1) (부피)$=$(밑넓이)$×$(높이)$=30×6=180$

(2) (부피)$=$(밑넓이)$×$(높이)$=25π×4=100π$

2 目 (1) 24, 9, 216 (2) 16, 6, 96 (3) $25π$, 7, $175π$
　　　(4) 3, 5, 15 (5) 24, 8, 192 (6) $36π$, 8, $288π$

(1) (밑넓이)$=\dfrac{1}{2}×6×8=24$, (높이)$=9$

　　∴ (부피)$=24×9=216$

(2) (밑넓이)$=4×4=16$, (높이)$=6$

　　∴ (부피)$=16×6=96$

(3) (밑넓이)$=π×5^2=25π$, (높이)$=7$

　　∴ (부피)$=25π×7=175π$

(4) (밑넓이)$=\dfrac{1}{2}×2×3=3$, (높이)$=5$

　　∴ (부피)$=3×5=15$

(5) (밑넓이)$=\dfrac{1}{2}×(6+10)×3=24$, (높이)$=8$

　　∴ (부피)$=24×8=192$

(6) (밑넓이)$=π×6^2=36π$, (높이)$=8$

　　∴ (부피)$=36π×8=288π$

---

3 目 (1) $160π$ (2) $90π$ (3) $70π$

(1) (큰 기둥의 부피)$=(π×4^2)×10=160π$

(2) (작은 기둥의 부피)$=(π×3^2)×10=90π$

(3) (부피)$=$(큰 기둥의 부피)$-$(작은 기둥의 부피)
　　　　$=160π-90π=70π$

4 目 ③

(밑넓이)$=\dfrac{1}{2}×(5+9)×3=21(\mathrm{cm}^2)$

이때 사각기둥의 높이가 $5\,\mathrm{cm}$이므로

(부피)$=21×5=105(\mathrm{cm}^3)$

5 目 $144\,\mathrm{cm}^3$

오른쪽 그림과 같이 주어진 오각형
을 삼각형과 직사각형으로 나누면

(밑넓이)$=\left(\dfrac{1}{2}×8×3\right)+(8×3)$

　　　　$=12+24=36(\mathrm{cm}^2)$

이때 오각기둥의 높이가 $4\,\mathrm{cm}$이므로

(부피)$=36×4=144(\mathrm{cm}^3)$

6 目 $64π\,\mathrm{cm}^3$

(밑넓이)$=(π×4^2)×\dfrac{1}{2}=8π(\mathrm{cm}^2)$

이때 기둥의 높이가 $8\,\mathrm{cm}$이므로

(부피)$=8π×8=64π(\mathrm{cm}^3)$

7 目 $(300-20π)\,\mathrm{cm}^3$

(가운데에 구멍이 뚫린 입체도형의 부피)
$=$(사각기둥의 부피)$-$(원기둥의 부피)
$=(6×10)×5-(π×2^2)×5$
$=300-20π(\mathrm{cm}^3)$

개념 **32** 뿔의 겉넓이 • 52쪽

1 目 (1) ⊙: 6 ⊙: 4 (2) 16 (3) 48 (4) 64

(2) (각뿔의 밑넓이)$=4×4=16$

(3) (각뿔의 옆넓이)$=\left(\dfrac{1}{2}×4×6\right)×4=48$

(4) (각뿔의 겉넓이)$=16+48=64$

2 目 (1) ⊙: 5 ⊙: $6π$ ⊙: 3 (2) $9π$ (3) $15π$ (4) $24π$

(1) ⊙: $2π×3=6π$

(2) (원뿔의 밑넓이)$=π×3^2=9π$

(3) (원뿔의 옆넓이)$=\dfrac{1}{2}×5×6π=15π$

(4) (원뿔의 겉넓이)$=9π+15π=24π$

3 탑 (1) $9\,\mathrm{cm}^2$ (2) $64\,\mathrm{cm}^2$ (3) $110\,\mathrm{cm}^2$ (4) $183\,\mathrm{cm}^2$

(1) (작은 밑면의 넓이)$=3\times3=9\,(\mathrm{cm}^2)$

(2) (큰 밑면의 넓이)$=8\times8=64\,(\mathrm{cm}^2)$

(3) (옆넓이)$=\left\{\dfrac{1}{2}\times(3+8)\times5\right\}\times4=110\,(\mathrm{cm}^2)$

(4) (겉넓이)$=$(두 밑면의 넓이의 합)$+$(옆넓이)
$=(9+64)+110=183\,(\mathrm{cm}^2)$

4 탑 $65\,\mathrm{cm}^2$

(밑넓이)$=5\times5=25\,(\mathrm{cm}^2)$

(옆넓이)$=\left(\dfrac{1}{2}\times5\times4\right)\times4=40\,(\mathrm{cm}^2)$

$\therefore$ (겉넓이)$=25+40=65\,(\mathrm{cm}^2)$

5 탑 ②

(작은 밑면의 넓이)$=\pi\times3^2=9\pi\,(\mathrm{cm}^2)$

(큰 밑면의 넓이)$=\pi\times6^2=36\pi\,(\mathrm{cm}^2)$

(옆넓이)$=$(큰 부채꼴의 넓이)$-$(작은 부채꼴의 넓이)
$=\dfrac{1}{2}\times10\times(2\pi\times6)-\dfrac{1}{2}\times5\times(2\pi\times3)$
$=60\pi-15\pi=45\pi\,(\mathrm{cm}^2)$

$\therefore$ (겉넓이)$=$(두 밑면의 넓이의 합)$+$(옆넓이)
$=(9\pi+36\pi)+45\pi=90\pi\,(\mathrm{cm}^2)$

개념**33** 뿔의 부피
•53~54쪽

1 탑 (1) 110 (2) 48π

(1) (부피)$=\dfrac{1}{3}\times$(밑넓이)$\times$(높이)$=\dfrac{1}{3}\times33\times10=110$

(2) (부피)$=\dfrac{1}{3}\times$(밑넓이)$\times$(높이)$=\dfrac{1}{3}\times24\pi\times6=48\pi$

2 탑 (1) 30, 7, 70 (2) 9π, 8, 24π (3) 20, 6, 40
(4) 36π, 7, 84π (5) 28, 12, 112 (6) 16π, 6, 32π

(1) (밑넓이)$=6\times5=30$, (높이)$=7$

$\therefore$ (부피)$=\dfrac{1}{3}\times30\times7=70$

(2) (밑넓이)$=\pi\times3^2=9\pi$, (높이)$=8$

$\therefore$ (부피)$=\dfrac{1}{3}\times9\pi\times8=24\pi$

(3) (밑넓이)$=5\times4=20$, (높이)$=6$

$\therefore$ (부피)$=\dfrac{1}{3}\times20\times6=40$

(4) (밑넓이)$=\pi\times6^2=36\pi$, (높이)$=7$

$\therefore$ (부피)$=\dfrac{1}{3}\times36\pi\times7=84\pi$

(5) (밑넓이)$=\dfrac{1}{2}\times8\times7=28$, (높이)$=12$

$\therefore$ (부피)$=\dfrac{1}{3}\times28\times12=112$

(6) (밑넓이)$=\pi\times4^2=16\pi$, (높이)$=6$

$\therefore$ (부피)$=\dfrac{1}{3}\times16\pi\times6=32\pi$

3 탑 (1) 27π (2) π (3) 26π

(1) (큰 원뿔의 부피)$=\dfrac{1}{3}\times(\pi\times3^2)\times9=27\pi$

(2) (작은 원뿔의 부피)$=\dfrac{1}{3}\times(\pi\times1^2)\times3=\pi$

(3) (원뿔대의 부피)$=27\pi-\pi=26\pi$

4 탑 $32\,\mathrm{cm}^3$

(삼각뿔의 부피)$=\dfrac{1}{3}\times\left(\dfrac{1}{2}\times8\times6\right)\times4=32\,(\mathrm{cm}^3)$

5 탑 $63\pi\,\mathrm{cm}^3$

(원뿔의 부피)$=\dfrac{1}{3}\times(\pi\times3^2)\times3=9\pi\,(\mathrm{cm}^3)$

(원기둥의 부피)$=(\pi\times3^2)\times6=54\pi\,(\mathrm{cm}^3)$

$\therefore$ (입체도형의 부피)$=9\pi+54\pi=63\pi\,(\mathrm{cm}^3)$

6 탑 $9\,\mathrm{cm}$

원뿔의 높이를 $h\,\mathrm{cm}$라 하면 원뿔의 부피가 $12\pi\,\mathrm{cm}^3$이므로

$\dfrac{1}{3}\times(\pi\times2^2)\times h=12\pi$ $\therefore h=9$

따라서 원뿔의 높이는 $9\,\mathrm{cm}$이다.

7 탑 $312\,\mathrm{cm}^3$

(부피)$=$(큰 각뿔의 부피)$-$(작은 각뿔의 부피)
$=\dfrac{1}{3}\times(10\times10)\times(4+6)-\dfrac{1}{3}\times(4\times4)\times4$
$=\dfrac{1000}{3}-\dfrac{64}{3}=\dfrac{936}{3}=312\,(\mathrm{cm}^3)$

개념**34** 구의 겉넓이와 부피
•55~56쪽

1 탑 (1) 2^2, 16π (2) 196π (3) 64π

(2) (구의 겉넓이)$=4\pi\times7^2=196\pi$

(3) (구의 겉넓이)$=4\pi\times4^2=64\pi$

2 탑 (1) 4π, 12π (2) 300π (3) 243π

(1) (반구의 겉넓이)$=\dfrac{1}{2}\times$(구의 겉넓이)$+$(원의 넓이)
$=\dfrac{1}{2}\times(4\pi\times2^2)+(\pi\times2^2)$
$=8\pi+\boxed{4\pi}=\boxed{12\pi}$

(2) (반구의 겉넓이)$=\dfrac{1}{2}\times(4\pi\times10^2)+(\pi\times10^2)$
$=200\pi+100\pi=300\pi$

(3) (반구의 겉넓이)$=\dfrac{1}{2}\times(4\pi\times9^2)+(\pi\times9^2)$
$=162\pi+81\pi=243\pi$

3 답 (1) 2^3, $\dfrac{32}{3}\pi$ (2) 972π (3) 36π

(2) (구의 부피)$=\dfrac{4}{3}\pi\times9^3=972\pi$

(3) (구의 부피)$=\dfrac{4}{3}\pi\times3^3=36\pi$

4 답 (1) $\dfrac{256}{3}\pi$, $\dfrac{128}{3}\pi$ (2) 144π (3) $\dfrac{1024}{3}\pi$

(1) (반구의 부피)$=\dfrac{1}{2}\times$(구의 부피)

$$=\dfrac{1}{2}\times\left(\dfrac{4}{3}\pi\times4^3\right)$$

$$=\dfrac{1}{2}\times\boxed{\dfrac{256}{3}\pi}=\boxed{\dfrac{128}{3}\pi}$$

(2) (반구의 부피)$=\dfrac{1}{2}\times\left(\dfrac{4}{3}\pi\times6^3\right)=144\pi$

(3) (반구의 부피)$=\dfrac{1}{2}\times\left(\dfrac{4}{3}\pi\times8^3\right)=\dfrac{1024}{3}\pi$

5 답 ①

구의 반지름의 길이를 r cm라 하면 단면의 넓이가 16π cm^{2}이므로

$\pi r^2=16\pi$

$r^2=16$ $\therefore r=4\,(\because r>0)$

따라서 구의 반지름의 길이는 4 cm이고, 그 겉넓이는

$4\pi\times4^2=64\pi\,(\text{cm}^2)$

참고 구의 중심을 지나는 평면으로 자른 단면은 원이고, 구의 단면 중 가장 크다.

따라서 구의 중심을 지나는 평면으로 자른 단면의 반지름의 길이는 구의 반지름의 길이와 같다.

6 답 132π cm^3

(부피)$=$(원뿔의 부피)$+$(원기둥의 부피)$+$(반구의 부피)

$$=\dfrac{1}{3}\times(\pi\times3^2)\times8+(\pi\times3^2)\times10+\dfrac{1}{2}\times\left(\dfrac{4}{3}\pi\times3^3\right)$$

$$=24\pi+90\pi+18\pi$$

$$=132\pi\,(\text{cm}^3)$$

7 답 겉넓이: 36π cm^2, 부피: 27π cm^3

$\longrightarrow$ 단면인 반원 1개의 넓이

(겉넓이)$=(4\pi\times3^2)\times\dfrac{3}{4}+\left(\dfrac{1}{2}\times\pi\times3^2\right)\times2$

$$=27\pi+9\pi=36\pi\,(\text{cm}^2)$$

(부피)$=$(구의 부피)$\times\dfrac{3}{4}$

$$=\left(\dfrac{4}{3}\pi\times3^3\right)\times\dfrac{3}{4}=27\pi\,(\text{cm}^3)$$

8 답 (1) $3:2:1$ (2) 32π cm^3

(1) 원기둥의 밑면의 반지름의 길이를 r cm라 하면

(원기둥의 부피)$=\pi r^2\times2r=2\pi r^3\,(\text{cm}^3)$

(구의 부피)$=\dfrac{4}{3}\pi r^3\,(\text{cm}^3)$

(원뿔의 부피)$=\dfrac{1}{3}\times\pi r^2\times2r=\dfrac{2}{3}\pi r^3\,(\text{cm}^3)$

$\therefore$ (원기둥의 부피) : (구의 부피) : (원뿔의 부피)

$$=2\pi r^3:\dfrac{4}{3}\pi r^3:\dfrac{2}{3}\pi r^3$$

$$=3:2:1$$

(2) (원기둥의 부피) : (구의 부피)$=3:2$이므로

48π : (구의 부피)$=3:2$

$3\times$(구의 부피)$=96\pi$

$\therefore$ (구의 부피)$=32\pi\,(\text{cm}^3)$

5 대푯값 / 자료의 정리와 해석

·57~58쪽

개념 35 대푯값

1 답 (1) 4 (2) 7 (3) 4 (4) 6

(1) (평균)$=\dfrac{2+1+4+8+5}{5}=\dfrac{20}{5}=4$

(2) (평균)$=\dfrac{3+6+12+4+10}{5}=\dfrac{35}{5}=7$

(3) (평균)$=\dfrac{1+4+9+2+5+3}{6}=\dfrac{24}{6}=4$

(4) (평균)$=\dfrac{11+2+3+9+4+7}{6}=\dfrac{36}{6}=6$

2 답 (1) 5 (2) 8 (3) 7 (4) 14

(1) 변량을 작은 값부터 크기순으로 나열하면

3, 4, 5, 9, 10

이므로 중앙값은 $\dfrac{5+1}{2}=3$(번째) 변량인 5이다.

(2) 변량을 작은 값부터 크기순으로 나열하면

2, 6, 7, 9, 11, 13

이므로 중앙값은 $\dfrac{6}{2}=3$(번째)와 $\dfrac{6}{2}+1=4$(번째) 변량인

7과 9의 평균이다.

∴ (중앙값)$=\dfrac{7+9}{2}=8$

(3) 변량을 작은 값부터 크기순으로 나열하면

4, 6, 7, 7, 7, 8, 10

이므로 중앙값은 $\dfrac{7+1}{2}=4$(번째) 변량인 7이다.

(4) 변량을 작은 값부터 크기순으로 나열하면

10, 11, 12, 13, 15, 17, 18, 19

이므로 중앙값은 $\dfrac{8}{2}=4$(번째)와 $\dfrac{8}{2}+1=5$(번째) 변량인

13과 15의 평균이다.

∴ (중앙값)$=\dfrac{13+15}{2}=14$

3 답 (1) 3 (2) 2, 4 (3) 없다. (4) 노랑, 파랑

(1) 3이 두 번으로 가장 많이 나타나므로

(최빈값)$=3$

(2) 2, 4가 각각 두 번씩 가장 많이 나타나므로

(최빈값)$=2, 4$

(3) 1, 2, 4, 5, 7, 8이 모두 한 번씩 나타나므로 최빈값은 없다.

(4) 노랑, 파랑이 각각 세 번씩 가장 많이 나타나므로

(최빈값)$=$노랑, 파랑

4 답 (1) 7 (2) 5

(1) $\dfrac{3+4+6+x}{4}=5$이므로

$13+x=20$ ∴ $x=7$

(2) $\dfrac{8+9+12+x+1+7}{6}=7$이므로

$37+x=42$ ∴ $x=5$

5 답 (1) 8 (2) 22

(1) 중앙값인 10은 x와 12의 평균이므로

$\dfrac{x+12}{2}=10$, $x+12=20$ ∴ $x=8$

(2) 중앙값인 20은 18과 x의 평균이므로

$\dfrac{18+x}{2}=20$, $x+18=40$ ∴ $x=22$

6 답 (1) 1 (2) 5

7 답 평균: $25\,°C$, 중앙값: $25\,°C$, 최빈값: $22\,°C$

(평균)$=\dfrac{24+22+29+25+26+27+22}{7}$

$=\dfrac{175}{7}=25\,(°C)$

주어진 자료를 작은 값부터 크기순으로 나열하면

22, 22, 24, 25, 26, 27, 29

이므로 중앙값은 $\dfrac{7+1}{2}=4$(번째) 변량인 $25\,°C$이다.

또 22가 두 번으로 가장 많이 나타나므로

최빈값은 $22\,°C$이다.

8 답 (1) 7개 (2) 5개 (3) 없다. (4) 중앙값

(1) (평균)$=\dfrac{3+6+2+4+7+20}{6}=\dfrac{42}{6}=7$(개)

(2) 주어진 자료를 작은 값부터 크기순으로 나열하면

2, 3, 4, 6, 7, 20

이므로 중앙값은 $\dfrac{6}{2}=3$(번째)와 $\dfrac{6}{2}+1=4$(번째) 변량인

4와 6의 평균이다.

∴ (중앙값)$=\dfrac{4+6}{2}=5$(개)

(3) 3, 6, 2, 4, 7, 20이 한 번씩 나타나므로 최빈값은 없다.

(4) 20과 같이 극단적인 값이 있으므로 평균은 대푯값으로 적절하지 않다. 또 중복되어 나타나는 변량이 없으므로 최빈값도 대푯값으로 적절하지 않다.

따라서 이 자료의 대푯값으로 가장 적절한 것은 중앙값이다.

9 답 12

주어진 자료에서 x의 값에 관계없이 9가 가장 많이 나타나므로 주어진 자료의 최빈값은 9개이다.

따라서 주어진 자료의 평균이 9개이므로

$\dfrac{10+9+x+11+9+7+9+5}{8}=9$

$60+x=72$

∴ $x=12$

개념 36 줄기와 잎 그림 • 59~60쪽

1 답 (1) 25세, 46세

(2)   (2|5는 25세)

줄기	잎
2	5 6 7 7
3	1 1 2 3 7 8
4	0 6

2 답 (1) 135 cm, 164 cm

(2)   (13|5는 135 cm)

줄기	잎
13	5 6 8 9
14	0 1 2 7 7 7
15	0 1 6
16	2 4

3 답 (1) 2, 4 (2) 1, 2, 5, 6, 6, 8 (3) 15명
(4) 6명 (5) 48시간

(1) 잎이 가장 많은 줄기는 잎의 개수가 6개인 줄기 2이고,
잎이 가장 적은 줄기는 잎의 개수가 2인 줄기 4이다.
(3) 전체 학생 수는 잎의 총 개수와 같으므로
$3+6+4+2=15$(명)
(4) 운동 시간이 30시간 이상인 학생 수는
32시간, 34시간, 37시간, 39시간, 43시간, 48시간
의 6명이다.

4 답 (1)   (2|2는 22점)

줄기	잎
2	2 4 8
3	2 4 5 7
4	3 3 3 6 8 9
5	1 1 3 7 9
6	0 1

(2) 11명 (3) 40점대 (4) 59점

(2) 점수가 35점 이상 55점 미만인 학생 수는
35점, 37점, 43점, 43점, 43점, 46점, 48점, 49점, 51점,
51점, 53점
의 11명이다.
(3) 줄기 4의 잎의 개수가 가장 많으므로 소연이네 반 학생들의
점수는 40점대가 가장 많다.
(4) 점수가 높은 학생의 점수부터 차례로 나열하면
61점, 60점, 59점, …
따라서 점수가 높은 쪽에서 3번째인 학생의 점수는 59점이다.

5 답 ⑤

① 잎이 가장 많은 줄기는 2이다.
② 통학 시간이 20분 미만인 학생 수는 $2+6=8$(명)이다.

③ 통학 시간이 가장 짧은 학생의 통학 시간은 7분, 가장 긴 학
생의 통학 시간은 49분이므로 그 차는
$49-7=42$(분)
④ 통학 시간이 35분인 미연이보다 통학 시간이 긴 학생은
$3+6=9$(명)이다.
⑤ 통학 시간이 짧은 학생의 통학 시간부터 차례로 나열하면
7분, 9분, 12분, 12분, 13분, …
이므로 통학 시간이 13분 학생은 통학 시간이 짧은 쪽에서
5번째이다.
따라서 옳은 것은 ⑤이다.

개념 37 도수분포표 • 61~63쪽

1 답 (1) 61점, 97점

(2)

국어 점수(점)	학생 수(명)	
60^{이상} ~ 70^{미만}	///	3
70 ~ 80	✝✝✝ //	7
80 ~ 90	✝✝✝	5
90 ~ 100	/	1
합계		16

2 답 (1) 30명

(2)

봉사 활동 시간(시간)	학생 수(명)
0^{이상} ~ 4^{미만}	2
4 ~ 8	9
8 ~ 12	11
12 ~ 16	4
16 ~ 20	4
합계	30

3 답 (1) 10초, 5개 (2) 20초 이상 30초 미만
(3) 10초 이상 20초 미만 (4) 10명

(1) 계급의 크기는
$10-0=20-10=30-20=40-30=50-40=10$(초)
계급의 개수는 0초 이상 10초 미만, 10초 이상 20초 미만,
20초 이상 30초 미만, 30초 이상 40초 미만, 40초 이상 50초
미만의 5개이다.
(2) 도수가 가장 큰 계급은 도수가 12명인 20초 이상 30초 미만
이다.
(4) 오래 매달리기 기록이 30초 이상 40초 미만인 학생 수는 8명,
40초 이상 50초 미만인 학생 수는 2명이므로 오래 매달리기
기록이 30초 이상인 학생 수는
$8+2=10$(명)

4 답 (1) 6 (2) 10명 (3) 20분 이상 30분 미만 (4) 13명

(1) $\square = 30-(3+4+10+7)=6$

(3) 도수가 가장 큰 계급은 도수가 10명인 20분 이상 30분 미만이다.

(4) 운동 시간이 30분 이상 40분 미만인 학생 수는 6명, 40분 이상 50분 미만인 학생 수는 7명이므로 운동 시간이 30분 이상인 학생 수는 $6+7=13$(명)이다.

[다른 풀이]

(4) 운동 시간이 30분 미만인 학생 수는 $3+4+10=17$(명)이므로 운동 시간이 30분 이상인 학생 수는 $30-17=13$(명)이다.

5 답 (1) 20명 (2) 7명 (3) 35 % (4) 20 %

(3) 전체 학생 수는 20명이고, 방문 횟수가 10회 이상 15회 미만인 학생은 7명이므로

전체의 $\dfrac{7}{20} \times 100 = 35(\%)$

(4) 박물관 방문 횟수가 20회 이상인 학생 수는 $3+1=4$(명)이므로

전체의 $\dfrac{4}{20} \times 100 = 20(\%)$

6 답

나이(세)		사람 수(명)
$10^{\text{이상}} \sim 20^{\text{미만}}$	//	2
20 ～ 30	〃〃〃	5
30 ～ 40	〃〃〃 /	6
40 ～ 50	////	4
50 ～ 60	/	1
합계		18

(1) 50세 이상 60세 미만 (2) 5명

(1) 도수가 가장 작은 계급은 도수가 1명인 50세 이상 60세 미만이다.

(2) 참가한 사람들의 나이가 40세 이상 50세 미만인 사람 수는 4명, 50세 이상 60세 미만인 사람 수는 1명이므로 참가한 사람들의 나이가 40세 이상인 사람 수는

$4+1=5$(명)

7 답 ②, ⑤

② 스마트폰을 50분 사용한 학생이 속하는 계급은 40분 이상 60분 미만이다.

③ 도수가 가장 큰 계급은 60분 이상 80분 미만이므로 구하는 계급값은 $\dfrac{60+80}{2}=70$(분)이다.

④ 스마트폰을 1시간, 즉 60분 이상 사용한 학생 수는

$14+5=19$(명)

⑤ 스마트폰 사용 시간이 20분 미만인 학생 수는 3명, 40분 미만인 학생 수는 $3+6=9$(명)이므로 스마트폰 사용 시간이 5번째로 짧은 학생이 속하는 계급은 20분 이상 40분 미만이고, 그 계급의 도수는 6명이다.

따라서 옳지 않은 것은 ②, ⑤이다.

8 답 ⑤

① $A=30-(1+9+4+7+3)=6$

② 계급의 크기는

$100-80=120-100=\cdots=200-180=20(\text{g})$

③ 도수가 가장 큰 계급은 도수가 9개인 120 g 이상 140 g 미만이다.

④ 무게가 160 g 이상인 사과의 개수는

$7+3=10$(개)

⑤ 무게가 100 g 미만인 사과의 개수는 1개, 120 g 미만인 사과의 개수는 $1+6=7$(개)이므로 무게가 6번째로 가벼운 사과가 속하는 계급은 100 g 이상 120 g 미만이다.

따라서 옳은 것은 ⑤이다.

9 답 (1) 8명 (2) 40 %

(1) 독서 시간이 4시간 이상 6시간 미만인 학생 수는

$30-(7+9+4+2)=8$(명)

(2) 독서 시간이 4시간 이상 8시간 미만인 학생 수는

$8+4=12$(명)이므로

전체의 $\dfrac{12}{30} \times 100 = 40(\%)$

개념 **38** **히스토그램** ·64~65쪽

1 답

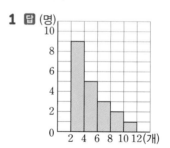

2 답

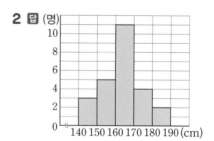

3 답 (1) 10점, 5개 (2) 80점 이상 90점 미만 (3) 35명 (4) 5명

(1) 계급의 크기는

$60-50=70-60=\cdots=100-90=10$(점)

계급의 개수는 50점 이상 60점 미만, 60점 이상 70점 미만, $\cdots$, 90점 이상 100점 미만의 5개이다.

(2) 도수가 가장 큰 계급은 도수가 12명인 80점 이상 90점 미만
   이다.
(3) 정세네 반 전체 학생 수는
   $4+6+8+12+5=35$(명)
(4) 과학 점수가 90점인 정세가 속하는 계급은 90점 이상 100점
   미만이고, 그 도수는 5명이다.

4 답 (1) 40명 (2) 20시간 이상 25시간 미만
      (3) 37.5 % (4) 200
(1) 도진이네 반 전체 학생 수는
   $3+6+9+11+7+4=40$(명)
(2) 도수가 가장 큰 계급은 도수가 11명인 20시간 이상 25시간
   미만이다.
(3) 등산 시간이 10시간 이상 20시간 미만인 학생 수는
   $6+9=15$(명)이므로
   전체의 $\dfrac{15}{40}\times100=37.5$(%)
(4) (직사각형의 넓이의 합)=(계급의 크기)×(도수의 총합)
                    $=(10-5)\times40=200$

5 답 (1) 8명 (2) 25 % (3) 8개 이상 10개 미만
(1) 필기구의 개수가 8개 이상 10개 미만인 학생 수는
   $32-(3+6+11+4)=8$(명)
(2) 전체 학생 수는 32명이고, 필기구의 개수가 8개 이상 10개 미
   만인 학생 수는 8명이므로
   전체의 $\dfrac{8}{32}\times100=25$(%)
(3) 필기구의 개수가 10개 이상인 학생 수는 4명, 8개 이상인 학생
   수는 $8+4=12$(명)이므로 필기구의 개수가 10번째로 많은
   학생이 속하는 계급은 8개 이상 10개 미만이다.

6 답 ⑤
① 계급의 크기는
   $45-30=60-45=\cdots=120-105=15$(점)
② 전체 학생 수는
   $3+4+7+10+6+2=32$(명)
③ 도수가 가장 작은 계급은 도수가 2명인 105점 이상 120점 미
   만이므로 구하는 계급값은
   $\dfrac{105+120}{2}=112.5$(점)
④ 볼링 점수가 90점 이상인 학생 수는 $6+2=8$(명)이므로
   전체의 $\dfrac{8}{32}\times100=25$(%)
⑤ 볼링 점수가 45점 미만인 학생 수는 3명, 60점 미만인 학생
   수는 $3+4=7$(명)이므로 볼링 점수가 7번째로 낮은 학생이
   속하는 계급은 45점 이상 60점 미만이다.
따라서 옳지 않은 것은 ⑤이다.

7 답 ④
① 계급의 개수는 4시간 이상 5시간 미만, 5시간 이상 6시간 미
   만, $\cdots$, 9시간 이상 10시간 미만의 6개이다.
   계급의 크기는 $5-4=6-5=\cdots=10-9=1$(시간)
② 평균 수면 시간이 7시간 이상 8시간 미만인 학생 수는
   $40-(2+4+7+9+5)=13$(명)
③ 평균 수면 시간이 5시간 이상 7시간 미만인 학생 수는
   $4+7=11$(명)
④ 평균 수면 시간이 8시간 이상인 학생은 $9+5=14$(명)이므로
   전체의 $\dfrac{14}{40}\times100=35$(%)
⑤ 평균 수면 시간이 5시간 미만인 학생 수는 2명, 6시간 미만인
   학생 수는 $2+4=6$(명), 7시간 미만인 학생 수는 $6+7=13$(명)
   이다.
   즉, 평균 수면 시간이 7번째로 적은 학생이 속하는 계급은
   6시간 이상 7시간 미만이고, 그 계급의 도수는 7명이다.
따라서 옳지 않은 것은 ④이다.

개념 39 도수분포다각형   •66~67쪽

1 답
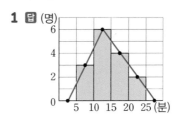

2 답
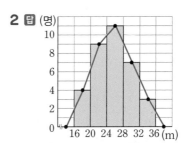

3 답 (1) 4회, 6개 (2) 30회 이상 34회 미만 (3) 27명 (4) 4명
(1) 계급의 크기는
   $14-10=18-14=\cdots=34-30=4$(회)
   계급의 개수는 10회 이상 14회 미만, 14회 이상 18회 미만,
   $\cdots$, 30회 이상 34회 미만의 6개이다.
(2) 도수가 가장 작은 계급은 도수가 1명인 30회 이상 34회 미만
   이다.
(3) 동욱이네 반 전체 학생 수는
   $6+9+5+4+2+1=27$(명)
(4) 윗몸 일으키기 횟수가 25회인 학생이 속하는 계급은 22회 이
   상 26회 미만이고, 그 도수는 4명이다.

4 답 (1) 11명 (2) 5명 (3) 70 % (4) 300

(1) 도수가 가장 큰 계급은 70점 이상 80점 미만이고, 이 계급의
도수는 11명이다.

(3) 전체 학생 수는 $1+2+8+11+5+3=30$(명)이고, 국어 점
수가 50점 이상 80점 미만인 학생 수는 $2+8+11=21$(명)
이므로

전체의 $\dfrac{21}{30} \times 100 = 70(\%)$

(4) 도수분포다각형과 가로축으로 둘러싸인 부분의 넓이는 히스
토그램의 각 직사각형의 넓이의 합과 같으므로

(계급의 크기)×(도수의 총합)

$=10 \times 30 = 300$

5 답 (1) 4명 (2) 10 %

(1) 키가 160 cm 이상 165 cm 미만인 학생 수는

$40-(3+5+8+11+9)=4$(명)

(2) 전체 학생 수는 40명이고, 키가 160 cm 이상 165 cm 미만인
학생 수는 4명이므로

전체의 $\dfrac{4}{40} \times 100 = 10(\%)$

6 답 ③

① 계급의 개수는 14초 이상 15초 미만, 15초 이상 16초 미만,
…, 20초 이상 21초 미만의 7개이다.

② 계급의 크기는

$15-14=16-15=17-16=\cdots=21-20=1$(초)

③ 전체 학생 수는 $1+3+7+13+8+5+3=40$(명)이고, 기록
이 18초 이상인 학생 수는 $8+5+3=16$(명)이므로

전체의 $\dfrac{16}{40} \times 100 = 40(\%)$

④ 도수가 가장 큰 계급은 도수가 13명인 17초 이상 18초 미만
이다.

⑤ 기록이 15초 미만인 학생 수는 1명, 16초 미만인 학생 수는
$1+3=4$(명), 17초 미만인 학생 수는 $1+3+7=11$(명)이므
로 달리기를 5번째로 잘하는 학생이 속하는 계급은 16초 이
상 17초 미만이다.

따라서 옳지 않은 것은 ③이다.

7 답 (1) 30 % (2) 30 m 이상 35 m 미만

(1) 전체 학생 수는 30명이고, 기록이 30 m 이상 35 m 미만인 학
생 수는 $30-(2+6+8+5)=9$(명)이므로

전체의 $\dfrac{9}{30} \times 100 = 30(\%)$

(2) 기록이 35 m 이상인 학생 수는 5명, 30 m 이상인 학생 수는
$9+5=14$(명)이므로 기록이 좋은 쪽에서 14번째인 학생이
속하는 계급은 30 m 이상 35 m 미만이다.

---

1 답 (1) 풀이 참조 (2) 1

(1)

책의 수(권)	도수(명)	상대도수
$5^{이상}$ ~ $10^{미만}$	2	$\dfrac{2}{20}=0.1$
10 ~ 15	4	$\dfrac{4}{20}=0.2$
15 ~ 20	9	$\dfrac{9}{20}=0.45$
20 ~ 25	3	$\dfrac{3}{20}=0.15$
25 ~ 30	2	$\dfrac{2}{20}=0.1$
합계	20	A

(2) 상대도수의 총합은 항상 1이므로 $A=1$

2 답 (1) 풀이 참조 (2) 60점 이상 70점 미만

(1)

수학 점수(점)	도수(명)	상대도수
$50^{이상}$ ~ $60^{미만}$	13	$\dfrac{13}{50}=0.26$
60 ~ 70	17	$\dfrac{17}{50}=0.34$
70 ~ 80	9	$\dfrac{9}{50}=0.18$
80 ~ 90	4	$\dfrac{4}{50}=0.08$
90 ~ 100	7	$\dfrac{7}{50}=0.14$
합계	50	1

3 답 (1) 1, 1 (2) 2, 20 (3) 20, 5
(4) 20, 5, 3 (5) 풀이 참조

(5)

개수(개)	도수(명)	상대도수
$0^{이상}$ ~ $5^{미만}$	1	$\dfrac{1}{20}=0.05$
5 ~ 10	5	0.25
10 ~ 15	6	$\dfrac{6}{20}=0.3$
15 ~ 20	3	$\dfrac{3}{20}=0.15$
20 ~ 25	3	$\dfrac{3}{20}=0.15$
25 ~ 30	2	0.1
합계	20	1

4 답 (1) 6 (2) 25

(1) $30 \times 0.2 = 6$

(2) $\dfrac{10}{0.4} = 25$

5 답 (1) $A=0.2$, $B=14$, $C=0.25$, $D=2$, $E=1$
　　　(2) 55%

(1) 60점 이상 70점 미만인 계급의 도수가 8명이므로

$A=\dfrac{8}{40}=0.2$

70점 이상 80점 미만인 계급의 상대도수가 0.35이므로

$B=40\times0.35=14$

80점 이상 90점 미만인 계급의 도수가 10명이므로

$C=\dfrac{10}{40}=0.25$

90점 이상 100점 미만인 계급의 상대도수가 0.05이므로

$D=40\times0.05=2$

상대도수의 총합은 항상 1이므로

$E=1$

(2) 60점 이상 80점 미만인 계급의 상대도수의 합이

$0.2+0.35=0.55$

따라서 영어 점수가 60점 이상 80점 미만인 학생은

전체의 $0.55\times100=55(\%)$

6 답 (1) $A=15$, $B=21$, $C=0.42$, $D=50$, $E=1$
　　　(2) 60%

(1) 10분 이상 20분 미만인 계급의 도수가 9명이고, 상대도수가

0.18이므로

$D=\dfrac{9}{0.18}=50$

0분 이상 10분 미만인 계급의 상대도수가 0.3이므로

$A=50\times0.3=15$

도수의 총합이 50명이므로

$B=50-(15+9+4+1)=21$

20분 이상 30분 미만인 계급의 도수가 21명이므로

$C=\dfrac{21}{50}=0.42$

상대도수의 총합은 항상 1이므로

$E=1$

(2) 10분 이상 30분 미만인 계급의 상대도수의 합이

$0.18+0.42=0.6$

따라서 등교 시간이 10분 이상 30분 미만인 학생은

전체의 $0.6\times100=60(\%)$

7 답 4명

미술 점수가 70점 미만인 학생 수는 12명이고, 70점 미만인 계급

의 상대도수의 합은 $0.125+0.25=0.375$이므로 전체 학생 수는

$\dfrac{12}{0.375}=32$(명)

따라서 미술 점수가 60점 미만인 학생 수는

$32\times0.125=4$(명)

1 답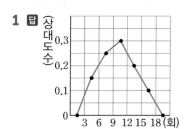

2 답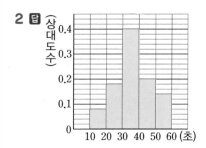

3 답 (1) 165 cm 이상 170 cm 미만, 150 cm 이상 155 cm 미만
　　　(2) 165 cm 이상 170 cm 미만, 150 cm 이상 155 cm 미만
　　　(3) 0.18　(4) 9명　(5) 22%

(1) 상대도수가 가장 큰 계급은 상대도수가 0.28인 165 cm 이상
170 cm 미만이고, 상대도수가 가장 작은 계급은 상대도수가
0.04인 150 cm 이상 155 cm 미만이다.

(2) 상대도수는 그 계급의 도수에 정비례하므로 도수가 가장 큰
계급의 상대도수도 가장 크고, 도수가 가장 작은 계급의 상대
도수도 가장 작다.
따라서 도수가 가장 큰 계급은 165 cm 이상 170 cm 미만,
도수가 가장 작은 계급은 150 cm 이상 155 cm 미만이다.

(3), (4) 전체 학생 수는 50명이고, 155 cm 이상 160 cm 미만인
계급의 상대도수가 0.18이므로 이 계급의 도수는
$50\times0.18=9$(명)

(5) 키가 160 cm 미만인 계급의 상대도수의 합은
$0.04+0.18=0.22$이므로 키가 160 cm 미만인 학생은
전체의 $0.22\times100=22(\%)$

4 답 (1) 0.18　(2) 36명　(3) 27%

(1) 1시간 이상 3시간 미만인 계급의 상대도수의 합은
$0.06+0.12=0.18$

(2) 1시간 이상 3시간 미만인 계급의 상대도수의 합은 0.18이므로
운동 시간이 1시간 이상 3시간 미만인 학생 수는
$200\times0.18=36$(명)

(3) 운동 시간이 5시간 이상인 계급의 상대도수의 합은
$0.25+0.02=0.27$이므로 운동 시간이 5시간 이상인 학생은
전체의 $0.27\times100=27(\%)$

5 답 (1)

영어 점수(점)	1학년		2학년	
	도수(명)	상대도수	도수(명)	상대도수
$50^{이상}$ ~ $60^{미만}$	30	0.15	30	0.12
60 ~ 70	40	0.2	55	0.22
70 ~ 80	50	0.25	80	0.32
80 ~ 90	60	0.3	75	0.3
90 ~ 100	20	0.1	10	0.04
합계	200	1	250	1

(2) 80점 이상 90점 미만

(3) 1학년: 60명, 2학년: 75명

(4) 어떤 계급의 상대도수가 같다고 하여 그 계급의 도수도 같다고 할 수 없다.

6 답 (1) 0.3, 0.2, A (2) B반

(2) B반의 그래프가 A반의 그래프보다 오른쪽으로 치우쳐 있으므로 B반이 A반보다 인터넷 강의 시청 시간이 더 길다고 할 수 있다.

7 답 (1) 1시간 이상 2시간 미만, 2시간 이상 3시간 미만, 3시간 이상 4시간 미만

(2) B중학교 (3) 105명, 72명 (4) B중학교

(2) 5시간 이상 6시간 미만인 계급의 상대도수는 B중학교가 A중학교보다 더 크므로 학생의 비율도 B중학교가 A중학교보다 더 높다.

(3) 3시간 이상 4시간 미만인 계급의 상대도수가
A중학교는 0.42, B중학교는 0.24이므로
A중학교에서 독서 시간이 3시간 이상 4시간 미만인 학생 수는
$250 \times 0.42 = 105$(명)
B중학교에서 독서 시간이 3시간 이상 4시간 미만인 학생 수는
$300 \times 0.24 = 72$(명)

(4) B중학교의 그래프가 A중학교의 그래프보다 오른쪽으로 치우쳐 있으므로 B중학교가 A중학교보다 독서 시간이 더 길다고 할 수 있다.

8 답 ④

① 계급의 크기는
$10-5=15-10=\cdots=30-25=5$(분)

② 아침 식사 시간이 15분 미만인 계급의 상대도수의 합은
$0.04+0.28=0.32$이므로 아침 식사 시간이 15분 미만인 학생 수는
$50 \times 0.32 = 16$(명)

③ 도수가 가장 큰 계급은 상대도수가 가장 큰 계급인 15분 이상 20분 미만이다.

④ 아침 식사 시간이 20분 이상 30분 미만인 계급의 상대도수의 합은 $0.16+0.12=0.28$이므로 아침 식사 시간이 20분 이상 30분 미만인 학생은
전체의 $0.28 \times 100 = 28$(%)

⑤ 아침 식사 시간이
25분 이상인 계급의 도수는 $50 \times 0.12 = 6$(명),
20분 이상인 계급의 도수는 $50 \times (0.16+0.12) = 14$(명)
이므로 아침 식사 시간이 8번째로 긴 학생이 속하는 계급은
20분 이상 25분 미만이다.

따라서 옳지 않은 것은 ④이다.

9 답 ②, ③

① 1학년에서 도수가 가장 큰 계급은 상대도수가 가장 큰 계급인 65 kg 이상 70 kg 미만이고, 이 계급의 상대도수는 0.3이다.

② 65 kg 이상 70 kg 미만인 계급의 상대도수는 1학년이 2학년보다 더 크지만 1학년과 2학년 각각의 전체 학생 수를 알 수 없으므로 학생 수 1학년이 2학년보다 더 많은지는 알 수 없다.

③ 2학년 학생 중에서 75 kg 이상인 계급의 상대도수의 합은
$0.14+0.06=0.2$이므로
2학년 학생 전체의 $0.2 \times 100 = 20$(%)

⑤ 1학년 학생 중에서 몸무게가 60 kg 미만인 학생 수는 60명이고, 1학년 학생 중에서 60 kg 미만인 계급의 상대도수의 합은
$0.04+0.16=0.2$이므로 1학년 전체 학생 수는
$\dfrac{60}{0.2} = 300$(명)

따라서 옳지 않은 것은 ②, ③이다.

MEMO.

MEMO.